国家科学技术学术著作出版基金资助出版

设计科学与设计竞争力

谢友柏 著

科学出版社

北京

内 容 简 介

关于设计科学的争论历经百余年,设计的普遍性与复杂性并存,不同产品(广义)设计技术存在差异,导致对设计科学认知的分歧。人类一切有目的活动,都可以分为设计和实施两个部分。设计是为创新规划实施结果的面貌和路径。在这个普适定义基础上,本书着重研究了设计中知识的行为,指出设计本质上是一个知识流动、集成、竞争和进化的过程;论证了设计科学中存在与知识相关的 4 个基本定律;指出创新是采用此前未曾用过的知识,满足现在未能满足的需求,并需要能够在竞争中取胜;提出同时考虑物质需求、精神需求和社会需求的同一化设计的思想;认为知识是否得到高效运用决定了设计的竞争力,并分析了当前知识供给和未来知识供给的形势。

本书可作为高等院校理工科专业选修课教材,也可供设计相关专业的科研和工程技术人员参考借鉴。

图书在版编目(CIP)数据

设计科学与设计竞争力 / 谢友柏著. —北京:科学出版社,2018.1
ISBN 978-7-03-055438-3

Ⅰ. ①设…　Ⅱ. ①谢…　Ⅲ. ①设计学-研究　Ⅳ.
①TB21

中国版本图书馆 CIP 数据核字(2017)第 283677 号

责任编辑:王艳丽
责任印制:谭宏宇 / 封面设计:殷 靓

斜 学 出 版 社 出版
北京东黄城根北街 16 号
邮政编码:100717
http://www.sciencep.com

南京展望文化发展有限公司排版
当纳利(上海)信息技术有限公司印刷
科学出版社发行　各地新华书店经销

*

2018 年 1 月第 一 版　开本:787×1092　1/16
2022 年 3 月第九次印刷　印张:17 1/4　插页:1
字数:376 000

定价:108.00 元
(如有印装质量问题,我社负责调换)

序 一

当谢院士提起为他的设计科学一书作序,我深深知道本人根本就没有这个资格。推脱不是客气,真的没有这个学术水平、视野和思考。之所以答应,有两个原因:一是学习谢院士的设计科学的思想、思考和研究成果,二是向在设计领域的学者、学生和从事与设计有关的各行各业同仁推荐这本书。

从工程技术人员的角度观察,现在和今后的一段时间将是一个前所未有的科技创新时代,科技工作者聚焦新技术创新,希望在这个创新大潮中做出自己的贡献。科技创新虽然有各种表现,但是最终是为了满足"用户"需求,由此改善人们的工作和生活。所以,谢院士认为:"设计科学的研究是在包括物质产品设计、精神产品设计和社会产品设计各个专业设计理论和方法之上一个层次设计的基本、共同规律的研究,是关于人类一切有目的活动设计的研究,是关于设计的科学研究。"

本书在第1章对设计和设计科学一百多年来的讨论做了梳理,并且根据中国在创新驱动、经济转型发展中的实际情况,将设计在创新竞争中的作用做了比较深刻的分析、竞争性设计和继承性设计做了比较和讨论,对创意的作用,特别对于竞争力和设计的作用,与创新的不同之处和两者之间的联系和演变过程做了很好的描述。

第2章的重点在设计的知识本质、设计知识高效运用和从事设计工作的人员对设计科学的学习和理解的重要性,因为设计知识是解决设计过程问题的答案。设计知识是知识的组成部分,因此具有知识的一些特征:显性知识、隐性知识、意愿知识、非意愿知识、共识知识。由于设计的对象之广泛,用系统来描述比用产品更加有通用性。在对知识做了系统的分析和总结后,谢院士提出设计科学的四个基本定律:① 设计以已有知识为基础定律;② 设计知识不完整性定律;③ 设计以新知识获取为中心定律;④ 设计知识竞争性定律。

根据这四个设计的基本定律,知识的流动和进化确定了设计的本质特性,并且存在逻辑关系。知识流动是知识进化的基础,而知识进化是知识竞争的结果。虽然世界上很多学者发表了关于设计特别是产品设计与知识关系的理论,但是谢院士对设计的理论和方法都涉及知识的流动、知识的集成、知识的竞争和知识的进化。四个设计定律和知识之间的关系以及关于这些知识之间的内在关系是作者对设计科学最重要的贡献。

第3章的重点是创意、设想构建以及已有知识在继承性设计和竞争性设计中的应用。今天我们在不同场合和背景下讲创新,由于背景不同,它的意义可能有所不同。由于创新被广泛应用,这个词的意义已经被扩充了。作者分析了创新和创意的区别,并且说明了有意义的创新是推动社会进步。任何成功的创新是在竞争中取胜,因此也包括设计和实施两个部分,并且进一步说明了创新和设计竞争力的关系。

作者通过多年的研究和思考,将设计分为继承性设计和竞争性设计。继承性设计区别与竞争取胜的设计中的探索以及由此带来的风险,但是继承性设计本身也具有竞争力,主要体现在快速和准确完成已经证明成功的设计,因此成本也会低。竞争性设计的竞争力是以实施后竞争取胜的概率来度量,也是对设计是否达到了总体目标和期待的最终结果可能性的度量。因此,在任何一个成功的设计中,继承性和竞争性设计是并存的,特别是一个创新技术的产品,这两者的成功和恰当应用,往往会带来创新、成本和时间的综合价值。

创意是人类重要活动,特别体现在设计过程中。作者认为创意的产生包括确定问题的关键难点,根据已有知识找到解决问题难点答案的想象,根据想象构建出设想,而设想就是解决问题难点的具体方案。方案的可成功的实施性,必须经过评价。如果问题的难点是由一个知识条解决的,整个问题的解决就包括了对知识条的评价和汇集知识簇,以便用于今后的设计中。由于创意在设计中的重要性以及在工程设计领域相对较少的研究和讨论,作者对创意的研究包括创意的产生过程及其特性做了详细的叙述。为了能够形成具体解决方案,由创新构建设想也做了较详细的论述。为了说明这些非常抽象的概念,作者用了多个生活和工程中的实例,生动地解释这些抽象的概念,可读性很强。

书的第4~9章集中在设计过程中的新知识的获取、知识在设计过程中的流动性、系统和系统集成中设计知识、功能知识、行为知识、结构知识以及互联网分布式资源环境下的知识服务。设计中的新知识的获取是一个创造活动的过程。对于一个设计问题，通过创意、构建设想和评价是否可行的过程中，使用了已有知识，也获取了新知识。作为新知识的产生，可能有各种理解。作者认为通过评价得到的知识是新知识，因为这个过程采用了此前没有的知识，而且在这个创造性的活动中，通过构建设想，评价这个设想后取得能够满足尚未能满足的需求，从而产生的描述前所未有的行为规律的知识。为了评价一个设计构想，需要对设计对象广义地定义为系统来进行描述和分析，因此涉及系统抽象模型和物理模型建立、数学和数字化建模和仿真。整个过程都基于已有知识，当构建的设想和方案，通过科学的评价过程，证明设计的可行性，已有知识得到了进化而产生新知识。第 4 章的重点在新知识的获取与系统建模、仿真和物理系统的关系等方面。

设计过程是知识应用、进化、形成和产生新知识的过程，可以说，设计是围绕知识而进行的活动。由于设计需要解决的问题复杂性，回答设计问题所涉及的知识碎片化的分布在某种关联或完全不关联的地方，将这些分散、互不相关的知识，用于将创意且成功付诸实施，可以看成是知识流动、集成、竞争和进化的过程。第 5 章对设计所需要的已有知识积累和新知识获取，统称为设计知识资源，或称为知识资源。由于设计过程涉及知识的流动、竞争、集成和进化，设计的竞争力也可以从资源的角度理解为知识资源的建设、维护、发展和高效运用。知识资源的使用和知识的加工也是资源使用和流动，作者较系统地给出知识流的定义、特征描述、分类以及与设计竞争力的关系。设计过程中知识流的流动特性对于设计竞争力非常重要。设计知识流动需要驱动力，同时也存在运动阻力。在竞争性设计中，知识的稳定流动和竞争流动，对设计知识资源的高效运用起着决定性作用。设计的竞争性、知识的具有拥有者的特性和知识有使用能力不同的特性等，都值得继续深入研究。

第 6 章是关于系统集成过程中的设计知识和知识的集成。将设计对象定义为系统，就可以用已有的建模仿真等系统理论和方法，帮助解决设计过程所涉及的系统问题。但是作者将传统的系统理论和知识联系在一起，使得原来隐性的知识显性化。一个设计任务的开始，就存在一个知识集，它包括对设计任务最初的理解。系统设计过程与知识应用和丰富的过程密不可分。从创意产生到新设计知识集被认可，是一个设计的完整过程，也是一个知识流动、竞争、集成和进化的过程。如果设计开始的知识集不具备规范化表达系统设计任务的条件，属于非系统知识。随着设计过程的进展，设计任务逐步清晰和深化，对所设计的系统的功能、行为和结构也逐渐具体和完整，系统的知识也系统和集成起来。

第7章对设计的功能知识的定义、生成、集成以及数学描述做了详细的讨论与解释。第8章的重点是系统设计和详细设计对应的行为知识和结构知识,及其知识的集成。由于系统设计包括结构的构成,可以由系统工程和科学的理论作为支撑,系统的描述以及在特定环境下表现出的行为可以由数学的方程描述,因此系统理论有助于这一章的理解包括对知识集成的理解。第9章报告了作者多年前就开始的分布式设计以及知识资源环境的研究,包括概念的提出,以及如何在这样的环境下展开设计创新工作。多年前提出的分布式设计知识资源环境已经包含了今天"云""互联网十"和知识"服务"的思想,这就是原始研究的前瞻性。在新工业革命下,开放式创新可以通过网络将分散在全国和世界各地的资源如设计知识资源,有效的集成和应用起来。第9章详细地讨论了分布式资源环境下知识服务。由于这是一个现在正在进行的研究和发展,特别是在互联网和"云"的资源环境下,有非常广阔的发展空间。分布式设计知识环境下的设计服务,其实就是开放式创新一部分,作者举例说明设计知识服务的案例,由此可以看出它对产品的创新设计将有还不能完全估量的影响。

设计所涉及的对象不同,从事设计的人员也不同。工业设计和工程类的设计不一样,因此设计人才的培养也自然不同。第10章论述了设计科学和设计师的培养。以设计科学的视角理解,从事设计工作的人员包括以设计为职业的人,从事设计科学研究和教学的人,为设计提供设计知识服务的人以及从事一项设计工作的人。在设计界,一般将以设计为职业的人称为设计师。除了从事设计职业的工业设计师外,很多领域和行业的工程师也是设计师。在创新时代,特别是新知识以前所未有的速度产生,工程教育虽然取得了长足的进步,与时代的要求仍然有很大的距离。与快速发展的新兴产业和经济的需求,还有很大的距离和发展空间。对于工科学生设计能力的培养,有各种争论,作者分析了这些争论以及当前出现的有关教育的各种现象,提出在三个主要方面看设计能力:创意的产生、根据创意构建设想和设计构想的评价。必须承认,我国的工程教育在设计方面还有相当大的发展空间,以便培养出大批能够完成原创性高的设计的工程技术人才。特别是实施《中国制造2025》战略,中国制造业需要大量的设计人才。作者根据自己几十年的研究和教学经验,提出了关于设计能力培养的设想,其中包括大量的个人原创性的思考。

由于本人长期担任学校行政工作,读书的范围和阅读数量都非常有限,据我所知谢院士的这本著作是第一部将设计科学和设计知识集成在一起的书。原创性高,除了作者的多年研究、实践和思考外,还为当今设计科学的研究提供了很好的论述和评价。本书是对中国设计科学和设计知识工程的重要原始贡献。我真诚地向从事设计工作包括工程设计的研究和教学工作的学术界研究人员、从事设计工具开发的工程技术人员以及从事设计工作的研究生推荐这本书。我相信这本书的出版一定会促进更多的设计科学、知识工程和设计创新竞争力的研究和发展。

汕头大学执行校长

原 The University of Calgary 机械与制造工程系主任

原加拿大自然科学和工程研究委员会（基金委）设计讲席教授

NSERC Design Chair and NSERC/AECL Chair in Advanced Design

原国际生产工程院（CIRP）设计科学与技术委员会主席

顾佩华

2017 年 4 月 16 日于汕头大学

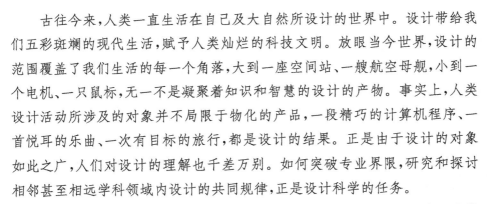

序 二

　　古往今来,人类一直生活在自己及大自然所设计的世界中。设计带给我们五彩斑斓的现代生活,赋予人类灿烂的科技文明。放眼当今世界,设计的范围覆盖了我们生活的每一个角落,大到一座空间站、一艘航空母舰,小到一个电机、一只鼠标,无一不是凝聚着知识和智慧的设计的产物。事实上,人类设计活动所涉及的对象并不局限于物化的产品,一段精巧的计算机程序、一首悦耳的乐曲、一次有目标的旅行,都是设计的结果。正是由于设计的对象如此之广,人们对设计的理解也千差万别。如何突破专业界限,研究和探讨相邻甚至相远学科领域内设计的共同规律,正是设计科学的任务。

　　《设计科学与设计竞争力》是谢友柏院士对其多年的研究成果进行总结和梳理后推出的一部力作。该著作对古今中外人类的设计活动及大半个世纪以来关于设计科学的争论做了系统的分析和总结,在此基础上给出了"设计"的一个普适的定义——设计是为人类一切有目标的活动规划实施结果和路径,并指出在产品创新的四大要素(知识、需求、技术、文化)中,知识是决定设计竞争力的核心要素。全书围绕知识在设计过程中的核心作用进行了系统地阐述,包括对已有知识的应用、新知识获取、知识流动规律、知识集成、知识服务等,特别是对知识集成过程中的功能知识、行为知识和结构知识进行了专门地论述。该著作侧重于设计科学的普遍规律,对各专业领域中的设计问题均有重要的指导作用。该著作凝聚了谢院士的知识、智慧和学术思想,且数十万字的文稿皆由他本人逐字亲笔撰写,体现了一位老科学家对科学的执著以及对提升我国设计竞争力的使命感,令人感动和钦佩。

　　我与谢友柏院士相识于 1996 年上海交通大学百年校庆期间。他调至上海工作以后,我们开始有了深入地合作和交流。2003 年,他鼓励并支持我申请 973 计划项目"基于分布式资源的协同设计",希望借此机会积聚国内从事设计科学研究的优势团队,对分布式协同设计的理论、方法和支撑工具进行系统的研究,并开发可用的软件系统。由于种种原因,该项目最终未能立项,但申请期间,国内多所大学、企业及多位海外知名学者围绕"设计"这一主题进行了多次广泛和深入地研讨,也让我对设计科学有了更深的理解。或许是因为学术界对"设计"本身存在不同的认识,过去的一段时期内设计科学理论在国内各类科技计划中并未得到足够的重视。为此,谢院士一方面向中国工程院、科技部、国家基金委、教育部等部门和国家领导人呼吁支持设计科学的研究,另一方面鼓励有潜力的年轻学者从事该学科领域的工作,并身体力行地推动学术界与产业部门、媒体网络等不同专业领域的合作,为设计科学的发展倾注了心血。

　　目前,我国正致力于创新型国家的建设,对于设计科学的作用也应该有一个更全面的认识。近年来,我国政府和工业部门对先进制造技术给予了高度重视,国家各类科技计划对数字化制造、智能制造、增材制造、机器人技术等也进行了重点支持,客观地说,这对我国制造业三十年来取得的辉煌成就起到了至关重要的作用。但我们也必须看到,到目前为止我国制造业的快速发展主要得益于规模竞争优势,而自主品牌产品的质量与中外合资企业产品相比仍有差距,典型产品如机床、汽车、工程机械等,无一例外。特别需要关注的是,合资企业的产品设计往往源自国外公司,如汽车行业的通用汽车公司、工程机械行业的卡特彼勒公司、轴承行业的斯凯孚公司(SKF)等,造成该局面的一个重要原因就是我们缺乏设计竞争力。对于产品创新来说,设计与制造缺一不可。概括地说,制造是实现产品设计目标的技术手段,如果没有制造技术的保障,设计就可能成为"水中月、镜中花"。但如果没有设计,制造就失去了目标,创新也就无从谈起。

　　可以说,设计是当今人类社会最基本且最重要的活动之一,人人都设计,人人都会设计! 正因为如此,对于超越专业界限的设计规律的认识就成为一门重要的科学。我相信《设计科学与设计竞争力》的出版将有力推动设计科学的研究,对于提升我国的设计竞争力也有十分重要的指导作用。

中国工程院院士

上海交通大学校长

林忠钦

2017 年 4 月

序 三

在中国人民解放军八十九岁生日这一天,我收到了谢友柏院士让我为其《设计科学与设计竞争力》专著写序的邮件,我倍感压力与荣幸。正如我回复邮件中所说,一般来说序言都是由名家大腕执笔,既然谢先生不拘一格这样安排,我就尝试直言表达我的想法,这也许是我作为学院院长应尽的职责。

我常常在课堂教学中引用谢先生翻译麻省理工学院机械系前主任 Suh 教授《设计公理》中的一句话:"设计是人类一项极其重要但又是最为复杂的活动。设计总是与智力活动和创造联系在一起,而且由于它的不可捉摸性,通常认为它依靠人的直觉、天赋和经验"。设计如此博大精深,绕道而行者多、直面迎击者少,谢先生就是敢于坚持者,这不仅需要大智慧,而且一旦把握不好,则往往难得其一点点要领,当然这更需要一种淡泊名利的品德风范和勇于担当的科学精神,因为设计是传说中的"冷门"。

西安交通大学双甲子校庆期间,得知谢先生正撰写设计科学之书,我急于拜读,谢先生就安排我进行校稿。我把这项工作视为一位智者对众生、长辈对晚辈、老师对学生的任务布置,我在校稿中努力追逐先生字里行间体现出的"设计科学"思想,最终也只是提出了一些细枝末节的文字修改。

创新驱动离不开原创性设计,而设计发展必须坚定其科学基础。校稿到第九章,才发现早在 1997 年,先生就已在西安召开了"现代设计与产品研究开发论坛"第一次会议,致力于现代设计研究。当初很多领先者都已经成为各行各业大家，而谢先生依然奋斗在"设计科学"之路上。我不禁肃然起敬、万分自豪，由衷地为我们西安交通大学机械学科有这样的师长发自心底地喝彩。十年树木、百年树人，正是有这样一位又一位"敢为天下先"的领航者、开拓者及大师言传身教，才使得我们百年机械学科得以辉煌！

期盼有识之士，共同推动设计科学发展，建设全球设计科学研究中心，聚集更多热爱设计科学的研究者；努力改变考评机制，培养从事创新设计的人才，建设一支长期从事设计科学与工程研究的队伍。

"聪者听于无声，明者见于无形"。亲爱的读者们，如果你有幸看到这本专著，你一定会发现它不是一本那么容易驾驭、轻易可领略其真谛的普通图书。让我们一起用心认真研读，为领会、践行和传播"设计科学"而努力，这正是制造强国的"脊梁"！

西安交通大学机械工程学院院长

国家杰出青年、973 计划首席科学家

2016 年 8 月 2 日

设 计 科 学 与 设 计 竞 争 力

前 言

　　设计科学在国际上虽然已经争论了百余年,国内却研究甚少。由于设计的普遍性与复杂性并存,以及不同类型产品(广义理解,可以是物质产品、精神产品或者社会产品)设计之间的差异性,在研究范畴上始终未能取得共识。不久前才创刊的《设计科学》(*Design Science*)第 1 期上刊登了 29 位编委对设计科学的解读,他们在认知上的分歧充分说明了研究设计科学的迫切性和重要性。早在 20 世纪,德国的沃尔特·格罗皮乌斯(Walter Gropius)就力图为设计寻求一个技术和艺术的公分母,实现技术和艺术的统一,并将这个追求表达为设计科学。美国的理查德·福乐(Richard Fuller)的理念是在设计中有效地利用科学原理使得地球上的有限资源能够满足全人类的需求而不破坏植物的生态过程。他在世界各地演讲,宣传他的利用世界资源以造福人类的主张,当时他宣告将有"世界设计科学 10 年(1965~1975 年)"的到来。不过由于本书第 1 章中所分析的种种原因,后来关于设计的研究并没有完全遵循这些追求,以至于他们的理念至今仍旧是有待实现的期望。

　　本书认为,设计科学的研究应该超越任何专业领域关注的局限而聚焦于设计的基本、共同规律的研究,并落实到设计的竞争力。人人都会设计,但不是每个人的设计都具有竞争力,而设计的竞争力对于一个社会的发展有着决定性作用。设计是人与动物区别的重要标志,而这个区别的本质则在于知识的拥有和对知识的运用。设计是知识得到应用的桥梁,设计科学研究的核心是知识在设计中的行为。

在六十多年来对设计各方面问题思考的基础上,本书给出了一个从设计科学高度上对设计的定义。从这个定义出发,研究了设计的一些基本、共同规律,总结出与设计知识相关的四个基本定律,揭示设计本质上是一个知识流动、集成、竞争和进化的过程。从这个定义出发,指出为实现和谐社会和获得共同美好生活,任何产品的设计,都必须同时满足物质需求、精神需求和社会需求,即遵循本书所建议的同一化设计的原则。同一化设计是一个原则,是一种思想。同一化设计不同于理性、系统化设计理论和方法,也不同于为 X 而设计(design fox X, DFX),同一化设计对各专业领域的设计理论、方法和技术提出更高的要求,同一化设计比以前任何时候对于知识都更加依赖。从这个定义出发,本书讨论了什么是创新和创新与设计之间的关系,区分了竞争性设计与继承性设计。

本书从设计科学研究的视角论证了知识的高效运用和知识资源的高效运行决定设计的竞争力,论证了正确处理设计中个人和社会的关系,正确处理设计中人和计算机的关系,正确认识数据、信息和知识之间的关系是设计竞争力的关键,并以亲历的实际案例检验了这些论点。

本书共分 10 章。

第 1 章分析百年来关于设计科学争论的根源,其根本是缺乏一个对设计高度概括的认识。工业社会中,不同产品的设计,因物质产品实施能力极大增长而走了不同的道路,并对设计认知产生分歧。基于设计科学应该是研究设计的基本、共同规律这一认知,本章给出"设计是为人类一切有目的活动规划实施结果和路径"这一普适定义。分析物质产品生产从规模竞争转变为创新竞争对设计的深远影响和中国的创新驱动、转型发展之艰难与缺乏设计科学研究的关系,提出同一化设计的概念,区分竞争性设计和继承性设计,论证了要科学地设计中国在国际竞争中超越的路径。

第 2 章介绍了一些基本概念,如知识、系统和系统建模等,论证了设计科学中存在与知识相关的四个基本定律:设计以已有知识为基础定律,设计知识不完整性定律,设计以新知识获取为中心定律,设计知识竞争性定律,指出设计本质上是知识流动、集成、竞争、进化的过程。其后各章都以这四个基本定律为依据分析设计科学中的各种问题。

第 3 章论述正确认识创新的重要性,给出创新三要素。分析竞争性设计和继承性设计各自对竞争力的贡献。在揭示竞争性设计包含产生创意、构建设想和评价认可三个进程后,以实例分析产生创意和构建设想的机制、过程和素材来源,得出创意引领设计的论断。分析创意产生中知识基础与直觉和灵感的关系,以及人和计算机的关系。

第 4 章强调设计中评价认可即新知识获取对于创新和设计竞争的重要性,指出对设计方案设想做出评价,是设计中的科学探索,讨论评价认可所可能采用的数字仿真、物理仿真和社会调查等科学方法。以实例介绍了这三种方法,讨论了它们的应用、存在问题和发展前景。

第 5 章从知识流动的视角分析设计中的知识和知识资源,讨论了知识流与工作流的不同。进一步论证设计本质上是知识的流动、集成、竞争和进化过程。设计竞争使得设计知识资源从垂直结构向水平结构转变并形成一个分布式资源环境。分布式资源环境中有四类知识流,本章研究它们的共同点和不同点以及知识流动的驱动力和阻力。可信赖性是分布式资源环境中设计知识服务的生命线,分析了可能设置的可信赖性的三重保障。

第 6 章论述设计中的知识集成。设计中无论是产生创意还是构建设想,都是由集成实现的,集成是在系统模型上进行的,设计是系统的集成。从知识的视角看,设计进程和子进程的结果都是知识集,系统集成本质上是系统知识的集成。本章研究了集成中系统知识的表达,包括系统功能知识的表达、系统行为知识的表达和系统结构知识的表达。

第 7 章研究在第二类知识流支持下第一类知识流中的功能知识集成。创意往往与功能知识集成相关,而设想则包括行为知识集成和结构知识集成。本章探讨分布式资源环境中,在设计知识服务(第二类知识流)的支持下的一种算法,消费方(第一类知识流)用这种算法搜索可能用于拼接的功能知识子集,并拼接出满足最终功能需求的功能知识集,该算法能够用于满足物质需求、精神需求和社会需求的同一化设计。

第 8 章研究在功能知识集基础上实现行为知识集成、结构知识集成的算法,探讨区别于当前 CAD、CAE 技术的全生命周期性能数字样机技术。在分布式资源环境中,在服务提供方提供的功能知识子集被采用并集成到功能知识集后,服务提供方应能够继续提供必要的行为知识子集和结构知识子集并自动进入全生命周期性能数字样机程序产生行为知识集和结构知识集。

第 9 章研究在互联网上实现的分布式资源环境中设计知识服务的结构,包括行业系统集成知识服务单元,零部件设计知识服务单元,学科行为分析知识服务单元,中介管理知识服务单元;探讨了实现服务的必要条件,包括实施服务发布、服务搜索、匹配检验、服务传递链接、经济支付、法律责任等约定所需要的组件。

第 10 章探讨从设计科学看设计师的培养。当前供给侧改革的诸多问题中,知识供给不良是根本性和意义深远的问题。而培养什么样的设计师和如何培养则决定了明天的知识供给是否能够满足社会发展需要。在如何培养有资质的人的认知上存在许多误区。本章讨论了包括区分培养学术型人才和应用型人才以及"不要输在起跑线上"的认知误区,提出以"从读书中学""从观察中学""从讨论中学""从实施中学"代替"从讲授中学"的培养模式。

设计是为人类一切有目的活动规划实施的结果和路径,设计是人类文明的标志。设计科学,即设计的基本、共同规律,是所有人都应该研究和在自己的设计活动中遵循的。本书希望能够以易懂的方式阐述这些基本、共同原理,让具有中等学历以上的人都能够阅读。

在数十年的研究中,本书得到了国家自然科学基金重大项目(59990470)、重点项目(50935004)以及若干面上项目(如51575342)等的资助,书中列举的案例绝大部分都是这些项目的研究成果。没有这些基金支持,这本书的写作是不可能完成的。

本书承顾佩华、林忠钦、陈雪峰为书的出版作序,沈靖、侯悦民、孟祥慧、陈泳、张执南、戴旭东、李响阅读初稿后给出许多建议,在此表示衷心感谢!感谢胡鸣若、孟祥慧、戴旭东、张执南在本书的写作过程中给予资料上的帮助,以及科学出版社王艳丽和王威为编辑此书付出的艰辛和智慧。

谢友柏

2017 年 1 月 6 日

于上海

目 录

第 1 章　设计与设计科学

1.1　什么是设计?

1.1.1　设计的定义

　　什么是设计? 从文字的内涵上有很多研究[1]。不过换一个视角,设计也可以变得容易理解。一个人,在有意识地去做一件事情时,都要先进行设计。有的设计很简单,在头脑里一闪而过,甚至仅仅在潜意识下进行;有的设计则非常复杂,要很多人耗费数年甚至更多时间,但这些都是设计。由此可以写出关于设计的一个定义:设计是为人类有目的活动规划实施结果的面貌和实施的路径。所谓规划实施结果的面貌,就是描绘要做的事、物做成后的最终形态;所谓规划实施的路径,就是确定怎么去达到这个最终面貌。人类的一切有目的活动,都可以归纳为两种行为:设计和实施。这两种行为并不都能够从时间上截然分开,在实施过程中,如果发现设计要达到的结果或者规划的路径有问题,就要修改设计[2-4]。有人不赞成"一切"这个修饰词,要将它改为"大多数"。提出这个建议的人大多是从事复杂事、物设计的,觉得这个修饰词降低了他们所从事工作的价值和地位。不过这个建议不能被采纳,因为这将把一部分的确具有上述属性的行为排除在设计以外,而事实上"大多数"的范围也很难界定。

　　设计的简单或者复杂,取决于将要去做的事、物。如果要去做的事、物十分简单,或者与过去已经做过的相似,设计就会比较容易。但是即使是重复过去做过的事、物,也同样要设计。例如,从家里去公司上班,乘 6 号线地铁就可以抵达,虽然每天都差不多,出门时总还要想一想。因为每天都会有不同的情况发生:会下雨吗,要不要带伞? 今天有重要新闻,要不要顺路买一张报纸看看? 太累了,是不是搭出租车去? 等等。即使是决定仍旧搭乘 6 号线地铁到公司,也是对今天的出行做了一个设计。

　　至于制造一架大型客机,它的设计就完全不同了。例如,图 1.1 中的空中客车公司的 A380 飞机是当前世界上载客量最大的客机,其包机型号可搭载乘客 840 人。飞机从 1994 年开始设计,到 2006 年才得到适航论证证书,历时 12 年之久。即使飞机已经制成,在申请首次试飞许可前还要经过大量地面试验,以评价设计提出的方案是否可以接受。例如,为期 4 周的地面振动测试,大约有 900 个加速度传感器分别安放在飞机的升力面、

图 1.1 空中客车公司的 A380 飞机

舱面、发动机、各种系统和起落架上。为了给飞机骨架加载,在机身上安装了 184 个计算机控制的液压千斤顶,超过 20 个激振器迫使飞机进行振动。A380 机身的疲劳试验持续 26 个月,相当于 2.5 倍飞机服役的设计目标,即经过 47 500 小时飞行后产生的效果。目的就是模拟整个服役周期中,飞机飞行时经过反复增压和减压后的状态,只不过是在更短的时间内完成而已。为了达到这一目的,飞机必须装在由 1 800 吨钢材组成的试验台上,并配备特制的液压和气压施加载荷的设备。不通过这些测试,设计就不能认为已经完成。

在精神世界里,设计的规模也可以很不相同。两个人对话,你一句,我一句,每一句都是经过头脑设计的,不过有时并不自觉。画一幅画,不论是触景生情、自娱自乐,还是作为产品销售,也都要先行设计。拍摄一部电影,那是要给大众观看的,就复杂多了。既要考虑社会影响,又要顾及票房收益。从剧本改编、演员选择、场景布置,到毛片剪辑,等等,无一不是精心设计的结果。

社会事务,更不可能没有设计:推出一组理财产品,提供一项设计知识服务,出台一个税收政策,组建一个监督机构,发起一个禁烟运动等,都要设计。设计得好坏对社会发展影响很大。人们经常批评政府政出多门造成混乱,就是因为顶层设计没有做好。关于服务,本书将它归入一类满足社会需求的产品,特别是设计知识服务,将在第 5～第 9 章讨论。

1.1.2 关于设计定义的争论

不过,正是由于设计无处不在,所以在历史的长河中,关于设计的描述和定义也是各种各样,人们经常为此争论。当然,争论有本质上对立和非本质上差异的区别。

有很多关于设计的定义。从辞海中能够查到:"根据一定的目的要求,预先制订方案、图样等,如服装设计、厂房设计"[5]。这个定义虽然简洁,但是显然是针对满足物质需求产品的设计。也有一些关于设计的定义,实际上是讨论设计这个行为的特征,离定义还有一些距离,而且也仅限于一些专门的领域[6-8]。格哈德·帕尔(Gerhard Pahl)和沃尔夫冈·拜茨(Wolfgang Beitz)的 *Engineering Design: A Systematic Approach*[9]一书在其索引中竟然没有设计(design)这个词,也就是没把设计作为一个独立的词,也可能是认为设计不需要有定义或者无法做出定义。王露茵、邱晓岩主编的《中外设计史》将设计分为广义的设计和狭义的设计,并称后者为设计专业,书中讨论的全是他们设计专业的问题。这本书认为设计包括 8 大类:① 建筑设计,包括室内设计、园林设计、城市规划等;② 工业设计(或称产品设计),包括日用品设计、交通工具设计等;③ 平面设计,除一般的海报设计、版面设计,也包括包装设计、书籍装帧等;④ 广告设计,主要指广告策划;⑤ 服装设计;⑥ 纺织品设计;⑦ 电影与电视;⑧ 其他与设计相关的专业技术,如摄影、插画等[10]。这就产生了一些问题:难道工业设计(或称产品设计),姑且先借用这个说法,其中就只有日用品设计、交通工具设计值得一提?难道装备设计、材料设计、软件设计等都不是产品设计?另外,农业产品设计、养殖业产品设计等又归入哪一类呢?从对这 8 大类内容的解释看,大都可以归入满足精神需求产品的设计。

于是,一个对人类生产和生活极其重要的庞大领域,即所谓的工程设计就被排除在设计界以外。虽然许多满足非物质需求的事件也常常被冠以"工程"的帽子,如"扶贫工程"、"扫盲工程"等,不过通常理解的工程设计其范围仅限于满足物质需求,而且限于比较复杂和庞大的工业产品的设计[11,12]。上述日用品设计一般不属于工程设计,但是交通系统的设计其核心部分则不可能不是工程设计。显然,工业设计不同于工程设计。

常常使人很难受的一点是,有一个群体常常自称或者被称为"设计界",而社会甚至政府也默认这一点。在街道上,到处可以看到某某设计公司、设计屋、设计学校等。仔细一看,都主要是与艺术有关的设计。教育部在 2011 年将学科分类做了一个调整,设立了第 13 个门类——艺术门类(原来只有 12 个门类)。艺术门类包括 5 个一级学科:艺术学理论(1301)、音乐与舞蹈学(1302)、戏剧与影视学(1303)、美术学(1304)和设计学(1305)(可授艺术学、工学学位)。这不禁使人产生疑问:机床、飞机、水库、通信、氢弹、医药器材、文学著作、金融政策、法律条款、学校教育等设计能算是艺术门类的问题吗?这些都能够用设计艺术产品的思维来设计么?许多人在想如何解决这些问题,有很多讨论。不过当前讨论还停留在如何将工业设计(industrial design)和工程设计(engineering design)这两个舶来品的名词统一起来。其实,问题的焦点就在什么是设计上。

当然,人类的有目的活动,除生产活动,还有大量非生产活动,如学习和娱乐等,也都有设计和实施两种不同行为的区分。

正因为设计既是每人每天都在自觉或不自觉做的,又是一切有关国计民生重大政策出台过程中不可或缺的组成部分,既不能从时间上将它与实施截然分割,又不能从顶层到底层的层次上为设计划出界线,所以很难为设计做出比上述定义更为精细的定义,也没有必要。设计是为实施规划结果和路径的,所以设计也是人类一项有目的活动,其目的是在顺利实施后能够达到设计所期望达到的目标。设计是人类最重要的有目的活动之一,是人类区别于动物的一个标志。

自从人类以制造工具使自己区别于其他动物,人就开始设计,设计是人类文明的重要组成部分。中国作为一个有悠久文明的国家,在设计方面也做出了许多杰出的贡献。例如,关于政治的合纵连横,关于军事的三十六计,关于精神的孔孟之道,关于物质的四大发明:火药、指南针、造纸和活字印刷,以及地动仪、木牛流马等的设计,都是优秀设计的典范。即使小至日用的锁具,也有精美的设计[13]。元末明初的文学作品《三国演义》[14]和宋代的纪实作品《天工开物》[15]就是两本讲述了许多关于设计故事和实例的书。

遗憾的是,并没有见到那个时期研究设计的专门书籍,虽然这些设计,都闪耀着设计者丰富的知识和超人智慧的光芒,但是并没有关于如何能够复制这些光芒的论述,即没有设计科学和关于设计科学的研究。

1.2 关于设计科学的争论

1.2.1 从前工业社会到工业社会设计认知的变化

设计被视为一个领域,始于国外。设计科学作为一个问题来讨论,也是始于国外。争论的核心是有没有设计科学? 设计与科学之间是什么关系? 如果有设计科学,设计科学是什么? 中国经历了太长时间的封建统治,工业社会迟迟没有到来,近百余年又是内忧外患,直到新中国成立前,国家一直处于混乱和贫穷之中,错过了这场争论的参与。

较早使用"设计科学(design science)"这个词的是沃尔特·格罗皮乌斯和理查德·巴克敏斯特·福乐。当时他们可能并没有深究"设计"和"科学"这两个概念之间的关系,而仅仅是希望表达自己对设计的某种期望。格罗皮乌斯是一个建筑领域的教育家,在他主持德国国立建筑学院(Bauhaus)期间(1919~1927年)以及以后在美国哈佛大学任教中,全力以赴地进行教育改革。他注重建筑造型与实用功能合而为一,主张从工业化的角度来发展设计教育,放弃传统手工艺的设计教育。他力图为设计寻求一个技术和艺术的公分母,实现技术和艺术的统一,并将这个追求表达为设计科学。福乐是有名的建筑师和发明家,他的理念是在设计中有效地利用科学原理使得地球上的有限资源能够满足全人类需求而不破坏植物的生态过程。他在世界各地演讲,宣传他的利用世界资源以造福人类的主张,并宣告将有"世界设计科学10年(1965~1975年)"的到来。

实际上,在更早时候,就已经有人提出要"科学地设计"。与19世纪末和20世纪初西方现代主义哲学思潮发展同步,以满足人类物质需求为主的产品,"人造物(artifacts)"的生产方式也发生了深刻变化。人类有目的活动,除了人造物,还有人造事。平时讲做事,其实这个事可以是事也可以是物,可以统一称为产品。当然,这里讲产品,绝不限于1.1.2

节中提到的工业设计(或称产品设计)所包括的日用品、交通工具等。本书采用产品一词而不采用人造物这个词,是考虑到人造物的设计可能仅仅是为了个人自娱自乐,而产品的设计则是要着眼于为其他人服务,需要顾及其对不同范围社会的影响。这一个区别,对于设计科学研究非常重要。产品可以是广义的,如动漫产品、金融产品等。准确一点,可以有区别地说是满足物质需求的产品,满足精神需求的产品和满足社会需求的产品,以下简称物质产品、精神产品和社会产品。生产是人类有目的活动,也有设计和实施两种行为。如果用设计在物质产品生产中的位置分,可以看到,在前工业社会和工业社会中有很大变化。在前工业社会,产品是由工匠手工做出来的。这个阶段的特点是设计与实施不分,艺术和技术不分,都是在工匠自己的头脑和手里进行和完成的。这个时期的竞争取胜,设计中的创意和实施中的手艺的作用是并重的,物质需求和精神需求的满足是工匠们同时追求的目标。从陶瓷器皿、丝绸纺织、笔墨纸砚、桌椅门窗等用品上都可以看到这种统一的表现。那时的社会比较简单,人类的主要奋斗目标是满足物质产品需求,设计与社会需求的关系没有现在这么复杂。随着工业社会的形成,机械化、电气化和信息化使得生产物质产品的产能即实施的能力得到极大提高。于是设计和实施就不能再集中于一人,设计完成以后,实施主要由操作人员和机器设备来完成,操作人员是不能改变设计的,这就产生了设计领域和许多专门做设计的人——设计师。

在大规模物质产品生产中,与过去手工作业时一个工匠只做少数几件产品不同,一个设计往往要做出成千上万相同的产品,或者说是重复地实施成千上万次。艺术产品、文学产品、思想意识产品、服务产品和政策产品等精神产品和社会产品仍旧或多或少地保持手工作业中设计与实施不分或者一部分人设计、由另外一部分人而不是机器去实施的一些特征。于是就有了工业设计这个概念以示其与其他设计的区别。这种由操作人员和机器设备实施大规模物质产品生产的生产模式,起初是在工业产品中发展。例如,中国一个做汽车发动机活塞环的中等规模活塞环厂,一年可以生产1亿多片活塞环,这些活塞环仅仅属于数十个不同的设计。后来延伸到了农业产品和养殖业产品,即所谓的工业化农业和工业化养殖业。美国一个农场的农民,在有全球定位系统定位的大功率拖拉机帮助下,2万多亩①农田只要4个人就可以完成作业[16]。日本某食品公司与中国合资在江苏大丰开设的养鸡场,2014年养殖蛋鸡240万只,年产蛋4万吨[17]。大规模物质产品的生产是一个物质按照设计规划的结果和路径演变的过程,要求设计所规划的结果和路径尽可能精准并符合自然科学(即物质演变)规律,任何设计的失误都会造成不可弥补的损失,实施中不允许改变设计。所以设计一旦完成,绝不轻易改变。而只有在更改设计时才能够发挥作用的创意,对于竞争已经不再如工匠手工制作产品时那么重要。在工业社会发展的很长一段时间中,社会对物质产品的需求与产能之间的缺口推动物质产品生产中实施的规模不断扩大,规模成为竞争的首选,创新则成为以降低成本为导向的规模竞争的对立面。专利往往被企业收买后锁在保险箱里,自己不用也让别人不能用,因为更改产品设计对于

---

① 1亩=666.67 m²。

规模生产需要巨大的投入。这种生产模式发展到极致就是由弗里德里克·泰勒（Frederick Taylor）提出的泰勒主义[18]与较早由亨利·福特（Henry Ford）创造的福特制生产[19]的结合，实际上是一种刚性的物质产品流水作业生产模式。另外，自然科学，如数学、物理学、化学、材料科学、工程科学、建筑科学等，以及行为科学的进展，其成果为设计的精准、快速、低成本、符合自然科学规律和物质产品生产的规模竞争等要求提供了手段，驱使人们在设计中越来越多地使用这些成果。换一个说法，就是使设计越来越趋于理性。1920 年，《风格派》杂志的主角，荷兰艺术家特奥·凡·杜斯伯格（Theo van Doesburg）就说："我们的时代反对艺术、科学、技术等中一切主观的推断。已经控制几乎所有现代生活潮流的是反对动物的自发、自然的统治和艺术的废话。为了构造一个新的对象，我们需要一种新的方法，也就是说一个客观系统"[20]。这个观点表明基于直觉和灵感的创意在设计中已经退居后位。"设计方法运动"在 20 世纪 60 年代发展得更为强劲，新的设计方法源于第二次世界大战中为解决紧迫问题而采用的更符合自然科学和更多依赖计算的方法，后来发展成为在民用产品设计中广泛应用的如最优化、可靠性、运筹学和管理决策的理论和技术等。

这个时期的"设计科学"和"设计方法"是混为一谈的。但是可以看到一个微妙的变化，设计科学的发展被引导向支持一种明确经过组织的、理性的和系统化的设计方法，而不是去探讨技术和艺术、设计和社会发展的关系。早前格罗皮乌斯和福乐的期望，即能够对设计提供实际支持的设计科学，渐渐演变成为一个设计方法论的学术领域，在这个领域里，设计科学等同于"系统设计方法"，而满足精神需求的设计和满足物质需求的设计也就分道扬镳，更谈不上联系到满足社会需求的设计。这个方法的代表作是帕尔和拜茨的 *Engineering Design: A Systematic Approach*，这本书的副标题就是 *A Systematic Approach*[9]，这本书被喻为设计方法的圣经[21]。不过这个系统设计方法并没有被实际所完全接受，而是遭到了众多批评，它的价值也没有得到任何实际证明。

许多这类讨论都同时提到设计过程，设计过程不能独立于设计方法存在，可以认为设计方法包括设计过程，不必单独讨论。另外，工业设计这个名称，实际上在当时也仅限于工业产品的设计，并不包括农业产品的设计和养殖业产品等的设计，当然更不可能包括精神产品和社会产品的设计。

1.2.2 工业社会中设计认知的又一次变化

从 20 世纪 70 年代开始，出现了一股逆流，一些原来工业设计的开拓者，后来又站到了相反的立场。例如，克列斯托福·亚列山大（Christopher Alexander），是创作过一种建筑和规划方面理性方法的著名建筑师，他说："我已经与这个领域脱离关系，在所谓的设计方法中，对设计建筑有用的东西微乎其微，我绝不再读任何这方面的文献，我要说，忘掉它，整个忘掉它"[22]。另一位设计方法的开拓者杰·克列斯托福·琼斯（J Christopher Jones）则说："在 70 年代里，我反对那些设计方法，我不喜欢机器语言，不喜欢行为主义，不喜欢将全部生命固定在一个逻辑的框架里"[23]。

这个转折可以从工业社会生产模式变化，导致生产中设计和实施在生产竞争中位置变化的历程做出解释。工业社会的前期，社会物质需求与产能之间的缺口推动生产中实施的规模不断扩大，实施规模成为竞争的首选。经过一个时期，由竞争推动的技术进步，使产能迅速增加，量的需求逐步变得容易满足并转变为多余，从而导致了产能过剩、资源浪费、环境污染、工人失业。发展到一定程度，需求从量转变成质，人们追求更美好的生活而不是低水平的物质占有，规模不再能完全解决问题，甚至成为社会的负担。其中有两个深刻的变化：一是新的东西往往更受到人们的追逐，也就是说创新竞争要代替规模竞争，新要靠创意，要靠设计，创意成为设计中比精准、快速、低成本和符合自然规律等更需要优先关注的焦点，一旦设计出来，实施不再是很大的问题；二是美好生活有多方面的需求，在物质需求以外，还有精神需求和社会需求，精神需求、社会需求在人们的追求中越来越突显出来。

图 1.2 为中国工程院在北京德胜门的院部建筑，当时是一个新设计。中国工程院自1994 年成立以后一直租用楼宇，世界上没有第二个中国工程院，当然这个设计是新的，它必须能够显示中国工程院的世纪威望。在物质功能上要能够容纳中国工程院机关办公、院士学术交流、院士短时间休息的需求，在精神功能上要能够使人们感到一种端庄、凝重、活跃的学术氛围和优美、舒适、自在的工作环境，而只要看到建筑就能够意识到中国工程院在世界上

图 1.2　中国工程院在北京德胜门的院部

的地位和影响则是它要满足的社会需求。当然，建筑要符合自然科学和工程技术规律，满足可靠性和成本等的要求也是不言自喻的。

如果说在工业社会发展的早期，物质需求是关注的重点，而到了现在，精神需求和社会需求就上升到了更重要的位置，甚至到了主要位置。例如，起初人们造汽车，只是为了载人或者运输货物，车辆只要能接受驾驶员的控制行走就可以。后来车多了，能够行走已经不成问题，乘车成为生活享受和表现自身价值的要素，舒适、漂亮、豪华、多功能是购车族追逐的目标。另外，车辆越来越多，车辆排放的尾气污染了环境，雾霾成为不可忍受的社会问题。限制排放就变成对汽车不断提升的社会需求（约束条件）。当创新竞争代替了规模竞争，创意就成为竞争的更为重要的要素。这种变化表现在满足物质需求为主的产品中满足精神需求在竞争中占有的比重越来越大，满足精神需求为主的产品（如文学、艺术）越来越受到人们的追逐，占有越来越大的市场份额，满足社会需求为主的产品（如金融、政策等）更具有在世界上举足轻重的作用。设计中满足精神需求和满足社会需求的创新，不能由自然科学、心理科学或者社会科学法则计算出来，而是来自直觉和灵感产生的

创意。事实上,满足物质需求的创新,同样不能计算出来。直觉和灵感的产生往往遵循一种行为反应的法则,而不能按照理性、系统化的方法,事先规定的路径行进。创意的本质和创意为什么不能由计算产生,将在以后的章节中讨论。"设计不是计算",这是过去许多老一辈设计师经常讲的话。

20 世纪 70 年代开始出现的这一股逆流,反映的是物质需求容易得到满足之后,人们所追逐的目标,也就是需求发生了变化,导致设计和实施在物质产品生产竞争中的位置发生了变化,从而引起人们对设计认知的变化,也引起人们对设计中创意关注的变化。

1.2.3　设计科学争论的本质

在设计科学的发展被引导向形成理性、系统化的设计方法而又遭到广泛批评的同时,自然会引发讨论:为什么设计科学要将设计和科学放在一个词里面,能不能放到一起,以及设计和科学之间的区别究竟在什么地方? 通常,设计可以是一个领域,设计可以是一个行为,设计也可以是一个行为的产物。设计又是所有设计行为和行为产物总的称呼。当然,科学也是一个领域,有别于文学或者艺术。如果把科学用于指向一种行为,那么指的就是"科学研究"。科学也可以理解为科学研究的产物,科学研究产生科学。中文的魅力在于从上下文就可以知道一个多义词在这里是什么意思,不必特意注明它们是名词还是动词。一些人由于不认可系统设计方法,就在设计和科学的不同上展开争论以挑战设计科学这个概念。"科学家力图确定已有结构的组成,设计师则力图塑造新结构的组成"[22]。"科学方法是一种探求已经存在事物性质的行为模式,而设计方法则是一种发明还不存在事物的行为模式,科学是分析性的,设计是构想性的"[24]。"自然科学关心事物是什么样的,而设计则关心事物应该是什么样的"[25]。这些讨论深刻地区别了设计和科学这两种人类活动本质上的区别。

从这些争论还可以看到,将设计科学引导向发展一种理性、系统化的设计方法的人,很大程度上是从自己专业的角度看设计,如德国的系统设计方法学派起源就是机械零件的设计[26]。他们并未将设计看成是为一切实施规划结果和路径,以及人类一切有目的活动的第一步。从专业角度看设计,方法至关重要,有了方法,设计就可以进行了。有些与各专业都有关的共同原则,通常会部分融入专业的设计方法,然而解决问题的具体方法往往会忽视许多最重要的基本原则,也包括格罗皮乌斯和福乐所期望的未来。而且不同专业的设计方法,从专业的视角看不会有很多相同的关注点。例如,外科医生设计一个手术,画家设计一幅油画,导演设计一场演出,建筑师设计一幢高楼,机械工程师设计一台发动机,软件工程师设计一个计算程序,市长设计一个政策,教授设计一堂课程,等等,他们所用的方法有很大差别。如果任何一个专业的设计师将自己的专业设计方法说成是设计科学,争论就不可避免。其实,诸多争论并未涉及设计和科学之间关系的本质,这从一些关于这方面的文献中可以看到[27,28]。从设计是为实施规划结果和路径,是人类一切有目的活动的第一步这个定义出发,设计科学研究的是对于所有各种各样设计都需要遵循的基本、共同规律,这样其实就没有什么可以争论的了。如果没有关于设计的这样一个定义,那么即使现在已经有了一本 *Design Science*[29],29 位编委对于什么是设计科学也仍旧是众说纷纭。"设计科学是学习、研究和积累设计过程及其操作的知识。设计科学致力于收集、组织和改进可能与设计相关的这些方面的思维和信息,在设计领域中提出和进行对实际从事设计的设计师和设计机构有价值的研究"[28]。虽然这一段描述后来被认为是"从实用主义转向"[23],但是还是为设计科学给出一个大概的轮廓。据说司马贺(Herbert A Simon)曾经写过:"很少有工程师和作曲家能够进行一场关于各自专业工作内容的有共同价值的对话。然而我认为他们可以进行关于设计的这样一种对话。这就可以发现他们都在从事相同的创造性活动,可以分享他们在创造性的专业设计过程中的经验"[27]。所以,既不能认为设计就是科学或者设计与科学无关,也不能认为设计这样一个为实施规划结果和路径、人类一切有目的活动第一步的行为没有基本、共同规律可以研究。这种基本、共同规律的研究,就是设计科学。举一个简单的例子,什么是创新,就是设计科学而不是任何一个专业的设计理论或者设计方法要做出明确解释的概念。创新必须采用此前未曾用过的知识,满足现在不能满足的需求。创新的目的是竞争取胜,是在满足人们日益增长的对"新"的需求和对共同美好生活追逐上的竞争取胜。绝不能以为贴一个创新的标签就是创新,这些在后续章节中将陆续展开讨论。所以,设计与科学是人类两种不同的有目的活动,设计有其基本、共同的规律需要研究,这就是设计科学。而科学研究既然也是人类的有目的活动,科学研究也必然具有设计和实施两种行为。

"设计学"与设计科学,本来可以指向相同的研究范畴。但是设计学这个名称在过去已经被许多专业领域的设计理论和方法的论著广泛采用,现在只能认为它们是两个代表不同内涵的名称。

所以,设计科学争论的本质是在各个专业领域层次上对设计进行研究还是在人类一切有目的活动层次上对设计进行研究的争论。设计科学的研究是在包括物质产品设计、精神产品设计和社会产品设计各个专业领域的设计理论和方法之上一个层次设计的基本、共同规律的研究,是关于人类一切有目的活动设计的研究,是关于设计的科学研究。

1.3　创新与设计的竞争力

1.3.1　从理性、系统化设计理论和方法到同一化设计

从一百年来关于设计科学的争论可以看到,在工业社会发展的历程中,对于设计的认知,发生了一次又一次根本的变化。从追求理性的设计到认为它没有多少实际意义,从呼唤设计科学到强调设计和科学的不同,等等,这些变化深刻地反映了工业社会生产力的发展和变化,不仅是农业社会到工业社会的发展,更重要的是工业社会自身生产模式的改变。生产力的发展,使得物质产品产能极大地提高,同时改变了人的追求和各种社会关

系,也改变了物质产品的设计。推动生产力的发展是竞争,起初竞争推动物质产品生产实施的规模发展,要求物质产品的设计满足实施规模竞争的需要。当产能膨胀到极端,竞争又否定规模发展,要求物质产品的设计支持创新竞争。因为需要满足的需求向多样化转变,物质产品设计也有许多不同情况,认为物质产品设计只有一种模式,也是不符合社会发展的规律。回忆工业社会早期,提出设计科学的格罗皮乌斯和福乐,他们都是建筑设计师。建筑是物质需求、精神需求、社会需求,或者自然科学、工程技术与艺术的要求始终较为紧密结合的领域,他们更多考虑在设计时将各种需求统一起来,1.2.2 节关于中国工程院院部建筑设计的例子已经讨论过这个特点。同时,建筑物也是物质产品中较多单独设计的产品,也就是说,一个设计只做一个产品,中国工程院的院部建筑就是明显只做一个产品的例子。不过工业社会里许多其他物质产品的设计,情况并非如此。有一些物质产品,需求量不大,特别是不直接为人所消费的产品,关注的是在物质功能上的创新,对于满足精神需求要求不高。极端情况如核反应堆内部的主循环冷却泵,人难得在它近旁工作,接触到的人非常少,设计中不必如中国工程院院部建筑那样过多考虑精神需求和不同的社会需求。反应堆主循环冷却泵的设计是追求 60 年不维修而能够可靠工作,特别是在发生意外情况后要能够继续工作以避免堆芯过热引发的灾难。而另外一些满足物质需求的产品,又是完全不同的情况,如汽车,一个汽车企业的年销售量都是以百万辆计,中国在 2014 年就生产了 2 372.29 万辆汽车[30],使用汽车的是每天与车紧密相处的以几十亿计的人群,当然这时就不能不考虑精神需求和社会需求。泰勒主义和福特主义追求的是满足产品规模竞争的需求,以扩大实施规模、降低生产成本竞争取胜。工业社会中,在需要以量来满足物质需求的阶段和与之相关的产品,理性、系统化的设计理论和方法似乎更具有吸引力。这种规模竞争的生产模式,就形成了如帕尔和拜茨的 *Engineering Design: A Systematic Approach*[9] 一书的环境,该书虽然主要是针对机械产品的设计,但是被延伸到其他一些少数人设计而由机器装备大规模重复实施的物质产品。当这类产品的量的需求逐渐容易得到满足甚至过剩时,它不再是竞争取胜的关注点,加上建筑设计不能用它,农业产品的设计和养殖业产品的设计等也不能用它,文艺设计、环境设计、服务设计当然更不能用它,于是就引起各种诟病。

另外,既然设计是为实施规划结果和路径,是人类一切有目的活动的第一步,显然不是所有产品都像物质产品的设计那样需要并可以由机器装备大规模实施。满足精神需求产品的设计大多仍旧保持前工业社会的模式,设计者也是实施者,或者设计完成以后由另外的人而不是机器去实施。虽然利用了大量现代技术,如影像、声响、信息处理等,不过设计的基本特征并没有太大变化,头脑中基于直觉和灵感的创意,仍然占据主导地位。而社会产品的少数人设计,许多人而不是机器去实施的特点更为突出,国家制定五年计划,动用浩大的资源和人力来做这个顶层设计,最后只能实施一个计划。而这个设计一旦完成,则是由亿万人去实施。

需求变得多样化和实施变得多样化,使得设计向理性、系统化方向发展引起诟病,物质产品生产能力发展和竞争取向变化更导致设计竞争力的构成要素发生了变化。保证规模竞争需求的理性、系统化的设计理论和方法,很难在设计中给创意以充分的活动空间。但是生产已经由规模竞争发展成为创新竞争,创新需要依靠创意,而系统设计理论和方法不利于创意发挥作用,因而妨碍了创新的竞争取胜。

产能的极大发展,导致社会发生了两个与设计有关的深刻变化。一个是"新"成为追逐的目标,许多被抛弃的事、物,并不是因为不能用了,而仅仅是因为它们不再是新的。另一个是越来越多的人对于美好生活有更高的要求,当物质需求在量上比较容易满足以后,关注转移到更适合自己对产品性能的期望上,性能多样化的需要越来越强烈,进而更多追求精神需求和社会需求的满足。追逐精神需求既表现在对于以满足物质需求为主的产品,要求其同时能够越来越多地满足精神需求,又表现在对于精神产品的热捧。如果拿20世纪三四十年代和现在文艺演员的身价相比,那真是天壤之别,这就是文艺产品从为极少数达官显贵服务转变为满足大众精神需求的结果。而旅游居然能够形成这样大的市场,更能够说明这一类的精神需求已经成为普通人群追逐的目标,"新"也包含精神需求的满足。主要满足社会需求的产品——金融产品和各种政策的设计既然有在世界上举足轻重的作用,服务业的异军突起,其设计的好坏影响生产和生活中的方方面面,当然就成为人类其他各种活动和共同美好生活能否正常进行和实现的关键。社会的价值观、道德、风尚也都是可以引导和塑造的,这就要设计各种各样以满足社会需求为主的产品。对于"新"的追求和多样化要求使得更新速度不断加快,社会不断从平衡到不平衡,出现越来越多的新问题,人们对社会产品更新速度和要求达到新平衡期望的迫切程度也越来越高。随着经济全球一体化和网络时代的到来,网络信息产品、网络金融产品、网络文化产品、网络服务产品和物质产品在网络上的交易,不断给各种产品的设计提出新的方向和新的内容,而且产品的物质需求、精神需求和社会需求也越来越趋于同一化而难以在设计中孤立地考虑。新问题出现得越来越多,越来越需要创意,不利于创意发挥作用的系统设计理论和方法当然就会受到排斥。在物质产品实施上出现的精益制造、敏捷制造、柔性制造和计算机集成制造系统(computer-integrated manufacturing system,CIMS)等,其更深层次的源头是人的多样化追求对设计竞争关注点的变化。

同时考虑满足物质需求、精神需求和社会需求的设计,本书称之为同一化设计(all in one design)。也就是说现在同一化设计的理论和方法要代替只满足物质产品规模竞争需求的理性、系统化设计理论和方法,只有进行同一化设计,才能够真正有竞争力。同一化设计的原则和内涵,将在本书后续章节中做更详细的讨论。只要看看手机的出现和发展对社会带来的影响,就不必更多论证了。当然,手机如此竞争发展的正面和负面作用,还需要观察,社会需求被人们认识,往往要很长时间。

在少数领域,如机械制造领域,作为系统设计理论和方法思想的延伸,流行着"为 X 而设计(design for X,DFX)",例如,可制造性设计、可装配性设计、可测试性设计、可靠性设计、绿色设计、成本设计,等等,这些都是一种把设计研究局限在解决某个出现问题的方法上,是设计技术层次上的概念,与设计科学研究提出的同一化设计不是同一个视角。同一化设计的思想:是格罗皮乌斯和福乐关于设计科学理念的发展;是在设计中对艺术和技术的统一;是更全面地阐述一种期望,即有效地利用科学原理,使得地球上的有限资源能够满足全人类需求,而不破坏生态过程;是在设计中要从人类对共同美好生活追求的愿望来分析和认识需求;是在设计中考虑同时满足人们的物质需求、精神需求和社会需求,而不是碰到什么问题,才寻求解决什么问题。为什么人类的生存环境被如此严重地污染?难道不是因为许多设计仅仅考虑满足一方面的需求,而不顾当产品在社会上扩散以后必须要有相适应社会产品设计的后果吗?人不仅有物质需求,而且有精神需求,人不仅是孤立的个体,更是社会中与其他个体相互作用的个体。同一化设计,是一种思想,是一个原则,以及与之相适应的理论和方法。同一化设计,对社会适用,对国家适用,对各种人群适用,对企业适用,对专业的设计师适用,对个人也适用。前面讨论过的要坚持设计是人类一切有目的活动的第一步这个定义,不用"大多数"来代替"一切",就是这个道理。在机械制造领域,很多处理与加工(实施)有关的活动被划分在设计之外。事实上,"制造"这个概念是一个有歧义的概念,如果将人类一切有目的活动都分为设计和实施,则这一类处理与加工(实施)有关的活动恰恰是为实施规划路径。规划路径不可避免要与规划实施结果的面貌密切相关,是设计的重要组成部分,所以这类活动实际上是在做设计,也应该遵从设计科学的普适原则,而不应该仅仅从 DFX 的视角寻求技术解决方案,甚至在设计中制定出不利于人类追求共同美好生活期望的结果和路径。

同一化设计并不排斥任何一个专业领域的设计理论和方法,而是要求在设计中遵循同一化设计原则。因此,各个专业领域的设计理论和设计方法都需要在这个原则下进一步发展,都会变得更为复杂。但是在各个专业领域的技术,特别是信息技术高度发展的今天,完全有可能做到不论是物质产品、精神产品或者社会产品的设计,都要考虑物质需求、精神需求和社会需求,问题在于设计师对于设计的认知需要做根本的改变。

1.3.2 创新和工业社会

"创新"这个词在各种情况下被广泛使用,但是对于创新的理解各有不同,有的不过是将它作为一个口号或者是标签。在严肃的学术讨论中,需要给创新一个明确的定义。概括前面的讨论可以认为:创新是为了竞争取胜,要求采用此前未曾用过的知识以满足现在不能满足的需求。也有人给出另外一种认识:创新是使智能变成有价值的产物。后面这个定义虽然更为简单,不过是否有价值这个修饰词比较难以评价,因为一些产物,当前价值不明显,但是以后可能有很大价值,例如,数学上得到一个难题的解,是不是能够马上说出它的价值?而有一些产物,对个人或者某个群体可能有价值,而对更大的群体或者整个社会有害,则这种产物不可能被接受为创新。不能绝对地用经济价值来衡量一个创新是否能够被接受,因为还有社会需求需要满足。所以创新应该具备 3 个要素:采用此前未曾用过的知识,满足现在未能满足的需求,在竞争中取胜。创新竞争首先要求不断改变设计,没有此前未曾有过的创意和设想,就没有新的设计,没有正确的设计,就没有成功的创新。创意和设想是一个基于设计师知识的主观产物,而产品则是需要被客观所接受,还要经过客观的评价和检验,除非某些创意和设想仅仅是供自己欣赏。成功的创新一定要得到社会认可。关于创意、设想、评价的内涵,已经有过很多论述[2-4,31,32],并将在此后的章节中详细讨论。

当人们追求"新"的时候,哪一个设计更能够适应"新"的需求? 当人们追求共同美好生活的时候,哪一个设计更能够提供共同美好生活? 这是由竞争决定的。推动生产力的发展是竞争,推动设计发展的也是竞争。即使都是正确的设计,其成功与失败,取决于竞争。正确与否,最终并不是看计算与试验的结果,而是看它在市场上的竞争力[31-32]。诺基亚(Nokia)手机之所以失败,不是它在计算或者试验中出了什么问题,也不是它在生产技术上有多落后,而是在对社会需求变化的理解和运用上输给了苹果(Apple)手机和三星(Samsung)手机。

但是也要注意,不仅仅是市场上的竞争力,还需要有在社会发展中的竞争力。作者曾经和许多企业家议论过:企业的目标是什么? 几乎绝大部分答案都是"赚钱"或者类似的措辞。如果不关心社会责任,为利益竞争而将社会导向破坏和谐和共同美好生活,导致社会危机,这种设计最终也是要被社会所拒绝的[2-4]。令人担忧的是,这类设计现在到处都可以看到。这里出现的和谐以及在美好前增加"共同"二字,是由于不同人对美好有不同的诉求,如果设计中忽视了共同,则社会将不可能和谐,不和谐的社会就没有美好生活。这是设计要满足社会需求的重要原则,将在此后的章节中进一步讨论。

从上面的分析,可以理解 20 世纪 70 年代出现的这股逆流的产生过程和社会背景,这股逆流是工业社会关于设计认知更深刻变化的前奏,同时也预示一个新时代的到来。设计的主流不再为规模竞争服务,而是要为创新竞争服务。设计也已经不再能够被理解为物质产品生产的专有活动。

这里需要用一点笔墨讨论一下工业这个概念,因为它与对工业设计的理解有关。《辞海》中关于"工业"的词条是这样写的:"采掘自然物质资源和对工业品原料及农产品原料进行加工的社会生产部门…… 在西方,工业亦称制造业,通常仅指加工工业而言"[5]。工业这个概念,通常总是被从技术的视角去理解,例如,习惯上将工业发展划分为机械化、电气化,现在又说到了信息化时代。不过,也可以从另一个视角来理解工业,即工业是一种以物质产品生产中实施的巨大规模为特征的产业。这个特征,现在并没有改变。在工业中,人的以生产为目的的活动其实施行为不再依赖人身体和头脑的直接操作,而是通过发展越来越快的技术支持的机器设备完成,实施的竞争主要依赖机器设备的精准、快速和低成本达到目标,不论它们是非智能的或者是智能的机器设备。而人的有目的活动中的设计行为则是另一回事,设计的竞争仍旧主要依靠大脑,创意是否能够由如计算机这样的设备产生还存在不同的观点,也许永远也不可能。所以,创新的竞争不是依赖机器设备在实施规模上的竞争。然而设计与实施在竞争中位置的变化并没有改变工业的特征,也没有看到工业将不存在的迹象。这样的理解,使得工业设计变成了一个与内容不协调的名称,也背离了工业设计界目前实际从事业务的性质。同时,也表明许多人花很多力气想为工业社会以后的社会起一个名称,呼声最嘹亮的可推"信息社会"这个名称,其实还没有到必要的时刻。也有人仍旧留恋工业这两个字,将工业社会发展不同的阶段划分为第一次工业革命,第二次工业革命,第三次工业革命……,表明他们认同现在仍旧是工业社会。从现在和以后物质产品生产的实施,仍旧主要依靠机器设备大规模完成的这个特征看,认为现在仍旧是工业社会,是有道理的。不管如何创新,物质产品生产实施的规模依旧不可或缺,当一个新的事、物出现,感兴趣的人越多,需求量就越大,实施的规模也就越大,只不过此时规模已经不再是竞争取胜的关键。信息社会这个名称,并不能反映上面讲到的仍旧要依赖机器设备大规模实施物质产品生产的特征,信息本身或者信息传递的技术能够在很大程度上提高但是并不能实施物质产品的生产。信息之所以被认为好像能够解决一切问题,完全是炒作的结果,信息本身既不能吃、喝、拉、撒,也不能衣、食、住、行。而且信息还不是知识,这在后续章节中还会讨论,如果不加以分析,就会产生错误的认知。更有人提出"智业社会"的名称,同样也是从表象上看问题。将所有事、物都戴上一个智能的标签,是当前的时尚。然而人类社会无论怎样发展,都不可能离开依赖机器设备的物质产品大规模生产。讲信息、知识、智能、设计的重要时,都不能排除实施的重要。

所以,创新和工业社会并没有矛盾,不能认为工业社会已经过去而要由别的名称代替。设计和实施在生产竞争中位置的变化没有改变物质产品生产主要仍旧是以少数人设计,操作人员和机器设备大规模实施的模式,虽然生产的竞争是以创新竞争代替了规模竞争,虽然存在仍旧有设计和实施集中在同一人,存在一些人设计而由其他人实施或者其他大量的人实施种种不同情况。创新不会改变人类一切有目的活动的两个不可分割行为,即设计和实施并存的关系。

1.3.3 设计科学与设计的竞争力

设计是人类一切有目的活动的第一步,但是不可能所有活动都以竞争取胜为目的。即使在工业社会中,无论物质产品的生产是以规模竞争取胜还是以创新竞争取胜,也不是人的一切有目的活动和所有产业都服务于竞争取胜,今后也不可能。这也是反对在设计的定义中以大多数有目的活动来代替一切有目的活动提法的一个原因。于是,就产生了一个将设计分成竞争性设计和继承性设计两种类型的需要。前者是为竞争取胜服务,后者则是为不存在明显竞争的其他目的服务。前面说过的空中客车公司 A380 客机的设计是一个竞争性设计,在 A380 客机上,为了减轻重量,节省燃油,首次在大型民航客机上大规模使用碳纤维增强塑料(Carbon fiber reinforced polymer, CFRP)[33],使用复合材料的量大约占 25%,而其载客量则比当时最大的客机波音 747 还大许多,最大可以达到 800 余人。与此不同的设计,每天如何乘 6 号线地铁上班,则不存在明显的竞争目标,所以要做的是继承性设计。竞争性设计的关键在于产生创意,取胜的要点在于如何采用此前未曾用过的知识,满足现在不能满足的需求,竞争性设计的竞争力首先取决于创意的竞争力。也就是作为创意组成部分对需求的判断是否有竞争力和想象中采用的知识是否有竞争力。而在有了创意之后,这时并不再需要强调此前未曾用过的知识和现在不能满足的需求,竞争要点转移到如何能够精准、快速、低成本地以创意为中心构建出整个的设想,往往更多做继承性设计,这里继承性设计的竞争力对于竞争性设计的竞争力也有贡献,继承性设计的竞争力在于精准、快速、低成本地完成设计。日常生活事、物的设计，则多数是继承性设计。不论什么情况下，精准、快速、低成本总是人们追求的目标。所以，区分竞争性设计和继承性设计，研究它们之间相同和不同的基本规律，研究它们各自竞争力的组成要素也很重要，这一点在此后的章节中还会继续讨论。

创新既然是现代社会发展的驱动力，如何使设计能够支持创新竞争取胜就成为设计科学研究的重要命题。自从有人类就有设计，在不同时期、不同社会发展阶段，在竞争性设计和继承性设计中，设计追求的目标不同，其所遵循的基本、共同规律和行为模式也不相同。如果不研究设计科学，不对传统上追求不同目标的传统设计观念深入剖析而在认知上做必要的调整，或者认为设计可以想怎么样做就怎么样做，只要有狂热兴趣和肯投入大量时间钻研，甚至简单地给设计戴上一顶帽子如创新设计、创意设计等，就可以解决问题，都是不对的，都不能真正使设计具有竞争力。设计科学要求创意和设想要经过科学的评价认可，即使不讲竞争力，物质产品设计的设想没有经过评价认可就投入工业生产也是不可想象的，精神产品和社会产品设计的设想没有经过评价认可就放到社会中去，其后果更是危害无穷。遗憾的是，很多人现在并没有认识到这一点。

《创新的艺术》[34]一书里介绍了许多美妙的创新成功故事，特别是创意在设计中的引领作用，但是缺少关于创意产生的知识基础和运用环境的分析。如此就可能得出创意来自天才的结论，于是各地、各个学校拼命去找天才，招收天才，为天才开各种小灶，提供千奇百怪的特别条件，而置广大非天才培养中的问题于不顾。另外一本《公理设计——发展与应用》[35]书籍为设计科学做出了重要贡献，提出设计中有两个公理，即功能独立公理和信息最小公理。不足之处是只在涉及这两个公理的一些问题上讲什么是正确、什么是不正确而没有对竞争和竞争力的剖析，同时也没有给出当不能满足这两个设计公理时如何得到解决问题的知识，这在该书译者序里面已经给予讨论。

1.4　在中国推动设计科学研究的意义

1.2.3 节介绍过的一个观点，"设计科学是学习、研究和积累设计过程及其操作的知识。设计科学致力于收集、组织和改进可能与设计相关的这些方面的思维和信息，在设计领域中提出和进行对实际从事设计的设计师和设计机构有价值的研究"[28]。这一段关于设计科学的描述，缺少对设计行为更高层次概括的思考，仅仅从某些专业领域的设计看问题，仅仅期望对从事设计的设计师和设计机构有价值，而没有将问题扩展到人人都设计，设计无处不在[36]。许多一直在做非常重要设计的人和机构并没有认为自己属于设计界，设计对于他们并不是一个有明确轮廓的活动，当然对设计科学研究也就缺乏认识。从事物质产品设计的人和机构，在没有深刻认识设计是一种竞争以前，更高层次基本、共同规律的概括从表面上看也并不如设计方法对他们那么重要。这一点从那么多国内外知名人士的争论就可以看得很清楚[29]。显然，不是会设计或者能够设计就有设计竞争力。对设计基本、共同规律的研究,不能脱离竞争和竞争力这两个核心内容。这一点,设计界的人认识反而比较清晰,这也许就是他们要把一个很大范围物质产品设计领域的人不包括在设计界内的原因。设计的竞争和竞争力是设计科学要研究的核心内容,对设计基本规律更高层次的概括,也不能脱离这个核心内容。

下面分析设计科学研究对于中国的意义,这绝不是说设计科学仅仅对中国有意义,它对所有设计活动是否能够支持社会进步具有决定性的作用。不过中国也许因为在设计上没有过去一百多年形成的惯性的阻力,有希望更容易接受新的观点。

1.4.1　中国制造业发展的历程

中国现在是一个制造大国。全球制造业的大公司,都把它们的一些制造厂转移到了中国,世界各地市场上到处可以看到"中国制造(made in China)"的产品。曾几何时,中国人还一直为没有中国制造的产品遗憾,这个时代已经过去。从 1979～2004 年,在四分之一世纪中,中国国内生产总值(gross domestic product,GDP)的年平均增长为 9.6%,制造业的贡献在三分之一以上[37]。出口额中制造业也有相当大的比重,根据中国海关总署发布的数据,2007 年上半年仅机电产品出口就占出口总值的 56.7%。原则上讲,材料、轻工产品和日用品都属于制造业范畴,如果把这些都算上,那就是绝大部分了。

我们祖先曾经创造了许多古代文明,曾经有过许多先进的制造技术,发明了造纸、火药、指南针和活字印刷。早在公元 1405 年,一支由 260 多艘海船组成的庞大船队,在郑和的带领下,载着 2 万多人,航行 13 万多海里,向沿途 30 多个国家和地区显示了中国造船业的强大。直到公元 1492 年,意大利的克里斯托弗·哥伦布(Christopher Columbus)才带着 3 艘小型的轻快帆船和 87 名船员,开始了西方国家的第一次远航。不过,我国的近代制造业,或者说近代工业,其萌生则迟至 19 世纪中叶。那时我们的制造技术,已经远远不能与先进的国外相比,洋枪、洋炮、洋船、洋火(火柴)、洋油(点灯的煤油)都要从国外进口。当时的清朝政府在鸦片战争等对外作战中屡屡惨败以后,一部分人开始认识到一味从国外求购"坚船利炮"不是办法,于是有"机器制造一事,为今日御侮之资,自强之本"的说法。1865 年,作为先后成立的 40 多个兵工厂中最有代表性的,也是最大的江南机器制造总局(即现在的江南造船厂)在上海成立[38]。中国的第一个炼钢炉、第一炉钢、第一艘机动兵船、第一尊后膛钢炮、第一磅无烟火药、第一艘万吨轮船都是在这里诞生的,因此有"中国第一厂"的称号。

自此,在一个半世纪中,无数中国人本着"一味从国外求购'坚船利炮'不是办法"的认识,为实现"机器制造一事,为今日御侮之资,自强之本",实现有一个自己的强大的制造业的期望,前仆后继。在这期间,又实现了许多新的"第一",如第一颗人造地球卫星、第一颗原子弹和氢弹、第一辆从流水生产线上下来的汽车、第一台万吨水压机、第一艘核潜艇、第一套 200 MW 汽轮发电机组、第一艘载人飞船等。但是当中国为所有这些"第一"庆贺的时候,不能不看到,所有这些"第一",都仍落后于国外。例如,当我们拼命追赶,生产出自己的电站亚临界汽轮发电机组时,国外已经有了超临界汽轮发电机组;当我们引进了超临界汽轮发电机组制造技术,努力消化吸收投入生产时,国外又生产出了超超临界汽轮发电机组。一个不争的事实是,那些世界各地市场上"中国制造"的产品,大多不是中国的品牌;现在城市里满街道跑的汽车,大多也不是中国品牌。如图 1.3 所示,在上海制造的通用轿车就是例子。中国实现了制造大国的期望,但是中国还远远不是制造强国。为什么这么多人经过一个半世纪的奋斗,中国的制造业还不能"强"? 中国是在什么条件下变成了制造大国? 为什么中国变成

图 1.3　上海生产的美国通用汽车公司的汽车

了制造大国,却没有变成制造强国? 又是什么条件使中国不能成为制造强国? 所有这一切,值得人们深入思考和研究。如果不分析经验、教训,不找到正确的解决方法,也许再过一个半世纪,一个强大制造业的期望,仍旧不能实现。

　　从江南制造总局成立到 1949 年新中国成立,在接近一个世纪的时间中,中国经历了清朝灭亡、民国初期军阀混战、抵抗日本侵略的 14 年抗战和其后的解放战争。国家不统一,封建、半封建、半殖民地的政治制度,当然没有实现强大制造业期望的可能。1949 年中华人民共和国成立时,钢产量只有 15.8 万吨/年,人均量约为 300 克,不够打一把菜刀,制造业近乎空白。1949～1979 年,国家统一了,政府也集中很大力量发展经济。但是西方出于政治偏见对中国实行严厉的经济和技术封锁,工业发展需要的技术唯一外源只有苏联,后来也终断了。这时国家高度重视独立自主、自力更生和赶超世界先进水平,在 30 年时间中,经过几代人艰苦奋斗,从无到有,从轻工业到重工业,从民用工业到国防工业,从知识积累到人才培养,都有了相当大的规模,形成了一个较为完整的工业体系。但是国家关于如何发展经济,如何在技术上赶超,认识还不成熟,也不稳定,特别是因为被排除在国际合作的队列,不甚了解形势的变化和发展,没有能够跟上世界经济和技术发展的主流,没有成为制造大国,当然更没有成为制造强国,不能不说是有其必然性。1979 年前后,西方封锁逐渐放松,中国开始实行改革开放政策,政治稳定,发展经济被提高到前所未有的地位,工业发达国家开始大规模对中国投资。2001 年中国加入世界贸易组织(World Trade Organization,WTO),标志正式加入了这个全球经济发展和竞争的俱乐部,中国在一个新的游戏规则下开始新一轮的搏斗,于是就开始了在四分之一世纪中,中国 GDP 的年平均增长达到 9.6%,中国经历了发展成为一个制造大国的过程。但是如前所说,中国还仍旧不是一个制造强国,只有在实施上竞争的能力,没有在设计上竞争的能力,起初很多地方甚至是依靠所谓的"三来一补、两头在外"的模式发展经济。而且在高速发展中又产生了许多新的矛盾,如环境破坏、能源紧张、工业生产事故频发、对外贸易摩擦愈演愈烈和国内贫富差别越来越大。这又究竟是说明一个什么样的问题呢?

1.4.2 中国在制造业发展上的问题

回答中国为什么没有成为制造强国,当然可以有很多理由:从经济、技术到管理,以及没有经验必须付摸着石头过河的学费等。但是这些都没有给出问题内在矛盾的分析及解决问题的方向。鉴于设计是为实施规划结果和路径,是一切有目的行为的第一步,所以从设计在制造业中的现状来分析研究问题并寻求解决方案,本来是顺理成章的事。但是事实并非如此,设计从来都没有站到它应有的位置上,在国家关于制造业发展的讨论和规划中,设计两个字总是出现在不显眼的地方,有时根本就找不到。到很多企业去参观,总工程师们总是带你去看他们有什么高级的加工(实施)设备,能加工什么、能做什么难以加工的零部件,能够做多么大、多么重的产品,炫耀他们的加工能力。而代表这些能力的装备,又大多来自发达国家或者是发达国家设计的。很少有人向你介绍他们在产品设计方面的能力,介绍支持产品设计的知识资源,如设计师队伍、实验室、分析软件、知识库和知识资源的建设、维护、发展和高效运行等情况,几乎没有人向你介绍什么是他们自己研发并占有了世界市场的产品。可以看出,能够照猫画虎地把东西做出来就是他们的追求和骄傲。曾经举国推进的计算机集成制造系统(computer integrated manufacturing system,CIMS),不论在当时产生多少争论,或者有多少企业因此而债台高筑,有一个结果是肯定的,那就是中国企业的加工能力渐渐达到了现代水平。这个结果的标志就是外国企业愿意将它们的产品拿到中国来加工,中国变成了世界车间,具备了替外国企业在加工上打工的资质。全世界市场上都可以看到中国制造,只是大都不是中国设计的,CIMS并没有解决中国设计落后的问题。而且要指出的是,这些制造,多数是日用品[39],真正大型、精密的装备,标上中国制造的还很少。这表明虽然有了很先进的机器装备,却不能在规划实施的结果和实施的路径上具有竞争力。人们还没有看到现在和今后制造业竞争特点已经发生的变化,没有看到设计竞争是制造业中一种更高层次的竞争,没有看到创新是设计的灵魂,仅仅追求能造出坚船利炮和规模竞争的惯性还统治着一些人的思维。将设计学这个一级学科放到了艺术门类,不能不说是这种惯性导致的一个无可奈何的奇怪现象,不能不说是前一个半世纪历程带给人们精神上的缺失,也是文化中遗憾的地方。

当然,也不是没有人看到这个问题,在世纪交替前后,设计问题也渐渐被人们提起。因为缺乏对设计科学发展历程的研究,在只求能造出坚船利炮思维的支配下,继承性设计比较容易被接受,始终占统治地位,而对设计的竞争性一直缺乏认识。与前面讲到的争论一样,继承性设计关心的是设计技术,关心的是本专业领域的设计方法,甚至对本专业领域的设计理论研究也兴趣不大,常常是拿着方法当理论。于是各种设计方法、设计软件、设计工具、试验设备、测试仪器、计算机、处理器、存储器等,随着国家经济形势好转,这些都如雨后春笋般地涌入中国。随着中国在教育上的投入高速增加,受过高等教育的人多了起来,连同上述软件和硬件的大量引进,国外大企业也越来越多地将他们的研发机构搬到中国来,因为中国的脑力劳动也比较便宜。可是当人们为一些大企业将研发机构落地到自己城市而兴高采烈、放鞭炮的时候,是不是想过:难道这就是我们的设计竞争力吗?

当人们对设计科学的发展和设计竞争力没有充分认识,对竞争性设计到来没有准备时,我们虽然具有了比较强的设计技术(这句话是否成立,还有争议),但是因为大多都是做的继承性设计,是不是又会如变成具备体力打工仔资质的国家——世界车间那样,变成了具备脑力打工仔资质的国家,专门为发达国家大企业做他们不想做的继承性设计——成为世界继承性设计中心呢? 当然仍旧可以给这些机构冠以"研发机构"的称号。

　　看不到设计的竞争和不重视设计竞争力的提高,是中国制造业发展中最突出的问题。当然这个问题不仅仅存在于物质产品的生产,精神产品以至社会产品的生产中,更有甚者。

1.4.3　设计科学认知上的滞后

　　所谓制造业,指的就是物质产品的生产。其实不仅是物质产品的生产,精神产品和社会产品生产中不重视设计,不研究设计科学更有甚者。因为没有设计师或者设计机构这样的称谓,许多人每天都在设计,他们的设计往往要决定更多人的命运,但是他们却并不认为自己是设计师,虽然也讲顶层设计,但是觉得自己有一套办法,与其他专业领域的设计没有什么关系,并不认为要研究什么设计科学。这不能不让人联想到 20 世纪西方世界的设计认知变化的历程,中国在一百多年以后的今天,能不能自觉地避免重复那些弯路而迎头赶上呢?

　　传统观点认为,竞争是社会科学研究的领域,是管理科学研究的领域,而设计则是物质产品生产中行动目标确定后的一个需要经历的过程。即使仅就物质产品生产的设计而言,试问:社会科学、管理科学脱离设计来研究物质产品生产的竞争,不掌握设计的内在规律,在这制造业竞争就是设计竞争的时代,就像一个赤手空拳的人与手持武器的人打仗。置竞争力的内核于不顾,靠广告宣传,靠说大话、说空话、说假话来竞争,避重就轻,在竞争力的次要要素上做文章,这是我国当前社会科学、管理科学研究制造业竞争的实际情况,是创新的口号喊得很响,而进展甚微的根源,是一些人对自己所规划的实施结果和路径未曾或根本不愿意做设计的评价,是不研究设计科学的结果。而如果仅仅将设计视为产生一个物理(广义的)上和技术上成立的结果(一套可以据以实现产品的图纸和设计说明书),不了解设计是为了竞争取胜,那么这个物理上和技术上成立的结果就可能因竞争失败而不能形成自己的价值,不能成为对社会的贡献,反而浪费了社会的人力、物力和财力,导致社会的损失。设计一个正确事、物(即能够竞争取胜的新事、物),远比把一个事、物设计得正确(即在设计方法和技术上没有错误)更重要。设计要达到的目的是竞争取胜,而不仅仅是追求设计方法和技术上无误,这就是设计的竞争属性。设计的竞争力,包括确定什么是需要设计和可以设计的正确事和物,远不是设计方法和技术上的问题,而正是社会科学和管理科学者们要全力以赴处理的问题,正是设计科学要研究的同一化设计问题。例如,是将 3D 打印机技术放在国家优先支持地位还是将设计科学研究放在优先支持地位,就是这样的一类问题。正如一本书所论述的,这些人是价格思维而不是价值思维[40]。讲得更直白一点,就是表象思维,就是 GDP 思维。认识这些,对于怎么从制造大国变成制造强国非常重要。更进一步，难道精神产品、社会产品没有竞争吗？精神产品、社会产品在竞争中不需要设计的竞争吗？难道它们的设计竞争取胜不需要遵循设计的基本、共同规律吗？难道这些不需要同一化设计吗？难道这些设计不需要设计科学的研究吗？

综合设计科学发展和中国发展一百多年的历程，一个明显的事实是：人们的认识是随着客观世界的变化而变化的，但是认识的变化总是落后于客观世界的变化。落后得多或者少，则取决于对客观变化研究所做的努力和知识的积累。中国人如此，外国人也不例外。格罗皮乌斯力图为设计寻求一个技术和艺术的公分母，实现技术和艺术的统一，并将这个追求表达为设计科学。福乐的理念是在设计中有效地利用科学原理使得地球上的有限资源能够满足全人类的需求而不破坏植物的生态过程，并期望有世界设计科学 10 年的到来。然而，在其后的一段时间中，人们并没有按照他们的期望行事，甚至背道而驰。不过，最终人们还是认识到他们的追求价值，他们的期望，不论是技术与艺术的统一或者不破坏生态过程，显然已经成为当今全社会的追求目标。这就是人们认识到过去是走了一条弯路。中国是不是也走了自己的弯路？从购买坚船利炮到认识要自己制造坚船利炮，从失败中得到了正确路径的知识，设计了正确的路径，达到了目标。但是奋斗一个多世纪，"坚船利炮"可以自己造而不用买了，而关键技术还要依靠发达国家[39]，我国仍旧是制造大国，而不是制造强国。人们此时应该考虑这是否仍旧是一条发展的正确的路径？

当整个国家还处于贫穷状态，依靠发展生产规模来满足人们的物质需求，是完全必要的，而在这个阶段专注于继承性设计也无可非议。一方面，继承性设计更适应规模发展，而国家经济实力不够和整体上的文化、技术水平不高以及设计知识资源匮乏的实际情况也难以实现对竞争性设计的支持。不过当经济规模已经达到相当程度，例如，我国已经成为全球第二大经济体和最大的制造产出国，思维如果还停留在规模发展上，就有问题了。从 20 世纪 80 年代就有人提出经济转型发展的命题，后来也写到中央的决议和五年计划中，但是转型发展仍旧是当前举国上下的难题。虽然十多年前也提出了要创新驱动，不过创新驱动实际上举步维艰，更多是停留在口号上。能不能自觉地避免重复那些弯路而迎头赶上，首先取决于是否认真研究那些在弯路上的经验教训，也就是要研究对设计，设计的竞争和竞争力，以及在设计知识资源上所做的努力是否已经成功。而要研究那些经验教训，就要了解、剖析那些经验教训，思考和总结，找到走弯路的原因，得到正确路径的知识，然后尽可能充分地利用现在所能够利用的一切条件，来设计自己的道路。

要认识到设计是一种竞争。创新是为了竞争取胜，创新之所以能够竞争取胜，首先是创新的设计要有竞争力。没有正确的设计，就没有成功的创新，创新就只能是一句空话。设计竞争力在什么地方，需要研究设计科学。不可否认中国在进步，但是要看到世界也在进步，发达国家也许进步得更快，他们对设计给予了极大的关注，是他们认识到了在 21 世纪中制造业的竞争是设计的竞争，设计对于制造业的发展具有决定性作用[41-43]。中国必须有这种竞争意识，必须认识到不竞争就不能赶上发达国家进步的步伐，需要设计一条在竞争中能够超越的路径。

设计是构想还不存在事、物的面貌和实现的路径,中国要走一条什么样的路径,只能自己设计,只能自己进行竞争性设计,这个面貌的模样和这条路径的取向是不可能在外国的论文或者教科书中找到现成答案的,也不可能用外国提供的软件计算出来。

1.4.4　设计自己在竞争中超越的路径

创新是为了竞争取胜。创新要采用此前未曾用过的知识,满足现在还不能满足的需求。

关于采用此前未曾用过的知识,中国现在并不是没有能够超越的机会。现在有太多过去一百年中发达国家没有的知识或者未能采用的知识,例如,互联网、大数据、云计算、3D 打印技术以及心理科学、社会科学领域中新的研究成果等,这些里面都包含许多过去所没有的知识或者未被采用的知识。就是在传统领域里,也有大量可以采用而还没有被关注到的知识[44]。问题在于怎么正确地运用这些知识,这就是设计科学要解决的问题,是设计科学的研究内容。要向发达国家学习,要了解发达国家的经验,但是要清醒地认识到他们能够告诉你的经验并非此前没有用过的知识,如果不经过自己的设计,照猫画虎搬来,不仅是人家已经用过了,我们再用,最多也只能是跟在后面走,没有竞争优势。此外,中国的国情不同,照猫画虎,也许画出来连猫也不是,只不过是只老鼠。要清醒地认识到,设计是所有知识包括高技术进入创新产品的桥梁或者纽带,没有设计,高技术只能当装饰品使用。不是圈一块地,盖一群楼,弄一个高新开发区,高新技术就能够变成创新的产品。

有了互联网技术,各种关于互联网应用的创意和设想漫天飞舞。什么对中国有用,什么没有用,什么不能用,如果要用应该如何用?这些都要通过正确的设计来解决。而正确的设计,则来源于对设计科学的研究。不能外国有人喊什么,中国就干什么。要知道此前未曾采用的知识,中国没有用过,发达国家也都没有用过,也都在研究怎么去用。而怎么正确使用,则与各个国家的国情有密切关系。阿里巴巴的电商在中国将互联网技术用得很成功,这是因为找到了当前的国情知识和需求知识,国情中很重要的一点是有大量的廉价快递劳动力。在美国就不能这样成功,只有非常有钱的人才能够享受将购买的每一件不论大小的日用品都送到家里的服务。不过由于监管乏力,电商和互联网的其他应用在社会上形成的诚信问题,其深远影响还有待观察。目前中国对于实体经济,对于制造业,虽然有许多口号,许多计划,许多方案,还只能说不知道在制造业中如何根据中国国情运用互联网技术,也可以说并没有人去认真地根据中国国情来设计,或者说不知道怎么根据中国国情进行制造业利用互联网技术实现超越的设计。

讲到大数据技术,需要认识的一点是:由网络传达的是数据而不是信息,借助约定的规则也称为数据模型转换成的信息也仍旧不是知识,信息变成知识还需要有一个处理的过程。这个过程有时比较简单,在个人的大脑里就能够完成,有时则十分复杂,需要大量的运算和试验来辅助大脑工作。不管简单还是复杂,总要处理成知识才能够告诉人们,需要做什么和不需要做什么,应该做什么和不应该做什么,怎么做才能够成功,等等。数据挖掘或者数据学习是一个存在多年的领域[45,46],现在有了前所未有的数据处理和运算能力,从一批数据中得到其中含有的信息并不是难事。困难在于如何能够取得反映现实的数据,也就是所采集的数据和数据模型是否正确。如何确认得到的信息其中含有可以信赖的知识,是不是伪知识[47],以及在何种条件下可以使用。这些都是设计科学研究的重要内容,后续章节中将做进一步的讨论。

对于 3D 打印技术和云计算技术以及其他国家提出推动制造业发展的许多政策和举措,也都有类似的问题需要研究。

关于满足现在还不能满足的需求,从制造大国变成制造强国,需求是什么?企业的管理者往往只关心自己产品用户的需求,但是政府和社会科学研究者更要关心国家竞争的需求,这也是竞争性设计要解决的问题,是设计科学要研究的内容。其实在制造业的产能已经极大发展以后,许多人思维中的需求还是局限在造出坚船利炮的能力上,只要能够造出坚船利炮就满足了,而对于设计的竞争则研究甚少。李鸿章在 150 余年前认识到要能够制造"坚船利炮",如果现在还只满足于能够制造"坚船利炮",那就太落后了,只模仿人家的设计,不学习人家的设计竞争。不了解竞争性设计和继承性设计的区别,不了解这两种设计,特别是竞争性设计的竞争力在什么地方。不知道设计竞争的需求是什么,不知道如何去提高设计的竞争力。这些都是设计科学认知滞后的结果。从创新的两个特征看,都与知识有关:一是判断需求的知识,二是解决问题的知识。设计是一个知识流动、集成、竞争和进化的过程,这是设计的知识本质。设计要能够支持创新竞争取胜,不论是竞争性设计还是继承性设计,其竞争力都与已有知识积累和新知识获取能力直接相关,这是本书后续章节重点要讨论的问题。20 世纪五、六十年代,有一句口号:"知识就是力量!"不知道后来为什么不提这个口号了。不能说中国不重视知识,特别是实行改革开放政策以后,中央和各地政府,包括企业、研究院所和大学,都有很多引进人才的计划。不过用设计科学对知识的观点来分析,这些计划的直接目标还是造出坚船利炮,而不是关于设计竞争力基础的知识资源的建设、维护、发展和高效运行。建设、维护、发展和高效运行设计知识资源对于设计竞争力是一个统一的概念,只关注其中一个环节则不能达到应有的效果。坚船利炮造出来以后,相关的知识怎么能够为下一代"坚船利炮"以及其他事、物的设计竞争服务,怎么能够高效运用,就是设计一条在竞争中能够超越的路径必须解决的问题,然而并没有看到中国在这方面的努力。有一个很大的民营制造企业,在鼎盛时期,号称有一万技术人员。由于并没有研究这一万人在设计竞争中究竟怎样发挥作用,不知道如何组织这一支队伍为工业社会关于设计的新的认知到来做好准备,不知道如何为创新竞争做好准备,也就是说这一万人并没有变成支持创新竞争不可或缺的知识资源的重要组成部分。虽然也规划如何创新竞争,实际上想的还是怎么能够造出"坚船利炮",整个企业的重心长期停留在规模竞争的生产模式上。规模竞争不需要这么多技术人员,当技术人员是在传统的、靠调令指挥南征北战的工作状态中,个人的经验积累非常缓慢,积累了也都在个人的头脑里,没有成为企业的知识资本,企业的创新竞争也未能走出一条成功的道路。在企业状况不好时,其中一些人纷纷出走,头脑里的知识也就跟着走了。企业注重自己的金融资本、设备资本、劳动力资本、品牌资本,等等,却不了解对创新竞争更为重要的是知识资本,不了解知识资本应该如何组织和经营。这种情况在国有企业中更有甚者。

知识资源构成要素中首要的是有资质的人。这些人中的一部分就是设计师,其余的是支持设计的设计知识服务人员,后续章节中将对此进行深入讨论。要实现竞争超越,要建设、维护、发展和高效运行作为设计竞争力基础的知识资源,如何培养这样的有资质的人,也就是工程教育,是一个不可掉以轻心的具有深远意义的命题。从将设计一级学科放到艺术门类中的这个举措,就可以从一个方面看到设计认知滞后导致当前的教育理念和体制所存在的问题,包括工程教育在内,具有严重缺陷。让年轻一代,不仅是从事物质产品设计方面工作的,也包括所有从事精神产品和社会产品设计方面工作的,都能够知道设计科学和认识设计科学的重要是教育的紧迫任务。中国成为制造强国,虽然不希望再用一百年时间,但是也不一定能够在当代人手中实现,而且竞争是永恒的,需要用工业社会关于设计的新的认知武装一代又一代从事与设计相关工作的人,让他们能够在竞争中有清醒的认识。

当然,共同美好生活与和谐社会不仅与物质产品的制造业有关,精神产品和社会产品往往具有更深远的影响,这些产品更需要正确设计,这些产品的设计师更需要设计科学的研究。

所以中国要设计自己成为制造强国的路径,一定要有竞争取胜的意识,要采用此前未曾用过的知识,要针对中国现在还未能满足的成为制造强国的需求,特别是对于知识资源的需求制定明确的政策,要使大多数装备和其他必要的产品,包括构成这些产品的零部件,在设计上具有基于自己知识资源的竞争力。知识资源的建设非一日之功,要有全面的建设、维护、发展和高效运行知识资源的设计与实施举措,并持之以恒。这种政策和举措必然不同于发达国家在过去一百多年中所采用的政策和举措,必须适应中国的国情和充分利用人类现在和未来所有的新知识,也就是要采用此前未曾用过的知识,满足现在没有满足的需求。

本章希望能通过分析国外关于设计和设计科学一百年来的争论和中国在创新驱动、转型发展中的实际情况,在有别于设计方法和设计技术层次上研究设计的基本、共同规律,讨论和认识设计科学的内涵,设计科学的发展与社会发展之间的相互关系,同一化设计对于人类共同美好生活和社会发展的重要意义,并据以讨论了设计在创新竞争中的作用,竞争性设计和继承性设计的共同和不同之处,各自的竞争力之所在,创意对于竞争力的意义,创意产生的基础和对设计的引领作用,创意与创新的不同以及创意变成创新的过程,设计的知识本质以及设计知识高效运用,特别是如何用设计科学武装一代又一代与设计相关人员的头脑等这些对设计这样一个与人类一切有目的活动至关重要的命题。

第2章 设计科学的四个基本定律

2.1 基本概念

本书在讨论中,将涉及一些基本概念。其中有的与大多数著作的使用方式相同,有的则限于在本书特定理解范围中使用,所以需要对这些概念先做适当的解释。

2.1.1 关于知识的基本概念

1. 知识

知识:设计中遇到问题的答案。

这里讲的知识,是设计中要用到的知识,可以称为设计知识。知识这个概念非常复杂,许多学派从各种不同视角给出知识的定义。从设计科学研究的视角看,因为设计是为人类一切有目的的活动规划实施结果的面貌和实施路径,所以设计知识和知识之间其实没有实质性的差别。本书使用的知识这个概念,与其他一些专门领域设计理论和方法的著作不同,不限于任何领域和以任何方式表达的知识,而是泛指所有科学、技术、艺术、文化、经济、政治、军事等方面在设计中遇到的问题的答案。这样理解,对于研究设计的基本、共同规律比较方便。

知识是人对客观规律的认识。不同的人对同一客观规律可能由于自身原因而认识不同,但是客观规律不会因人的主观意愿转移[48]。有人喜欢说"创造知识(creation of knowledge)",其实知识是不能创造的,只能获取。而在此后将要讨论的是,这种认识也只能是逐步接近客观规律,在有限时间中的认识总是不完整的。例如,某年某月中国的物价指数(consumer price index, CPI)是多少,看上去这个值是完全知道的。不过如果说它能够反映不同人群对物价变化的感受则不然,因为它是在一批被授权人认为有代表性的数据统计基础上产生的,而是否是所有消费者实际负担的真正描述,则仍旧可以打一个问号。不同层次消费者对这个指数的感受是不同的。对于低收入的人,他们的消费主要是一日三餐,食用品的涨价对于他们实际负担的影响不是白色家电的低价所能够抵消的。这一个关于知识不完整性的认识,对于设计非常重要。

知识是一个集合名词,设计知识也不例外。不过在应用设计知识时常常需要特指这个集合中的某一个部分,此时需要给出一些限定。

2. 显性知识

显性知识：可以用文字、符号、公式、图形、语言、影视等表达和传授的知识。

通常讲的知识是指显性知识。例如，代数方程 $ax^2+bx+c=0$ 的根是 $x_{1,2}=(-b\pm\sqrt{b^2-4ac})/(2a)$，这条由文字和符号表达的知识在《数学手册》[49]中能够找到；中国在民国以前各个朝代起始和终止年代的知识，在《辞海》[5]中能够查出；符合国家标准的金属材料其抗拉强度和屈服强度等性能知识都列在《机械设计手册》[50]中；当然，现在这些知识也都可以在互联网上搜索到。设计中，显性知识可以直接为设计师所使用。

3. 隐性知识

隐性知识：存在于个人头脑里，但是一时未能显性表达，因而也难以传授的知识。只有当向他提出相应的问题时，经过头脑思考和处理才能够成为显性知识。

如果去问一位上海人，什么是上海最好吃的小吃？他就要想了以后回答，而且各个人的答案可能不同；如果拿同样的问题去问一位食品专家，若不是他已经从研究大数据中得到明确的结论，或者已经发表了这个结论，他就只能从他头脑里关于上海人对小吃爱好的片段知识中整理出他的观点，包括他自己吃过的各种小吃后的感受，然后才能够回答这个问题。当有一个设备中的传动齿轮箱坏了，去问一位传动方面的专家损坏的原因，他也只能在观察了损坏现场和关于设计、实施整个过程的记录，把观察到的现象与头脑里的知识逐一进行比较，匹配成功后，才能够给出答案。这些都属于隐性知识。只有某个方面有丰富知识积累的人，他在这方面的隐性知识对于设计才有价值。隐性知识不属于下面将要讨论的新知识，新知识是要通过新知识获取过程才能够得到的知识，而隐性知识的显性化只需要经过个人大脑中的操作。

4. 意愿知识

意愿知识：这是关于某一个人或者群体的意愿的知识。

这个概念原来是用在合作设计中，各利益方由于视角（perspective）不同而有不同的意愿，需要通过对话取得共识以增进合作绩效的研究[51]。现在将这个概念扩展，用它表示设计中要考虑的相关人或者群体的期望的知识。这类知识或者由相关人或者群体在一定条件下自己表述，或者设计师通过采集到的大数据处理取得。如某客户的消费观的知识，某企业期望得到的资金支持的知识，某一类群体对于美好生活期望的知识，等等。意愿虽然是某人、某企业、某群体的主观，并且不等于已经成为现实，但是对于设计而言，它却是客观存在，而且是非常重要的知识，是设计中需求知识的构成要素。意愿虽不一定能够实现，却往往是社会发展的动力，是创新竞争的导向，是设计的出发点。例如，《三国演义》[14]中的"空城计"故事，司马懿率领大军想在诸葛亮所在的西城县与之交战并取胜，诸葛亮知道了司马懿的意愿；诸葛亮的意愿则是因兵力不足要避免弃城被困，于是诸葛亮设计了一个大开城门请君入瓮的假象，司马懿却不知道诸葛亮的这个意愿，被假象所误导，做了退兵的决策，结果中了"空城计"。这些就是博弈双方的意愿知识。人与人之间由于追求各自的利益其意愿常常会发生冲突。这个例子中诸葛亮和司马懿的意愿就是冲突的。许多现代设计理论和方法的著作，推崇物质产品设计从考虑顾客需求发展为顾客参加设计到由顾客来设计的设计思维(design thinking),其出发点是产品尽可能适应顾客意愿而在市场竞争中取胜。不过"顾客就是上帝"的思想不能绝对化,如果一个顾客群体的意愿会伤害另一些群体的意愿,从社会和谐与共同美好生活的需求看,就必须有一些社会产品(规章或者法律)对这种情况加以限制。举一个简单的例子,在高速公路上因为堵车,有一些司机将自己的车开到应急车道上去超车,导致处理公共危情的车辆不能通过,造成生命或者社会财产的重大损失,对于这些司机,要绳之以法。这就是需要有同一化设计的原因。

5. 非意愿知识

非意愿知识:与上面所说的意愿知识相反,非意愿知识是独立于人们的意愿。通常是关于客观规律的知识,即不因人的意愿转移的客观规律知识。在设计中,不能违反这些规律,但是却可以构造某种环境,使得所设计的事、物不与这些规律发生冲突,甚至可以利用这些规律让某种意愿能够实现。在"空城计"的故事中,诸葛亮知道自己兵力有限,如果弃城退走,则将一败涂地,这是非意愿知识。但是他设计了一个环境,隐去守军,大开城门,自己则在城楼上抚琴,使司马懿怀疑城中有伏兵,如果入城将被围歼,也就是使司马懿误用了"有伏兵将被围歼"的非意愿知识,于是退兵。这也是诸葛亮掌握了司马懿多疑本性的非意愿知识。

6. 共识知识

共识知识:在意愿之间有矛盾时,要使这些矛盾得到协调,使有关方面的认识达到一致,达成共识,这就是要达成共识知识。

意愿知识是主观产物,但是它又是客观存在。不同人有不同的追求,不同群体有不同的追求。对于和谐社会与共同美好生活,这些不同追求不能冲突,更不能发生严重冲突。

在设计中,对于要满足的需求或者意愿认识不一致时,需要达成共识,设计才能够进行下去。另外,现代的设计大多不是一个人或者一个团队能够完成的,而是在若干属于不同利益方提供服务的支持下进行的,这个不同利益方包括最终用户。在合作设计过程中,不同利益方对于设计进程会提出不同的取向,这些不同意愿需要统一起来,否则设计就难以为继。这个统一,与最优化计算在一个曲面上寻求极点不同,是各方从自己意愿上妥协或者利益上让步的结果,这样的结果只能通过对话而不是计算得到。对话有多种方式,一种是经过交互过程获取知识,例如,甲方给出了意愿 A,乙方由意愿 A 给出意愿 B,甲则由意愿 B 给出意愿 C,等等;另一种是多方在一起讨论得到共识后才产生的共同的意愿知识。有的学者认为,在设计中从来没有数学上的最优,只有妥协以后的共识,即所谓的共识知识。代替最优化计算的应该是"合作对话工程(engineering at collaborative negotiation,ECN)"[51]。在社会产品设计中,通过对话得到共识知识是非常普遍的做法。一个城市管理公用事务的机构要设计市民家庭用电的阶梯电价政策,例如,价格需要分多少阶梯,每一个阶梯的价差是多少等,就要举行市民和各有关方代表的听证会听取意见,然后才能够做出决定。一条法规,在正式颁布实施前,先要发下草案,让大家讨论,再根据意见汇总修改。一项商业交易,买卖双方要就价格、质量、交货时间和地点等进行反复的磋商,也就是所谓的讨价还价,只有在签订协议后,交易才能够做成,这就是达成了共识。以上这些都是通过对话得到共识知识的例子。不过,正如此前所指出的,即使是物质产品设计,也不能仅与用户取得共识,同时需要考虑满足社会需求,也就是要通过与更广泛的相关方面对话取得共识知识,如电厂的运营商、电网的运营商、碳排放的管理机构等。对话并不是简单的口头交谈,而是要使用各种能够表明意愿及其根据的材料。在信息技术高度发展的今天,有很多选择可以交流相关方的意愿知识并取得共识。不过,涉及不同利益方较多的情况下,取得共识有时十分困难,于是不得不舍弃一些利益方的意愿以满足大多数利益方的意愿,设计法律来规定并强制执行大多数利益方的意愿仍旧不可避免。在公共场所禁止吸烟,就是这种情况。司马懿和诸葛亮因为是敌对双方,不能对话,没有共识知识。社会进步的一个重要表现就是人们逐步认识和谐与共同美好生活是利益的最大化,应该用对话也就是用政治取得共识而不是用战争解决分歧。

7. 知识条

知识条:回答一个能够独立存在的最小问题的答案。

所谓独立存在,就是如果去掉其中某些部分,就不成为一个可以回答的问题或者变成另外一个不同的问题。所谓最小,当然是相对的,与提出问题的人的知识水平有关,也就是说对这个人来说,其中不包括其他需要回答的问题。例如,中国现在的人口数是多少?2014 年 2 月份中国的 CPI 值是多少? Gr15 钢的成分是怎样的? 某不规则物体的转动惯量怎么计算? 某发动机某次试验中用的是什么牌号的润滑油? 墙上这幅画你是不是喜欢? 从某地到某地有哪些交通工具? 某人某次治疗某病时用的什么药? 等等。在第一个问题中,如果把"中国"、"现在"或者"人口数"中的任何一个去掉,这个问题就成为另外一个问题或者无法回答。

从以上这些例子可以看到至少有四种类型的知识条。第一种是既成事实且具有较广泛共享需求的,如中国人口、Gr15 钢成分、转动惯量计算公式、交通工具等,这些大多已经收集在词典、专业手册、百科全书等里面,过去的做法是在需要时到这些书籍中去找。但是纸质存储工具要占据很大的空间,不容易查找,而且更新起来很费工夫,代价昂贵。现在有了互联网,许多机构将这些书籍里的知识处理成知识条,放在网络上,可以通过网络由关键词查找到。如维基百科(Wikipedia, the free encyclopedia)、百度百科等都是这样的服务,使用起来非常方便。第二种是与产生的时刻有关,例如,中国某年某月的 CPI 值,美国 911 事件中死亡 2 998 人(其中 24 人下落不明,不包括 19 名劫机人),2015 年诺贝尔生理学或医学奖是授给中国的药学家屠呦呦以及一位爱尔兰和一位日本科学家,等等,属于新闻。起初,只能从权威的发布单位得知,后来就能够从普通的渠道知道。很难及时将这些新闻编入纸质载体成为新的条目。一些领域的权威单位,要把一年中自己领域的大事编成年鉴,当然也只能一年出版一个年鉴。网上的知识服务则在新闻发布后很快就够能将它转变成自己的服务内容。第三种是仅仅一定范围的人希望知道和能够知道的,如某试验的润滑油牌号,某人某次治疗某病用的什么药等,涉及知识产权和个人隐私,只能通过一定的途径从知道并被授权的人那里得到答案而不能在公开出版物中找到。第四种是只能在互动中得到答案，也就是隐性的知识条和由对话产生的共识知识条，不过一经发表，就成为显性的知识条。例如，某人对他看到的某幅画的印象，某人对他刚刚知道的某一件事的反应，某机构某次会议对某问题的决议等，不是在互动以前已经有答案。

知识条之所以重要，是因为它直观地回答了设计进程中当前遇到的问题，直接支持人在设计中的思考过程，使得设计能够快速通过这个问题的障碍继续前进。例如，当设计一个新的发动机试验规范时，需要参考过去同类试验所采用的润滑油。因此需要知道某发动机某次试验用的润滑油牌号，即使某试验的主持人不想保密，给出一本几十页厚的试验报告，而要从里面找到当时是如何考虑润滑油牌号、发动机型号和试验参数之间的相互关系，也要花相当多的时间。如果要统计大量发动机、不同试验参数与在试验中所用的润滑油牌号之间的相互关系，都要从它们的试验报告中查找到答案，那就更费事了。如果能够将这个问题的答案处理成什么发动机、什么试验参数用什么润滑油的若干知识条，设计新的发动机试验规范时参考这些知识条就会非常方便。

8. 知识集

知识集：由若干知识条或/和较小的知识集集成起来的集合，具有一个标题，能够回答一个或者几个相关问题的答案。

知识集的名称往往与这些问题密切相关。一个知识条只能回答一个简单问题，不能给出其中可能存在与其他各个知识条之间的关系。面对一个比较复杂的问题或者几个联系在一起的问题时，必须用到若干个相互之间存在一定关系的知识条或较小的知识集来回答。例如，一个试验报告就是一个知识集，它要说明试验对象、试验目的、试验方法、试验设备、试验参数、测得的数据、数据处理、试验结论，以及相关的分析和根据等，而知识集的名称一般就采用这个试验的名称。设计师如果要了解这个试验，就需要仔细阅读这个报告。它不能如知识条那样一目了然，但是它的内容包含一个知识条所不能回答的诸多问题。一本书是一个知识集，例如，帕尔和拜茨的 *Engineering Design: A Systematic Approach*[9]，全书共计 617 页，包含了无数的知识条，作者在书里详细论述了理性、系统化设计的理论和方法。一个正在进行中的设计，它的内容随着设计进程不断变化，是一个不断变化的知识集；一个已经完成并将付诸实施的设计当然是一个知识集；一个正在实施（加工、装配和调试）中的产品是一个知识集；一个已经存在的事、物也是一个知识集。后二者可以看成知识的载体，即物化了的知识集。例如，一个放在面前的玻璃杯，就是一个物化了的知识集：这个杯子的设计意图是什么？经过什么过程决定做成这个样子？是用什么材料（配方）做的？制造工艺是怎样的？能够耐多高的温度？能够经得起多大的冲击？等等，这个玻璃杯实际上承载了大量知识。

知识集的特点是设计师往往不能从它一目了然地找到当前所需要的答案。即使是已经用文字写出来的知识集，往往读上好几遍，也不一定能够找到需要的答案。至于这些知识条或/和较小的知识集之间的关系，包括没有显性写出但是应该可以意会的设计意图，更不是轻易能够得到的。而那些物化了的知识，有的可以从参加设计和实施的人所提供的服务得到,有的甚至不经过必要的手段,就连设计者和实施者本人也不知道,也就是说具有新知识的属性。现在经常被提到的大数据技术,一个数据集是一个信息集,或者可以看成一个隐性的知识集,也要通过必要的手段,才能够使这个知识集从隐性变为显性。关于这里提到的必要的手段,将在以后章节中讨论。

在设计的进程中,知识集一般是不能直接应用的,知识集也不能自然地变成知识条。一个新的命题,可以称为知识处理,需要提到日程上进行深入研究。这就是如何组织知识使已有知识存在的状态和结构能够被设计高效运用,包括从知识集分解出可以直接为设计应用的知识条。这里说的知识处理,与知识工程(knowledge-based engineering,KBE)或者知识表达和推理(knowledge representation and reasoning,KRR)这两个领域所从事的工作不同,后二者是为计算机服务的,其目标是让计算机具有知识和运用知识[52],而知识处理则是为人进行设计服务的,让人能够在设计中方便地找到他的问题的直观的答案并能够方便地运用所找到的答案。其实就是要让计算机具有知识,也需要先对相关内容进行处理成为人容易理解和应用的形式。知识处理这个工作,不是任何人都能够做的,除了知识处理必要的技术,更重要的是对相关领域的了解和在设计方面的经验,只能由专业人士来做。就像一部百科全书,其中每一个词条,都是由各该领域专家编纂的。对于有较广泛共享需求的知识,一直有大量这方面的工作,例如,编辑词典、百科全书、手册等这些利用纸质载体的工具,现在方兴未艾的网上服务,如维基百科、百度百科等把纸质上的知识条放到网上,利用信息技术,使其更便于检索和使用。正如前面说过的,它们都只能是既成事实、可以显式表达、不涉及知识产权和个人隐私且具有较广泛共享需求的。有三个方面的知识条,不能采用这些方式提供:一是要以必要手段处理后才能够从载体得到的知识条;二是具有知识产权归属的知识条;三是属于个人隐私的知识条。前两者如果拥有产权或者从事知识处理、具备必要手段的个人或者单位愿意向需要知识的设计师提供服务,就可以解决。由于设计知识范围的广泛性和内容的复杂性,针对设计的知识服务现在还非常少,而这正是对于设计是否具有竞争力的非常重要的条件。而第三条则需要向与隐私相关的本人或者单位征得同意,才能够取得。本书后面的章节将要详细讨论设计知识服务问题,这里不再多说。

9. 知识簇

知识簇:根据某种分类原则,将具有同一特征或者应用的知识条或/和较小的知识集放在一起,称为一个知识簇。

这个特征或者应用就会是它的名称。可以想象,如果已经有浩如瀚海的知识条,做设计的人要想很快找到他所需要的,也不容易。所以将具有同一特征或者应用的知识条或/和较小的知识集放在一起,构成具有相应名称的知识簇,搜寻起来就更为方便,而且可以提供在相近答案之间进行比较的条件。知识的分类方法很多,最容易用于搜索的是根据关键词。对于做设计的人,根据应用的需要分类也许更为好用。例如,在做设计中的功能集成时,功能是一个系统输入、输出关系的描述,当需要寻求满足所有能够实现给定输入、输出关系的功能单元知识时,按照功能、输入或者输出名称关键词分类的功能知识簇,可以使搜索和此后的集成变得比较简单。在第 6 章和第 7 章中将用很大篇幅讨论功能知识分类的问题。现在存在各种各样的多维分类方法[53]，设计师和相关的知识处理人员可以根据双方协商的、便于搜索和使用的分类方法分类，并按照分类得到所需要的知识簇。

10. 已有知识

已有知识：凡是有人知道，即有人能够回答的问题的答案，就称为已有知识。

所谓已有知识，并不是指设计师个人或者团队掌握的知识，它是指人类已经知道的知识的总和。设计师个人知识总是有限的，不论这个人多么聪明，多么勤奋，他所能够拥有的知识只能是人类知识总和中的很小部分，这种情况对于即使是很强大的设计团队也不例外。特别是一个有竞争力的设计，往往要用到许多自己熟悉领域以外的知识。设计中用到的已有知识，设计师自己不必经知道，他可以通过搜索、学习、转让、知识服务等方式取得答案。已有知识对于设计和设计竞争力之重要，在此后讨论设计以已有知识为基础定律时会有详细论述。

已有知识之浩如瀚海，是不言而喻的。在这个知识爆炸的时代，新知识不断出现，而设计师在设计时要同时考虑满足物质需求、精神需求和社会需求，涉及的知识领域几乎是无限的。对于从各种渠道取得的知识，还需要能够判断某一个知识条能否在当前的设计中使用，也绝非易事。更不要说其中还会有许多为了商业或者其他利益而构造的伪知识[47]或者甚至是蓄意的欺诈，使用者本人就需要具有判断取得的知识是"是"或者"非"的知识，否则根本不能随便使用。加上知识具有拥有者的属性，或者叫作知识产权，设计时未经允许不能使用别人拥有的知识。另外还有涉及个人隐私的问题，没有当事者同意即使已经知道答案也仍旧不可以使用。凡此种种，设计中如何取得和高效运用已有知识，其实是一个很大的问题。在工业社会中形成并维持至今的概念是设计师本人必须具备设计必要的知识。如一些著作的作者所说的："至关重要的是，未来的工程师不仅要懂得许多传统科学和工程基础（物理、化学、数学、力学、热力学、流体力学、电子学、电工学、材料科学、机械零件），还要懂得许多专业领域的知识（仪器、控制、传送技术、生产工艺、电力驱动、电子控制）"[9]。该书作者提出的解决方案是必须在工程教育课程中包含解决设计问题的实际应用知识。这是教育界争论很久但是无法解决的难题，因为一方面没有一种教育体系能够在有限的培养年限中让未来工程师能够懂得包含这么多内容的知识，另一方面随着知识爆炸和工业社会中物质产品生产从规模竞争向创新竞争转变，对于设计需要满足对"新"的追求和保证和谐与共同美好生活，要同时考虑物质需求、精神需求和社会需求，也就是需要同一化设计，使得更无法界定什么是设计师在各个不同设计中的实际应用知识。创新三要素之一是采用此前未曾用过的知识，已有知识的快速新陈代谢，使得昨天还是很神秘的知识，今天就已经人尽皆知，明天甚至可能变成即使采用也没有竞争力的知识。设计中要用到的已有知识，不是"传统科学"、"工程基础"或者"专业领域知识"的概念能够包含的，而是远远超出可能想象的范围。该书的作者虽然列出一长串课目，但是也仅仅专注于工程设计中的机械产品设计领域。因此未来工程师应该如何培养，作为在设计时如何能够取得和高效运用已有知识命题的一部分，也需要从根本上进行研究。这将在

第 10 章中做详细的讨论。

11. 新知识

新知识：当前人们还不知道，需要通过新知识获取过程才能够得到的答案。

竞争性设计的竞争力要求采用此前未曾用过的知识，规划前所未有的事、物的面貌和实施路径以满足现在不能满足的需求，设计中必然会遇到前所未有的问题。这种问题答案的设想一旦在设计中形成，由于前所未有，当然没有人知道其是否正确和适用。答案的设想在形成以后必须经过评价以检验其正确性和适用性并最终被认可接受为可以采用的答案，所以称为新知识。这个"新"，就在于过去不存在"某某已有知识是否能够如构成该答案这样运用"的知识。获取新知识的过程称为新知识获取。本书用"取得"于已有知识，用"获取"于新知识，它们是不同的概念，不同的过程和需要采用不同的手段。设计中新知识获取的需求是在这种情况下产生的：当以创意为中心规划出一个方案的设想，也就是设计问题答案的设想，这是主观产物，是一个由主观产生的知识集。设想，不论其是否正确或者适用，却是一个已经存在的事、物。需要知道这个已经存在的事、物，是不是与其他事、物冲突，是不是能够为今后的实施过程所接受，是不是满足各种约束条件，是不是设计目标所需要的？等等。设计的结果要面对市场，要面对社会，这就要知道其与其他客观存在之间的关系。这些关系和由之做出的决策就是新知识。客观规律有自然规律的一面，有心理规律的一面，也有社会规律的一面。对于新非意愿知识的获取，主要依赖自然科学手段，如利用各种自然科学模型通过计算和试验进行仿真；而对于新意愿知识的获取，则可以通过心理科学、社会科学的模型仿真、试验，也可以通过社会调查或者如前面提到的由相关方对话（ECN）取得共识的办法获取。由于数据处理技术的发展，利用大数据取得社会上不同群体的意愿知识逐渐为各界重视。但是大数据技术不仅仅是数据处理技术，更重要的是数据的取得和拥有正确的数据模型。意愿知识的取得是一个社会科学的问题，即如何从取得的若干个体意愿样本得到某个或者某些群体有代表性的大数据。探求客观规律是科学，新知识获取是设计中用到科学的方面，是设计与科学密切联系的方面，在这方面设计需要采用符合科学原理的技术和社会手段。

2.1.2　关于系统的基本概念

1. 系统

系统[54-60]：一个由若干相关事、物构成的较为复杂的事、物，称为一个系统。

系统这个词，用得十分广泛，在不同场合，往往有不同的含义。当然，系统本身也是一个事、物，是一个比构成它的事、物更加复杂的事、物。系统有一定的范围，也就是其所包含事、物的内容是确定的。构成系统的这些事、物以及它们在系统中和与系统以外事、物的相互关联，相互作用，是人们在观察或者处理这一更加复杂事、物时的对象。系统具有一个名称以区别于其他系统或者系统以外的事、物。一个系统可以分解为若干子系统，若干子系统也可以集成为一个父系统。例如，一架没有载人的飞机，是一个系统；飞机加上驾驶人员和乘务人员是一个较大的系统，驾驶人员和乘务人员可以在飞机内部也可以在飞机外部；如果再加上乘客则是一个更大的系统，乘客当然也可以在飞机内部或者外部。飞机上的涡扇发动机，是一个构成飞机系统的较小的系统，而涡扇发动机的转子和轴承则是可以分离的更小的系统，当然单个轴承本身也是一个系统。一个人是一个系统，由具有婚姻和血缘关系的人组成的家庭，是一个较大的系统；有许多家庭居住在里面的社区，构成更大的系统。人的血液循环系统是从人身体分离出来的系统；而心脏又是一个从循环系统中分离出来的由细胞构成的系统，细胞本身也可以被看成是单独的系统。

将一定范围中相互关联、相互作用的事、物作为一个系统来观察和处理，是人类的一种认识客观事、物并对其中复杂关系进行思考和处理的非常有效的方式。在维基百科上可以查到系统原理、系统科学、系统动力学、系统工程、系统分析、系统方法学、系统经济学等这样一些词条，当然也有本书此后要深入讨论和研究的系统设计，但是系统设计与第1章中所提到的理性、系统化设计方法中的"系统设计方法"是完全不同的两个命题。

2. 系统建模

系统建模：用一组具有确定内涵的概念和参数来描述一个系统称为系统建模。

系统建模是从系统角度观察和处理问题的一个必要步骤，也是将设计一个事、物看成设计一个系统时所不可或缺的工作。一方面，客观事、物是复杂的，也是变化的，系统外界以及外界对它的影响和它对外界的影响同样是复杂和变化的。另一方面，一个人察觉和认识一个事、物，并以自然语言表达他的认识，来自于他感受到的这个复杂和变化的事、物及其所处环境的某些方面，对这些方面的表达又有由主观产生的很多不确定性。"瞎子摸象"的故事说的是观察的方面不同，认识就会不同。而对认识的表达，一个人用自己母语说出他思想里的系统，虽然可以翻译成另一种语言，但是不同的人翻译时会加入自己的主观理解，也会有不同的答案。这种情况使得在设计一个系统时，如果要运用现代科学方法和工具包括数学工具来做系统分析、系统集成以及应用其他设计辅助技术，变得非常困难。即使有了一个设计，实施起来也无所适从。这就是说，要从系统的角度来观察和处理一个事、物，先要将这个事、物看成一个系统，使其表达是确定的，不允许有不确定性。系统设计中要解决的问题和答案，都不能有歧义，不能有模糊。这种情况下，必须将不确定的变为确定的，否则设计将无法进行。设计所规划的面貌和路径不能准确地表达，当然不可能有准确的实施。确定性处理就是为设计要观察和处理的对象建立系统模型，称为系统建模。也就是说，系统建模以后设计面对的对象是确定的，实际事、物的复杂和变化的不确定性在建模时已经得到处理。处理的方法将在以后章节中逐步予以讨论。有些时候，人们也将系统模型简单地称为系统。本书除特别指出，凡提到"系统"时，都是指"系统模型"。

一个系统可以由以下方面的参数或者参数集描述其特征[31,32]。

（1）结构：是一个系统的固有特征，有可恢复变化和不可恢复变化。所谓固有，是指其性质是自身决定的。要认识一个系统，最终要认识它的结构。系统由元素构成，由系统框表明系统包含的元素或者系统存在的范围,见图 2.1。

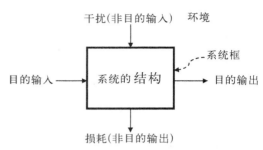

图 2.1　一个系统的结构、输入、输出和环境

（2）元素：构成系统的基本单元。元素可能可以进一步分解,也可能不能或者不需要再分解,当作为系统元素处理时则不考虑任何分解。

（3）环境：即系统以外的全部。系统以内或者以外,根据观察、处理对象或者任务的不同,可以从几何空间划分,也可以从元素属性划分。例如,一个大学,由校园的围墙包围,围墙以内的一切属于大学系统,而围墙以外则属于环境;对于一个跨国企业,其各个分公司可能在不同的地理位置,由不同的围墙包围,这些围墙内部所包含的都属于这个企业系统;如果大学系统或者企业系统包括大学师生或者企业员工,则师生或者员工虽然走出围墙仍旧是大学系统或者企业系统的元素,这是由属性决定而不是由空间决定的;将中国人作为一个系统,那么任何一个中国人在任何一个地域,都属于中国人系统的元素。

（4）输入：环境对系统的影响。输入可以分为目的输入和非目的输入。前者是设计师有意规划的;后者则不以设计师的意愿为转移,由环境决定。

（5）输出：系统对环境的影响。输出也有两种:目的输出和非目的输出。前者是设计师期望的结果;后者不以设计师的意愿为转移,由系统结构和输入决定。

（6）行为：系统结构的变化,包括元素的变化,各元素性质的变化和元素之间相对关系的变化。

（7）状态：系统元素相对关系的描述,是若干元素之间相对关系的参数集。可以根据观察需要,选定参数集里的参数。任意选定参数描述状态仅适用于可恢复变化行为,这将在第 3 章中讨论。

（8）功能：系统能够满足某种需求的能力,这种能力是由系统输出或者输出与输入关系决定的。在一些情况下,输入、输出关系也可以由传递函数表达:

$$传递函数 = 输出 / 输入$$

这一定义用于系统功能的数学表达,相对于其在控制工程中的定义,具有更广泛的意义,内容更为复杂。

功能是设计要达到的目标和出发点。功能需求是由自然语言表达的功能。详细讨论将在第 6 章给出。

（9）质量：系统功能在全生命周期中保持性的度量。

（10）性能：系统功能和系统质量的总和。

这些模型参数,无论从定义到值,都必须是确定性的、无歧义的。当然,许多情况下不得不用统计的结果,在确定的统计方法下从有代表性的数据中获得的统计结果也认为是确定性的。

正如前面所提到的,客观事、物是复杂而变化的。即使已经存在的事、物的结构及其行为知识,也并不是都已经完全清楚,而弄清楚那些日新月异新生事、物结构和行为的知识,则要有待时日,更何况正在设计中的事、物。系统建模不可能将所有已知的因素都予以考虑,那样模型将会复杂得难以处理,通常总是取其最重要的或者最有代表性的因素来建模。对于那些可能发生各种变化的因素,也只能将其简化成几种典型的变化予以考虑。而在设计时还无法弄清楚的因素,则由建立假设的办法处理。这些都导致了系统模型与系统所代表的实际事、物之间存在差别。这里列举的系统建模参数,只能说是为处理当前设计问题做的某种简化,而系统模型所代表的实际事、物则要复杂得多。在一个有限时间中,人们的知识总是不完整的。举一个医疗方面的例子:人是一个复杂的系统,中医在漫长发展的过程中,一直缺乏对人体结构进行精准分析的手段,如物理学、化学、生理学、解剖学等的手段,只能从一个人外部的输入(包括进食、药品、按摩和针灸刺激等)和对外部的输出(望、闻、问、切得到的信息)关系来推测其内部结构和行为。这在系统工程中是一种常用的方法,也就是把人看成一个"黑匣子",由系统的输入、输出看这个系统的功能是否正常而不顾其内部结构和行为的细节。经过数千年的积累和总结,中医已经形成了一整套关于人体系统的概念和术语,如以阴、阳、气、血、肝、肾等来表达系统结构、行为和功能之间的关系,这些概念和术语因为是独立于西方近代科学的发展而发展的,和西方近代物理学、化学、生理学、解剖学等所用的概念和术语其含义有很大不同。然而不能因为表达的不同,就以一方否定另一方,需要的是正确地将一方的概念和术语翻译成另一方的概念和术语。不过中医的这种来自输入、输出基于反向推理方法反推结构和行为的建模,仍旧需要基于正向推理方法的物理学、化学、生理学、解剖学等精确分析的支持,否则难以脱离"黑匣子"假设的主观局限。如图 2.1 所示,除掉目的输入和目的输出,还有非目的输入和非目的输出,其中都存在大量未知内容,它们对由目的输入和目的输出所构成的功能知识产生未知的干扰。即使是目的输入,由许多药材煎成的汤药或者制成的丸药,其本身已经变成为一个未知的新系统。经过制作以后,不知道这个新系统中哪一个成分(系统元素)对人体哪一个元素和哪些元素之间关系和整个系统的结构起什么作用,也会影响功能知识的完整性和可信性。所以中医的医疗效果只能依靠灵活应用在经验积累基础上的统计结果,有很大的不确定性。因为没有近代正向分析手段对反向推理的支持,这种关于系统结构、行为和功能的认识长期停滞不前。西医则相反,依靠各种不断进步的物理学、化学、生理学、解剖学等的分析手段,对细微到细胞这样的系统的结构、行为和输入、输出关系都能够进行观察。不过这种细分知识的取得、获取和积累模式导致医学的分学科发展,也就是所谓的"头痛医头,脚痛医脚"。这是西方医学研究存在的一个问题,有人说,医学从研究整个人发展到研究器官,从研究器官发展到研究细胞,从研究细胞发展到研究分子……,就是说,如果不回到整个系统的模型,可能会出现问题。现在的西药,在药品说明书上虽然都清晰地表明不良反应、禁忌等,但是它们的目标非常明确,都是针对某一类适应症,而不是如中医理论中调动整个人体系统本身的行为来克服病患。于是就产生了某病症经过西医治疗,结果恶化,而不进行治疗,反而康复的认识上的争论。

所以在设计中,需要认真地研究系统建模,但是也要清醒地认识到当前建模技术和系统模型理论的局限性。

2.2 设计科学中的四个基本定律

2.2.1 什么是基本定律

定律、公理通常是人类长期观察客观事、物,经过逻辑思维归纳出的一些对规律的认识,无法证明,但是却不能举出反证。由于这种认识只能描述最基本的事实,所以它们往往是更细致、更复杂、更深入的科学规律研究的起点,却不能期望从中得到复杂的因果关系。"许多科学技术领域把它们的进步归功于公理的存在和发展。……一些保守定律,如热力学第一和第二定律就是公理。……牛顿创立了力学的三个定律或者公理。……直至当爱因斯坦提出了相对论为牛顿定律设置了一个限制。现在知道,在相对论作用小的时候,牛顿定律是成立的。同样,爱因斯坦的相对论也是一个公理,它克服了牛顿定律在相对论作用显著时的缺点。爱因斯坦的相对论也是基于一个公理,即光速与所选择的坐标系统无关"[35]。当然,人类的观察是不断积累和深入的,所以定律和公理都有它们存在的范围。下面将要讲到的公理和定律,目前不能举出反证,并不等于以后不会发现反证。与其说科学技术发展不断证明定律和公理的正确性,不如说是在不断寻求反证,于是就必然会不断有新的定律和公理产生。《公理设计——发展与应用》[35]一书中提出的设计第一公理——独立公理和第二公理——信息公理,就是设计要遵循的两个基本、共同规律。本书将要讨论的设计科学四个基本定律,也是设计要遵循的基本、共同规律。

设计科学中存在四个基本定律,它们是:设计以已有知识为基础定律;设计知识不完整性定律;设计以新知识获取为中心定律;设计知识竞争性定律。这四条定律都和设计知识有关,都阐述设计知识在设计中的行为和作用。

2.2.2 设计以已有知识为基础定律

设计以已有知识为基础定律,说的是任何设计问题的解决方案或者答案都是由已有知识构成[4]。

关于这个问题的争论,较多发生在创意的产生上,在第 3 章中将进一步讨论。所谓产生创意的已有知识,不是任何已经知道的解决方案或者答案的知识集,否则就不成其为创意。而是由那些有可能被用来构成新的方案或者答案的已有知识集的片段,它们是由打碎已经知道的解决方案或者答案所取得的知识条或较小的知识集,拼接和重组而成的新知识条或者知识集。有时这些打碎了的片段甚至还不能构成一个完整的知识条,它仍旧可能触发人的直觉和灵感而产生创意。人不可能想象他不知道的事物,即使是做梦,梦境里发生的事,也是由他的已有知识片段构成,不过梦里的拼接和重组是随机的,不能用意志控制。许多设计问题解决方案或者答案的创意是在若干人的团队里产生的,不过创意中的元素最初总是出自个人的思考,经过交换和竞争形成一个创意,这就是共识知识。这时,这个团队全体人员的已有知识总和就是创意的已有知识基础。

最初产生的创意,往往是与找到关键问题中的难点有关,而发现和确认难点,也与已有知识有关,人们总是将问题与已有知识逐点进行比较来发现和确认问题中的难点,这在第 3 章中还将进一步讨论。而以创意为中心规划整个方案即答案的设想,则大多是继承性设计,因而尽可能采用可以使用的较为完整的已有知识集,这样可以精准、快速、低成本地将创意变成方案的设想。

创意和设想产生后仍旧有被舍弃的可能,这是由竞争决定的。不论是竞争性设计还是继承性设计,设计者拥有的并能够从中汲取有用片段的已有知识总和其范围大小和量的多少就是竞争力的基础。要是这个总和里根本不包含可能竞争取胜的成分,取胜就没有希望。将设计者在设计时能够使用的已有知识总和,看成是一个大水池,这个水池越大,水里的营养成分越丰富,越容易运用,设计者就越有可能产生有竞争力的创意,越能更为精准、快速和低成本地以创意为中心构建出一个能够在评价中被接受的方案设想。所谓已有知识总和的范围大,就是要求里面的知识包含尽可能广泛的专业领域。特别是在同一化设计中,无论是做物质产品设计、精神产品设计还是社会产品设计,都要能够同时考虑物质需求、精神需求和社会需求。这就要求物质产品的设计师不仅要用到自然科学知识,还需要用到心理科学知识和社会科学知识,而对于精神产品的设计师和社会产品的设计师也一样需要用到其他两个领域的知识。如果不能使用各个相关方面的知识,设计的竞争力就会被削弱。对于设计师而言,这么宽广的已有知识要求,的确是一个巨大的挑战。不仅有宽广要求,当采用一个比较陈旧的知识回答问题时,其竞争力就不如采用一个新的更有竞争力的知识。不过要采用最新的知识,既需要能够将最近取得和获取的知识都收集到自己设计知识的水池里,还需要有判断新知识可信度和适用范围的知识,一般越是新的知识,其可以信赖的程度和适用范围往往越不容易判断。

发现和确认难点,总是要把问题与已有知识逐点进行比较,而创意则是由已有知识片段拼接和重组产生的,这种拼接和重组往往是在将可能相关的片段与关键问题难点逐个比较中进行。所以把知识集的内容处理成为知识条,能够一目了然,使其在比较中容易激发直觉和灵感,就显得特别重要。人们到图书馆里寻求答案,并不是要将这个图书馆里的知识都放到他的创意中去,恰恰是要从里面找到对构成他正在寻求的创意或者方案设想有用的那些片段,也就是相应的知识条,或者是由少量知识条组成的比较小的知识集。创意产生于直觉和灵感,而触发直觉和灵感,可供选择片段的直观性、能不能一目了然,具有决定作用。常常有在图书馆里坐上几天,或者一本书拿在手里读上几遍,也不得要领的情况,就是因为未经处理的知识集里面的知识条是按照其他原则排列的,而这个排列顺序往往与设计师当前设计的需求无关。

2.1.2 节讲到的医疗知识,不论是基于"黑匣子"概念通过观察人体输入、输出得到的系统功能、结构、行为之间关系的数据,还是通过现代分析手段得到的关于人体结构变化导致行为、功能变化的数据，都需要经过处理才能够成为设计医疗方案基础的知识集。除掉将知识集的内容处理成知识条，面对设计医疗方案涉及的药品、设备和患者的复杂性、差异性和多变性，还需要给出相关知识条的可信程度和适用范围，才能够真正给设计医疗方案以有力的支持。在精神产品和社会产品的设计中要得到可信的知识，往往比物质产品更加不易，这里就不展开讨论了。

2.1.1 节说过，现在更加引起人们兴趣的是让知识为计算机所理解，而不是让人能够高效率地去运用人类自己的知识积累。关于如何做好这个工作将在后续章节中继续讨论。服务于设计的已有知识的处理和积累，如前所述，与知识工程及知识表达和推理不同，后者是为计算机服务，而已有知识的处理和积累则是为人们在设计时能够高效率运用已有知识服务。

具备处理已有知识资质的人、处理已有知识需要的软件和硬件、已有知识积累、信息及知识存储设施以及资金统称为已有知识资源，已有知识资源与 2.2.4 节中将要研究的新知识获取资源共同构成设计知识资源。

2.2.3　设计知识不完整性定律

设计知识不完整性定律表明在设计的任何阶段，人们关于所设计对象的知识总是不完整的，包括所设计对象已经在实施和实施完成并付诸使用以后。

一个已经完成的设计是一个知识集，一个正在进行中的设计，也是一个知识集。从提出一个活动要达到的目标，形成对这个目标的描述就是设计的开始。有时这个目标被称为需要满足的需求，需求本身就已经是一个知识集。对于许多设计，起初的需求知识集其关于需求的描述是不完整和不明确的，甚至在许多地方模棱两可。在设计过程中这个知识集的内容不断变化，直至整个方案即答案的设想经过评价认可后决定交付实施时，也就是这个系统的面貌和达到面貌的实施路径都已经有了详尽无歧义的描述，这样就有了一个已经完成的设计的知识集。设计是从一个关于需求的知识集出发，当这个设计需求，在进行中发现不能解决的问题时，仍旧要回到前面去修改需求知识集中的某些内容。较多情况下，需求首先是出现在设计对象的功能方面。根据需求知识集，设计师寻求能够满足需求的系统的功能知识集。这个阶段，通常称为概念设计。这时，设计知识集中只有这个系统的功能知识，而没有确切的行为知识和结构知识。在取得功能知识的同时，有时会附带取得一些行为知识和结构知识，不过这个知识集是不完整和未曾得到评价的认可，也就是说关于这个系统的知识是不完整的。随着设计向前发展，进而逐步知道其行为和结构的细节，逐步得到比较完整的行为知识集和结构知识集。设计过程就是使这个系统的功能知识、行为知识和结构知识从不完整到比较完整的过程。而在结构知识向完整方向前进一步时，要同时考虑实现这一步的可能实施路径，如果无法实施，就需要选择其他可能的结构。以上关于设计过程的描述仅仅是一般情况，在从设计开始时设计知识的不完整到设计完成时的比较完整，设计都要经过这个过程。也有一些情况，需求是出现在行为、结构或者其他方面的，也就是说已经有一个功能知识集，但是在行为、结构或者其他方面的参数不能令人满意。一个系统的功能是由若干子系统的功能集成而得到的,从功能角度看每一个子系统即可视为一个功能单元。这时可以通过更改其中某些功能单元的行为、结构参数来满足新的行为、结构或者其他方面的需求。例如,对于某物质产品,设计的目标是要降低其重量。首先可以尝试改变功能知识集合中某些功能单元的结构从而减小重量来达到这个目标。如果尝试失败,就需要从改变功能知识集的概念设计开始,也就是寻求新的功能知识集合来得到更轻的结构。这些将在后续章节中进一步讨论。

一个设计过程通常可以分为若干进程,一个进程也可能划分为若干子进程,如图 2.2 所示。当一个子进程,例如,子进程 23 完成时,从这个子进程看,似乎关于子进程 23 的知识已经完整,其实不然。因为其他子进程完成时将要产生的子系统与这个子进程产生的子系统之间将发生什么相互作用并不知道,所以只能说关于设计子进程 23 的知识集仍旧是不完整的。就是相关的所有子进程(图 2.2 中的设计子进程 21~设计子进程 23)都已经完成,知识还是不完整的,因为不知道后续进程是不是能够接受此前进程的选择和决定。这些都表明,在设计中,设计师对所设计对象的认识是一个从不完整到比较完整的过程。

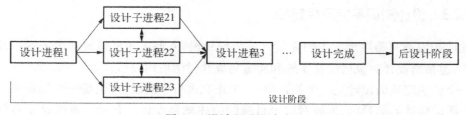

图 2.2　设计和后设计阶段

需要强调的是,即使设计已经完成并交付实施,甚至实施已经完成,物质产品已经投入市场到了用户手里使用,精神产品已经出版发行或者已经公演,社会产品已经向公众发布或者已经在社会上推行,设计师对设计对象的知识依旧是不完整的。这是因为,对于竞争性设计总有采用此前未曾用过的知识的情况,总要满足现在不能满足的需求,总要面对此前未曾遇到的环境和总要应付此前未曾有过的竞争。对于继承性设计虽然尽量采用以前用过的知识,但是客观世界是复杂而变化的,也要面对许多未知的情况。举一个例子:接受 2001 年美国 911 事件的教训,为防止恐怖分子劫机,民航客机从客舱去驾驶室的舱门都做了加固,设计得未经驾驶员允许不能从客舱进入驾驶舱。而 2015 年,德国一架德国之翼航空公司的班机,副驾驶员趁机长走出驾驶室的机会,将驾驶室舱门锁死,并操纵飞机撞山,机上人员无一生还。飞行记录仪显示,在机长叫门不应的最后关头,甚至用斧头劈门,也未能将门打开。这个例子说明,加固舱门的设计是成功的,但是从客机安全需求考虑,这个已经付诸实施的设计知识集仍旧是不完整的。设想如果有一个可以由地面控制的机制,当地面管理员确认驾驶员已经不能正常控制飞机,能够从地面强制接管驾驶权,那么一些空难,包括 2014 年马来西亚航空公司 MH370 客机的堕海就有可能避免。当然,地面管理员也可能被非法控制,不过地面管理员可以由多人做出决策,要比飞机上由 1~2 人(有的国家规定,驾驶舱中必须同时有 2 人)决策安全性更高。

设计的解决方案虽然总要通过尽可能严格的评价认可,不过评价知识集也是不完整的。评价一般都是采用各种仿真,如数字仿真、物理仿真(即试验)和社会调查。而数字仿真和物理仿真都是基于模型的,社会调查看到的则是一个社会在时间和空间上的局部,也可以认为是一个模型。模型是什么?模型是已有知识集,用已有知识去评价此前没有发生过的或者在形成这个模型的已有知识基础范围以外问题的答案,只能给出一个近似的结果。例如,对于物质产品中经常用到的一个部件:流体动力润滑滑动轴承,其性能评价的数字模型来自基于黏性流体动力学推导出来的雷诺方程(Reynolds equation)。数字模型受物理知识和数值计算能力的限制,不得不做许多简化。例如,上述雷诺方程随着人们认识不断深入和计算能力不断提高,逐步放弃早年的简化,如等温或者绝热假设、润滑剂无惯性假设、相对运动表面刚性假设等,但是仍旧不得不保留另外的一些假设。数字模型开发的工作量很大,一般不会为一个设计开发一个专用的仿真软件(第 8 章中讲到的全生命周期性能数字样机是为同类对象开发的专用仿真软件,力求利用分布式资源环境中的设计知识服务减少仿而不真的简化)。物理仿真由于通用性要求也不得不做许多简化,例如,做流体动力润滑轴承的试验,通常总是用一个单个实物轴承或者缩小了的轴承模型作为试件。由于实际事、物的复杂性和变化性以及在设计进行过程中一些条件的不确定性,也就是知识的不完整性,试验模型只能被认为是近似的。试验环境也有同样的问题,虽然试验件(子系统)可以做得尽可能与实际的设计对象相同,而试验台架(试验系统的一部分)由于试验中施加载荷的需要,采集参数的需要,不得不增加一些辅助装置,而试验的温度、气氛、动力学环境和历史差异以及通用性要求,也难于和实际系统所处的环境完全相同。就是现场试验,也不可能完全与实际工况相同。例如,一台收割机,在夏天收割和在冬天收割,在丰产田中收割和在低产田中收割,在晴天收割和在雨天收割等的试验结果就会不同。更为重要的是,受成本和投入市场时间的限制,获取新设计和新产品未知知识的努力不得不受到限制。

精神产品和社会产品则更为复杂,由于不同个人和群体在利益、文化等方面的差异,要从社会调查中得到不同人群符合实际的评价,很不容易。而且人的意识会相互影响,某个集团会由于利益需要用片面甚至虚假的数据或者对某些数据做无限夸张的解读来施加其影响,接受这种影响的人群就会改变主张,生成不完整的甚至是错误的共识知识。广告就是这样一种东西,一瓶矿泉水、一片口香糖,广告可以做得惊天动地,因此人们很难从广告中得到完整的知识。这种情况下,如果认为顾客真的能够根据自己的需要选购商品,是一种天真的想法。

在竞争性设计中,为适应人们对于新奇和美好生活的追求,竞争迫使更新的频数越来越大和越来越迫切,在产品面世之际,设计知识的不完整性将越来越突出。

说到产品,都是指广义产品,包括物质产品、精神产品和社会产品以及同时满足多种需求的产品。于是就有了一个对于设计非常重要的后设计阶段,使设计知识能够在这个阶段里通过新知识获取变得更为完整。这个阶段包括物质产品设计交付实施后的实施过程和产品完成后的运输、储存和投入市场在用户手中使用直至报废的过程;精神产品设计完成后由不同个人或者团队演绎,在不同环境、面对不同观众群体演出的过程和对观众精神上产生影响的过程;社会产品设计完成后经过各个层次的传递直至最终在不同环境中付诸执行和执行产生效果的过程。图 2.3 是一个物质产品的设计知识在其全生命周期中流动的示意图。图中的设计阶段包括产品的概念设计、产品(行为和结构)设计及工艺(实施路径)设计两个进程。从概念设计到设计完成、将设计付诸加工制造(实施)、产品完成后的销售及售后服务等直至报废后的处理,各个阶段形成的知识流动由图 2.3 下面一串弧形短箭头表示(正向路径)。由于设计知识的不完整性,后续阶段会有许多设计时未知的问题被发现,这些问题的答案只有在后续阶段通过知识获取才能够得到。包括实施中发现的问题、销售(含运输、储存)中发现的问题、使用中发现的问题、维修中发现的问题和报废处理中发现的问题,这些问题则由图上面两长两短弧形箭头表示的反向路径传递。解决这些问题的答案是改进该产品设计,为以后出厂产品不再发生同样问题和下一代产品设计改进的重要基础,这就是所谓的后设计知识获取。许多汽车制造企业,往往上百万辆车售出以后又召回,就是因为在使用中发现了设计时没有认识的问题。欧洲空中客车公司的空客 A380 是当前载客量最大的飞机,在一条航线上是否会同时有这样大的客流量决定是否会有航空公司购买这种飞机。即使在投产后,这个问题仍旧一直困扰空客公司的领导层,因为这是决定这种飞机今后销量的因素。受世界经济衰退的影响,客流量一度锐减,这不是设计 A380 的设计师在设计时所能够知道和控制的。美国波音公司生产的梦幻 787 飞机,投入商业运营初期,事故不断,遭到停飞。其中很多原因,都不是他们的设计师在设计时不想把这些问题都搞明白,而是实际上十分困难,甚至完全不可能。

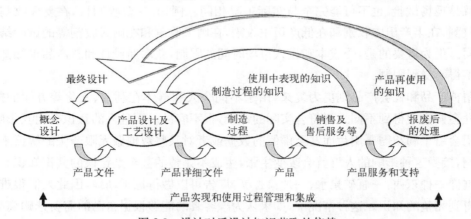

图 2.3 设计对后设计知识获取的依赖

以上关于设计知识不完整性定律所阐述的客观规律,是对全人类而言的。对于一个群体或者个人,由于这个群体或者个人的某些局限性,其对某些问题的知识,比其他群体或者个人知道的更不完整,甚至是错误的;当然反过来讲,也可能是更完整或者是最完整的。错误的答案当然不是知识,不过由于这些群体或者个人自身的原因,却相信这个答案,认为是知识。前面说过,一些群体或者个人,为了自身利益,往往用各种办法将自己的意愿强加给别人,让别人接受错误的答案。《三国演义》中的诸葛亮就是用“空城计”让司马懿接受错误答案。市场经济中广泛存在的广告,就有这种情况,更不要说不乏政治企图或者愚弄社会的恶意现象,而互联网的信息民主化,在管理(社会产品)不到位时,更加重了错误答案影响的范围。但是,也有个别人或者个别群体虽然得到了更完整的知识,而多数人和群体则并不接受这种认识。例如,居里夫人发现存在一种元素镭,在她未能提炼出来以前,多数科学家都认为她的认识是荒谬的。这些情况并不违反设计知识不完整性定律,不必多说。

设计知识不完整性定律要求设计师始终牢记他的设计中总有未知的存在,而这些未知可能是在后设计阶段发生问题的根源。在设计中要尽可能做好新知识获取工作并尽可能为后设计知识获取创造条件,也就是要预设采集后设计阶段产品表现数据的措施,并预设利用网络传递数据到相关设计一方数据库的措施,要尽可能去获取后设计知识,以便及时修改设计,纠正这些潜在的问题和避免下一个产品设计再发生同样的问题。此后的章节中将会介绍一些具体措施案例。

2.2.4 设计以新知识获取为中心定律

设计以新知识获取为中心定律指出设计的每一个进程都是围绕着新知识获取进行的,也就是以获取到能够为这个进程做出决策的新知识为终结。

设计由一系列进程和子进程构成,每一个进程都要产生一个知识子集,该子集需要经过评价认可,然后才能集成到已有知识集中并产生一个新知识集。如果该新知识集被后续所有的评价接受,这个知识子集就将成为最终设计知识集的组成部分。每一个进程都要为至少一个问题寻求答案,它通常有两个部分:一是产生答案的创意和整个方案的设想;二是对方案设想进行评价并决定取舍。关于创意和设想将在第 3 章中进一步讨论。固然创意引领设计,但是创意和设想是主观产物,能不能满足客观规律或者约束条件的要求、是不是较好或者最好和能不能采用,要经过客观评价。设计总要面对新的情况,所以由已有知识拼接和重组的创意和方案设想,没有人知道是否一定能够成立,而评价就是新知识获取,它告诉设计师如果执行这个方案设想能够或者不能得到成功,而这个是否成功的知识在评价之前是不知道的,所以是新知识。不管评价是什么规模,走出一个进程都不可能没有取舍的决定,而取舍的根据就是评价,评价和理由就是新知识。所以设计始终是围绕新知识获取进行的。设计知识不完整定律决定了设计必然以新知识获取为中心,设计师必须认真地尽可能地去知道他每一个决策所可能产生的各方面后果。设计中的新知识获取与产品出厂合格检验不同,虽然它们有时采用相似的手段,而且后者往往也能够成为后设计知识获取的组成部分。不过产品出厂合格检验主要是检查实施过程是否正常而不是检查设计是否能够成功。

新知识获取是依赖资源的。已有知识的处理和积累需要资源,主要是有资质的人、必要的处理、存储设施和资金。而新知识获取需要的资源则复杂得多,包括有资质的人、实施评价的软件和硬件设备、已有知识积累和资金。当整个方案设想已经构成,就是一个已经存在的事、物。要了解这个新事、物的性质、行为规律和与环境的输入、输出关系,就是一种科学活动。一百年来,人们争论设计和科学的关系,认为设计活动不是科学活动,但是设计对于科学有依赖性,如同科学对设计有依赖性一样。不仅创意和设想是以已有知识为基础,已有知识来自科学,而且新知识获取本身就是严肃的科学活动。

如在 2.2.3 节中所讨论的,评价中获取的新知识仍然是不完整的。但是设计师必须对于自己的设计尽力获取最完整的知识。

设计评价认可中的新知识获取,其措施可以有数字仿真、物理仿真和社会调查。

数字仿真有时就称为仿真,仿真是通过模仿各种行为的数字模型软件在计算机上进行的,是将基于自然现象、心理现象或者社会现象的已有知识的模型数字化以后,计算得到因果关系或者其他关系。只要有模型,仿真技术可以用于所有物质产品、精神产品和社会产品。随着已有知识爆炸式的增长,数字模型越来越复杂,仿真的软件要么越来越庞大、越来越昂贵,要么越来越细分和专业化而只做简单行为的仿真。仅仅有软件还不行,还需要运行软件的环境,包括处理器、存储器以及机房等,当然更重要的是会使用这些软件的人。现在风行一时的所谓数字化设计,其核心并不是由计算机产生创意,而是用这些仿真软件的计算结果(形象的、趋势的、数字的等)来诱发人们的直觉和灵感,辅助构建方案设想和做新知识获取的评价。

物理(广义)仿真与数字仿真不同,是在近似于实际情景中通过物理模型观察设计对象的行为,简称试验。"物理"二字在这里表示所观察的模型不是数字的而是实际的事、物,可以用于物质产品、精神产品和社会产品设计。当不具有仿真模型或者仿真评价结果不能被完全认可时,就需要采用试验。有许多情况,虽然仿真给出了评价,由于仿真模型不能包含所有必要的已有知识,还需要通过试验来做补充的评价。有时,数字模型所不能包括的情景,但是在物理试验中却不难实现。例如一个新材料,它的耐高温性能究竟如何以及与哪些因素有关,目前还无法仿真。当然,做试验先要做出所设计的实际事、物的物理模型,要有一个为试验而进行的试实施。试验按照被试验系统的规模和试验的环境,分为:单学科行为试验,如一种新设计的材料的耐高温性能试验、人对某种新合成的药物的反应试验等;零部件性能试验,如一种滚动活塞设计的性能试验、新的发动机尾气 NOx 净化催化剂制品性能试验等;整机试验,当然可以有不同规模的整机,如新飞机的风洞试验、汽车的碰撞试验等;现场试验,也就是所设计的系统实物在接近实际工作状态下的试验,如飞机的飞行试验、新设计测谎仪的测谎试验等。试验首先需要试验环境,例如,试验台架、安装台架的建筑、加载(广义载荷:可能是物理载荷、化学载荷、生理载荷、心理载荷等)装置、台架的辅助设备、测量各种参数变化的仪器、数据传输、储存和处理设备等。

图 2.4 是一个测量流体动力润滑轴承润滑油膜的刚度、阻尼的试验台。虽然轴承直径可能大至几百毫米,但是被测量油膜的厚度只有若干微米。从照片的背景可以估计试验台大小。图中蓝色斜放着的圆桶形结构,就是一个对被测轴承施加动载荷的激振器。图 2.5 是一个动力机械中的转子轴承系统动力学性能试验台。这个试验台的转速可以达到 30 000 r/min,图中右下角的绿色设备,就是可以将电机转速加速到 30 000 r/min 的齿轮增速箱。在第 1 章中提到的空中客车 A380 飞机地面试验的设备,更是一个极其复杂

的系统。这些设施,不仅昂贵,有时还非常庞大。一个很有名的试验,就是 2010 年 6 月 3 日启动的载人火星探测试验[61],这个试验既包括了满足人类去火星探测期间的物质需求,也包括了人在这样一个特殊环境中长达 520 天之久的精神需求和社会需求的满足,是一个综合性的非常大规模的试验。

图 2.4 轴承润滑油膜刚度阻尼 测量试验台(后附彩图)   图 2.5 转子轴承系统动力学特性 试验台(后附彩图)

社会调查与仿真和试验不同,不是为设计专门做一个模型,而是在已经存在的事、物中取得信息,并从信息中获取知识。当然,选择调查的样本也可以看作制作一个模型。社会调查较多用在需求知识和后设计知识获取上。社会调查同样可以应用于物质产品、精神产品或者社会产品的设计。选择有代表性的调查对象和范围是获取到的新知识是否能够作为评价依据的关键。有资质的人、数据采集和信息处理设施、已有知识积累和资金对于社会调查同样也都是不可缺少的条件。

不论是仿真、试验或者调查,不仅硬件或者软件不可或缺,更重要的是能够操作和使用这些软硬件的人,即具有必要资质的人。因为这些都是很花钱的,所以资金投入非常重要。考虑到从建设到产出需要比较长的时间,投资人需要有长远眼光。已有知识积累也非常重要,由设计知识不完整性定律可知,任何仿真、试验或者调查所给出的结果或者知识都有局限性。在相同或者相似条件下的仿真、试验或者调查的知识积累,可以在一定程度上弥补这种局限性。这种已有知识积累,又称为经验。在设计知识不完整性定律中讨论的后设计知识,属于设计新知识的重要组成部分,后设计知识获取属于设计新知识获取的一部分。

总地说来,新知识获取所依赖的资源,可以概括为:有在一个领域获取新知识资质的人、相关硬件设施、相关的软件设施、建设和维护资金以及在该领域获取新知识的经验积累。如前所述,新知识获取资源和已有知识资源共同成为知识资源的组成部分。

设计以新知识获取为中心定律说明新知识获取是设计竞争力的不可或缺的组成部分,说明新知识获取资源对于设计竞争力的决定性意义。如果提倡创新而不研究新知识获取资源的建设、维护、发展和高效运行,那么提倡创新就是一句空谈。用空谈创新掩盖对新知识获取资源建设、维护、发展和高效运行的关注实际上起着阻碍创新的作用。这一部分内容,在第 4 章和第 8 章中还有讨论。

2.2.5　设计知识竞争性定律

设计知识竞争性定律告诉人们:设计的竞争本质上是设计所产生的知识集的竞争。

竞争不仅表现在设计和实施完成后作为设计知识载体的产品在市场上的竞争,还存在于设计中每一个进程所得到的新的知识集或者子集之间,它们都是竞争的结果。竞争结果使设计所产生的知识集趋近于完整,但是竞争并不能使得设计知识达到完整。一是因为在竞争性设计中,针对问题由已有知识片段拼接和重组产生的创意和以创意为中心构建的方案设想,是否能够满足各方面要求而被接受,需要在评价以后才可以确定。创意引领设计,但是创意必须被客观接受,就像一颗正在发芽的小草,它只有战胜环境对它的种种制约,才能够茁壮成长。小草的生存和成长,是与环境竞争的结果。生物如此,创意也是如此,是在与各方面要求或者制约的竞争中生存和发展的。对于继承性设计,虽然基本上产生于被允许使用的已有知识,但是在复杂而变化的时空关系中,总要面对一个与过去不同的环境,也需要在后续的评价中接受竞争。二是因为往往同时可以有多个解决问题的方案设想,哪一个较优?哪一个被选中?靠的是竞争。这不同于设计完成实施以后产品的竞争,而是在设计进程内部不同的方案设想也就是知识集与知识集之间的竞争。

设计界中得到广泛研究和应用的最优化理论和计算,本质上就是通过计算来观察和实现这种竞争。不过,优化包括多目标优化,需要具备 3 个基本条件:一是要有设计对象结构和行为之间关系模型的知识,二是要有设计对象优化目标函数的知识,三是要有关于设计对象约束条件的知识。这些都要从已有知识的大水池中得到。简单将优化看成一个数学问题,对于设计是没有意义的。设计师可以运用的已有知识与设计对象将要面对的复杂变化新环境,总有未知的差距,即使考虑的因素尽可能全面,都不能认为优化的结果是绝对的。此外,在多利益方合作设计中,竞争胜负往往取决于各个利益方意愿的相互影响和在利益上的妥协和让步,这种共识知识的获取由于利益关系的复杂多变,这方面的已有知识还不足以构造可信的数字模型,目前还不是计算所能够仿真的,所以有人认为在合作设计中,不存在最优[51]。同一化设计中,不论是物质产品、精神产品、社会产品的设计都要同时考虑 3 个方面的需求,优化计算可以在局部问题上模拟竞争,但是要在全局问题上模拟竞争,目前还做不到。现在一些广告,将所推销产品某些方面的优势(有时甚至连这些优势也并不存在)极度扩大,而不向用户介绍使用该产品的全面知识,其实就是一种欺骗。设计中知识的竞争是绝对的,不过要记住人的已有知识的不完整性,要记住系统建模的局限性。设计知识不完整性定律告诉人们,局部的竞争取胜不能代表全局的竞争取胜,短时的竞争取胜不能代表长时期的竞争取胜,这就是建立在模型基础上的优化计算不能完全仿真这种竞争的根本原因。

图 2.6 描述了一个设计进程或者子进程中知识竞争的态势。当从上一个进程传递来的已有知识集要进一步完整化时,首先要提出问题。提出问题是设计非常重要的环节,它同样需要已有知识基础以及直觉和灵感。然后根据问题去寻求答案。问题的答案需要集

成到原来的已有知识集中,形成了解决问题方案的设想。在设计中孤立问题的答案是没有意义的,只有与原有知识集的其他组成部分有机地结合在一起,才可能成为一个设计进程中方案的设想。如前所述,这个过程称为集成。例如,一个人每天乘坐 6 号线地铁去公司上班。如何乘坐 6 号线地铁,这是一个已有知识集。今天遇到新的情况,到车站后才知道发生了事故,原来要去的方向的列车临时停运。此时对于如何到达公司的问题产生了若干答案的创意。例如,乘坐相反方向列车换乘其他线路绕道去公司;上到地面搭乘公交车去公司;步行去

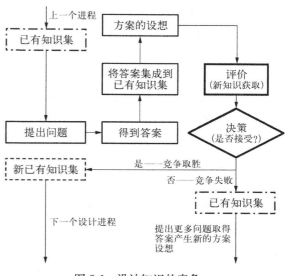

图 2.6　设计知识的竞争

公司;叫出租车去公司或者打电话通知公司不能准时到达。但是都要与已经身在地铁站位置的知识集成,与公司地点的知识集成,与准时到达公司的需求知识集成,与当时支付能力的知识集成,与公司关于迟到的规章制度的知识集成,集成后的方案设想才有意义。当形成搭乘公交车去公司方案的设想时,是已经将从地铁站上来,向南步行不远有一个公交车车站,有一路公交车可以到公司附近的知识集成到原来的已有知识集,其中包含地铁站位置、某公交车行进路线、公交车站位置和公司位置知识。选择 1 个或者若干个方案设想进入评价环节,计算每一种方案需要多少时间,评价是否可以不迟到,支付能力是否允许。如果选中一个方案的设想,那么这个设想就竞争取胜,其他的则是竞争失败,取胜的方案是一个新的知识集,已经在原有知识集中集成了原来没有的知识。如果这一些设想都不能通过评价,也就是全部竞争失败,这不是它们相互之间的竞争,而是与环境竞争,与需求竞争的失败,于是只能又回到原来的已有知识集,需要提出新的问题,寻求新的答案。图 2.6 中,细线框是创意或者方案设想产生的过程,粗线框是评价和竞争的过程,点划线框是已有知识集,虚线框是新知识集。

2.3　转型发展与知识供给

从这 4 个设计的基本定律可以看到,不论有多少关于设计的理论和方法,各自持有不同的观点,设计的本质就是知识的流动、集成、竞争和进化。知识流动和集成是知识进化的基础,知识进化是知识竞争的结果。不会有人反对设计与知识有密切关系,但是并不是所有关于设计的理论和方法都涉及知识的流动、知识的集成、知识的竞争和知识的进化。可以认为,研究设计中的知识就是研究设计的基本、共同规律,研究设计中知识的流动、集

成、竞争和进化就是研究设计的基本、共同规律，就是设计科学的研究。

　　正如第 1 章中所强调和此后章节中将讨论和研究的，只有正确的设计，才能够有成功的创新。没有人能够反对创新对知识的依赖，没有知识，根本谈不上创新。设计是使知识成为创新的桥梁或者纽带，而国家的经济发展转型则依赖于创新驱动。所谓转型，就是经济增长模式的转变，中国长期以来一直靠"三驾马车"*中的投资支撑经济高速发展，并且艰难地从政策上改革那些被认为是阻碍转型发展的体制。然而，几十年来创新驱动、转型发展依旧举步维艰。许多研究和著作分析了艰难的原因，多归咎于过度依赖投资和趋同于未能改变体制上的弊端。对于政府来说，投资是最容易采取的措施而体制改变则是最难解决的命题。

　　令人不解的是，包括许多经济学家和社会学家的这些分析都没有涉及社会对于创新和转型在知识投入上的不足和投入的不当[62-66]，没有人讨论设计知识供给上的不足和需要补短板。实际上除掉投资和政策，知识同样是创新和经济增长模式转变不可或缺的要素。投入知识在表现上和投入资金有许多相同之处，不过对于创新而言，更早需要投入的是知识而不是资金，因为根据设计以已有知识为基础定律，产生创意和构建方案设想需要的主要是知识，只有到了设计后期和实施阶段，才需要更多的资金。在这几十年期间，政府不能说不重视知识，例如，引进人才的长江计划、千人计划，科学研究的 973 计划、863 计划、重大专项计划，建设一流大学的"211 工程""985 工程"……随着经济的好转，在上述方面的投入还在迅速增加。但是这些都并不是支持经济增长模式转变的实质性的知识投入。例如，一流大学追求并作为攀比标准的论文他引数目和发表刊物的影响因子，而论文他引数目和发表刊物的影响因子是论文作者和刊物出版商之间的游戏，与创新或者设计的竞争力没有关系。设计以获取新知识为中心定律说得很清楚，没有一个设计能够以引用某论文为根据做出决策或者因为引用某论文而被计入该论文他引数目或者改变了某刊物的影响因子。类似的例子不胜枚举。知识是一个抽象的概念，知识只有以提供知识服务和以支持设计竞争为己任的状态存在，才能够为设计高效运用并在竞争中流向创新。设计知识不完整性定律和设计知识竞争性定律告诉人们，设计中运用的知识，是一条一条具体的知识，而不是那些结题后就撒手不管的越来越大的项目总结报告，不是那些是否被科学引文索引（scientific citation index，SCI）或者工程索引（the engineering index，EI）收录的论文，更不是那些是否属于"211 工程"或者"985 工程"的名牌大学的光环。面对设计竞争所需要的浩如瀚海的知识，怎么让人才计划、研究计划、大学计划支持知识资源的建设、维护、发展和高效运行这个问题，由于缺乏对设计科学的认识，未能予以应有的重视和研究。结果是设计知识供给不足成为创新驱动的短板，在这方面几乎没有任何有针对性的作为。

　　这就是要研究设计科学、要研究设计科学的 4 个基本定律的原因。

---

　　* 指拉动经济增长的三个要素：投资、消费和净出口。

第 3 章 设计中的创意、设想 与已有知识

3.1 创新与设计竞争力

3.1.1 正确理解创新

本书第 1 章说到过创新的 3 个要素，它们是采用此前未曾用过的知识，满足现在不能满足的需求并能够在竞争中取胜。事实表明，要在这 3 点上取得共识，并不容易。

创新，对于国人来说是一个新事物。在中国长期封建统治下的文化传统中，"标新立异"历来是一个贬义词，而"循规蹈矩"则是一个褒义词。20 世纪 80 年代初，在西安秦兵马俑坑中挖出铜车马时，看到的人都为古代工艺之精湛惊奇不已。例如，面积有八仙桌大小的篷盖，只有零点几毫米厚度的青铜铸成有镂空菱纹的"纱"窗，以及陕西农村 20 世纪还在使用的马车车轴上的润滑结构。看到这些不禁要问，为什么 2 000 多年前，中国的工艺已经这样先进，而在此后的 2 000 年中，中国在工艺上的进步却如此之小？从历史上看，封建社会中，士是社会上层，匠是社会下层。社会只尊颂读圣贤书维护封建统治的士，而从事物质产品生产需要钻研手艺的匠则没有地位，所以工艺得不到发展。新中国成立后，长期的计划经济，助长了这种不鼓励创新传统的继承甚至发展。计划经济是一种规模发展的思维，由于经济非常落后，要解决尽快赶上发达国家的难题，一个时期内强调在所有方面都统一意志也许是必要的。但是统一意志就会抑制创新，因为创新必然与实践中遇到的矛盾或者挑战紧密联系，具有很强的实践性和随机性，所以创新总是在点上发生。很难在机关大楼里来计划创新点：在什么地方创新，创新什么，怎么创新？不可能任何事情都计划到位，因此很难得到支持。有一个故事：一个带着很有新意项目的人到某市高新开发区管理委员会办公室申请资金支持，管理委员会管理人员向墙上贴的一张纸一看，原来这张纸上写的是这个高新开发区早已拟就的创新项目列表，上面列了十几个项目名称，却没有这个人带来申请的项目名称，就将他推了出去。虽然墙上列的都是人云亦云的热门口号，并无什么新意，而那个带去的项目，却是不久以后被认为与互联网＋相关的项目。但是计划已经如此制定，就没有什么办法能够解决。

追赶是一个继承过程，人家有什么，你就做什么，人家怎么干，你就跟着干。需要的是

模仿,从知识角度看,其本质就是学习,取得与模仿关系不大的已有知识和获取新知识的需求不突出。可是当追赶到一定程度,进入竞争阶段,问题就大了。不创新,不会创新,不能创新,就只能永远当打工仔,大块蛋糕都被首创的人拿去,打工仔只能分一小杯羹。从计划经济转型却不是一件容易的事,前苏联在 20 世纪 60 年代时就认识到需要转型发展,不过一直到苏联解体,也没有转型成功。中国 20 世纪 80 年代也已经将这个命题写入中央文件,第九个五年计划中正式列为国家计划[62]。后来的事实表明,转型步履艰难,因为转型发展,需要创新驱动。正如第 1 章中所分析的,过去一百多年西方在工业社会中设计认知和理念变化的过程,显示出创新竞争思维与规模竞争思维是两种不同甚至是对立的思维。在不同思维模式下形成的体制、政策乃至工作方式、生活习惯和对下一代人的教育都有很大不同。改变思维方式需要时间和壮士断腕的毅力。

创新已经成为当今时代的主题,创新竞争虽然不容易,不过贴标签并不难。创新现在是一个十分时髦的口号,低水平产能过剩,一时又"创"不了"新",避免被淘汰,只好在标签上下工夫。就是日常用品,也要想方设法让它们具有"新"意,才能够在市场上蒙混过关。于是五花八门的"创新"就应运而生,很多其实并没有什么创新,甚至是倒退,有的还会对使用者身体、精神造成伤害,或者毒害社会道德、危害社会稳定和安全,这些也都往往被人贴上"创新"的标签。例如,西安市曾经有一个水果商,在他卖的每一个橙子上都贴一个很"创新"的商标,非常漂亮。有人无意中揭开商标一看,原来下面是一个虫眼。问那位水果商,他还振振有词地说:"商标,商标,有伤才标。"又如很多年中秋节在市场上销售的月饼,单个一般卖人民币 5 元,这本来是既满足月饼好吃的物质需求,又实现了过中秋节团圆的精神需求,还可以自己享受和作为礼品赠送。因为礼品需要包装,就发展成一个产业,包装精美的盒装 5 个月饼可以卖到 1 250 元。月饼吃完盒子成了废品,既浪费了资源,污染了环境,同时还败坏了社会风气,最后政府不得不出台政策限制这种"创新"。在满足精神需求中也不乏相同的情况。例如,国内风行一时的小品《卖拐》,讲的是一个想卖掉自己一副拐的人,看见前面一个人骑自行车经过,就上前说:"你有病。几天后将不能走路,要用这副拐。"靠一张能够颠倒黑白的嘴,居然让骑自行车人相信了他的欺骗,买了他的拐。最后以为不能走路当然也不能骑车,竟把自行车也送给"卖拐人"了。这个小品,强势宣传欺骗能够成功,诚信必然吃亏的污染社会道德的歪理。其实,现在充斥各个电视台的所谓保健、化妆品、生活用品甚至保健医疗的广告,其中也有不少带有类似欺骗的宣传,例如,一个生产空调的企业,宣传它的空调一天只用 1 度电。如果不制冷也不制热,岂不是 1 度电也不需要?如果室外是−20℃,室内要保持 20℃,而想一天只用 1 度电,除非是墙体绝热,或者热力学定律被推翻了。另外一个企业则宣传"中央空调不用电,一年节省十个亿",还说是"世界首创"。其实它是光伏发电驱动,广告不说这套装置的成本多少,目前技术条件下推广的困难所在,掩盖了别的企业不做这种装置的原因,如果相信了这个广告,就会上当。

3.1.2 创新与竞争

创新不是标签,创新是为了竞争取胜,而且还要接受客观规律的约束。包括自然规律的约束、社会发展规律的约束以及道德和法律的约束。如"采用此前未曾用过的知识",对于受到知识产权保护或者属于个人隐私的知识,未经拥有者或者相关人同意就不能采用。又如"满足现在不能满足的需求",吸毒这样的需求是不能去满足的,提供满足这类需求的产品,就要触犯法律。而"竞争取胜"则更经常被错误理解,以为当时能够弄到钱,就是竞争取胜。前面讲过的一些事例就是对竞争的错误理解。竞争要满足人们日益增长的对"新"的需求和共同美好生活的愿望。什么是"新"?"新"意味着进步而不是倒退,"新"不能破坏共同美好生活。当然,对这些要求做出判断并不容易。社会中不同人群有不同的利益追求,取得共识需要时间,有时由于不能取得共识,进而诉诸争斗,甚至战争。违反约束条件的后果在一些情况下当时就能显现,例如,选择了错误路径而跌落悬崖,有时则要经过很长时间才能显示其后果,而要被人们认识往往又需要更长的时间。就像前面举过的空中客车 A380 的例子,设计时选择了一个超大的旅客容量,即使产品已经成功投入市场,还要看在一条航线上是不是能够有那么大的旅客流量,这决定航空公司是否会采购超大型客机。A380 进入市场不久,恰逢世界经济危机,许多航空公司取消了 A380 的订单,因此空客公司经历了一个举步维艰的时期。许多地方政府,为了得到以 GDP 为指标的政绩,允许无减排设施的高排放企业在地方上发展。当时政绩指标是上去了,不过经过一个时期以后,雾霾的积累效应变成了全国人民的梦魇,而且造成的河海和土壤污染,则是要用更长时间和更大代价才能够解决。另外,竞争取胜,又常常被理解为狭义的市场上的竞争取胜。对于要同时考虑物质需求、精神需求和社会需求的同一化设计,仅仅从某个局部需求理解创新和竞争显然是不够的。中国研发航空母舰或者歼 20 飞机,首先不是为了在市场上竞争取胜。美国对其他国家实施经济制裁,这也不是市场上的自由竞争。前面讲的"商标"、"卖拐"、"空调"等故事,表面上看好像是市场竞争,实际上根本违反了市场竞争不可或缺的诚信规则,也就是道德约束。面对这样复杂的形势,要做出正确判断,唯一的途径是依靠知识。创新绝不是胡思乱想、自以为是、信口开河所能够实现的。此前说过,设计是知识流向创新的桥梁或者纽带,要在创新中充分和高效运用知识,只有认认真真地做好设计,别无其他选择。所以,成功的创新必须有正确的设计,即遵守设计科学基本、共同规律,也就是遵守设计科学 4 个基本定律。没有正确的设计,就没有成功的创新。一个奇怪的事实是,创新标签铺天盖地,却很少有人谈论设计,不知道这些创新是怎么出来的?更没有人谈论什么是正确或者不正确的设计。设计科学更是很少得到应该有的关心。

创新是人类的一项有目的活动,目的是竞争取胜。创新也有设计和实施两个部分,设计是为创新规划实施结果的面貌和路径。实施的失败也会导致创新失败。不过实施导致创新的失败归根到底也是设计的失败,因为是设计选择了某个不适当的、导致失败的实施路径。

设计是为实现一个最终目标而进行的。但是,当设计的这个最终目标找不到答案时,就需要将这个大目标分解成若干较小的目标,以求这些小目标的实现来最终达到大目标的实现,为达到那些较小目标规划实施结果的面貌和路径也是设计。所以如第 2 章的图2.1 所示,设计进程常常由若干进程或者进程的子进程组成,每一个进程或者子进程都是为了解决或者回答设计中遇到的一个或者几个问题而进行的,都是一个为得到设计问题答案的过程。从系统的视角看,每一个进程或者子进程,都是设计一个子系统。在第1章中说过,设计有竞争性设计和继承性设计之分,需要强调的一点是:即使是一个以竞争取胜为目的的创新活动,其设计的子进程并不都是竞争性设计,往往大部分子进程仍旧是继承性设计。一个设计的竞争力分别由竞争性设计的竞争力和继承性设计的竞争力组成,竞争性设计的竞争力和继承性设计的竞争力有不同的构成要素。为满足一个比较大的需求追求创新的设计者,对这些关系要有清醒的认识,在设计中对这些关系要有慎重的处理。如果处理不当,则很难期望在竞争中得胜。

3.2 继承性设计与竞争性设计

3.2.1 继承性设计

继承性设计是使有目的活动能够成功实施而不存在明显需要竞争取胜的设计。继承性设计本身不需要通过创新去参与竞争,可以采用已有成熟的解决方案。例如,一个人因为每天都是乘6号线地铁去公司上班,今天出门时想了一想,没有什么新的情况和需求,于是决定仍旧按照惯例乘6号线地铁去公司,这就是继承性设计。其特征是不需要具备创新的三个要素,没有发现现在不能满足的需求,不存在采用此前未曾用过知识的必要,也不必由标新立异取胜。已经有现成的、经过评价认可的、允许共享的答案可供选用,这些答案与当前的约束条件没有什么冲突,由于已经成熟,有利于精准、快速、低成本地完成设计。换一个说法,就是提出的问题有对应的且设计师可以使用的已有知识答案。这种知识在书本、手册、文档、数据库、知识库、设计软件包、网络上的知识服务里或者设计师自己的记忆里可以找到。

继承性设计既然有现成的解决方案可以使用,不必为探索而冒风险。因此,继承性设计的竞争力就在于能够精准、快速和低成本地完成。既然是继承性设计,为什么还要讲竞争力呢? 这是因为在创新中,往往同时有竞争性设计和继承性设计,各自对于创新的竞争都有贡献。由于设计偏差导致进展缓慢,所规划的措施不当使得成本过高等原因而竞争失败的事例并不罕见。不承认继承性设计对于设计竞争力的贡献是不符合实际的。

继承性设计的解决方案既然已经被成功使用过,往往与某个专业领域的设计相关,是专业领域长期设计中已有知识积累的组成部分,与该专业领域基于这些知识积累的设计理论、设计方法和所开发的设计硬、软件工具之间具有紧密的联系。本书将这三个方面:已有知识积累,基于这些积累的设计理论、设计方法以及由此而产生的硬、软件工具统称为设计技术。之所以称为设计技术,是希望能够与设计科学有一个在研究范畴上的划分。划分的界线就在于研究的是独立于各个专业领域设计的普适规律,还是从属于某专业领域的设计理论、方法或者工具。第1章已经详细讨论过,在工业社会的整个时期,各个专业领域的设计理论和方法由于实施能力发展不平衡,即物质产品的产能极度发展远远超过精神产品和社会产品产能的发展,不可避免使得它们的设计也渐渐走向分道扬镳。而独立于各个专业领域的普适规律,则变得很少有人关注,从而错过了对于从规模竞争到创新竞争转变到来的准备。这样划分,没有否定专业领域设计知识的丰富积累、相关设计理论和方法以及其对设计竞争力贡献的意思。继承性设计的竞争力在于设计技术,在于对专业领域范围已有知识的积累、处理、管理、搜索机制,各种设计硬、软件工具的开发和运用,各种分析手段的开发和运用,各种测试手段的开发和运用,大数据处理能力和设计师对于这些工具的操控能力等。设计技术中与竞争力有关的共性问题则是设计科学研究的范畴,例如,知识的流动、集成、竞争、进化和高效运用,这些本书将在各相关章节中详细讨论。

3.2.2　竞争性设计

竞争性设计是体现创新 3 个要素并满足约束条件,对创新竞争取胜起决定性作用的设计,是支持创新竞争取胜的关键所在。还是举前面乘 6 号地铁线上班的例子,如果有一天因为需要比别人更早到达公司而想找一条比乘 6 号线地铁花费更少时间到达公司的路,那就要做竞争性设计。又如,在医院里,通常门诊医生做的是设计师的工作,护士做的则主要是实施操作的工作。医生作为设计师可以只做继承性设计,护士作为操作者则也可以做竞争性设计。医生如果遇到一个以前不知道的病,或者虽然以前知道这种病,但是想用一种新的方法治疗,那么他就要进行一个竞争性设计;反之,如果遇到一个常见病,又不想有什么改进,那么就选择规范的治疗方案,即进行一个继承性设计。设计师可以做继承性设计,实施的操作者在自己的工作范围里,也可以有竞争性设计。例如,护士为患者清洗创口,如果想寻找一个比现在的操作让患者痛苦较少和消毒效果更好的方法,她就需要进行竞争性设计,反之按照老办法操作,她只要进行一个继承性设计,然后就进入实施的操作。又如现在医院里对治疗起非常重要作用的医学检查部门,CT(电子计算机控制X 射线断层扫描)的操作医生,如果仅仅执行主治医生的要求,对患者做一个规范的检查,那么他就是做一个继承性设计和扮演一个操作者;如果他遇到一个很难检查的部位(例如检查颌面某个部位时正好有一个不能移去的金属义齿干扰)或者主治医生希望得到一个比常规更准确的判断,那么他就需要做一个竞争性设计然后进入实施的操作;反之,他只需要弄清楚主治医生和规范的要求,找到并按一下仪器上相应的按钮。现在的医学检查仪器都是傻瓜型的,按了按钮就是选择了某个既定方案,是一个继承性设计和操作。

竞争性设计的竞争力是以实施后竞争取胜的概率来度量的。任何新的事、物,其竞争力在于采用了此前未曾用过的知识来满足现在不能满足的需求。不过并不是用到的所有知识都是此前没有用过的知识。设计就是将此前未曾用过的知识与此前已经用过的知识集成起来,产生一个满足现在不能满足的需求的新的解决方案。设计不是实施,而是勾画出这个新的事、物的面貌和达到这个面貌的途径,并通过评价认可确认其可以实施,但是不包含实施。

从创新的 3 个要素和满足约束条件看,可以认为虽然实施也会导致创新失败,但是如前所说,实施的失败是设计的失败。因为实施结果的面貌和路径是由设计制定的。实施中出现问题,可能是设计中所采用的某些知识或者它们的组合存在当时未知的缺陷,这些缺陷使得实施不能成功或者实施得到的产品存在不可接受的疵病,也可能是在评价认可时由于时间、成本限制而没有发现存在的问题,从而认可了不适当的实施结果面貌或者路径。不过,根据设计知识不完整性定律,不可能完全避免存在未知的缺陷,只能尽可能避免。

设计有继承性设计和竞争性设计的区别,它们在创新竞争中的位置和对于创新竞争取胜的贡献是不同的。创新要能够竞争取胜,是对设计的总体目标和最终结果而言,并不需要设计的每一个进程都是竞争性设计。设计知识竞争性定律所说在一个进程或者子进程内部设计知识的竞争,是指一个问题可能存在不同答案之间的竞争,而各个答案之取舍,并不一定决定设计总体目标和最终结果的竞争力,有时甚至相反。有的设计,整个就是一个继承性设计,并不承担或者不主要承担创新竞争取胜的任务;即使是承担创新竞争取胜任务的竞争性设计中,在其许多进程里,往往继承性设计也占据多数,但是对竞争力起关键作用的则是其中的竞争性设计,这是要始终记住的。

对于一个需要采用此前未曾用过的知识和满足现在未能满足的需求的进程,在这样的进程里,设计师究竟应该做些什么? 这与创新竞争是否能够取胜密切相关,与设计竞争力密切相关,是竞争性设计要解决的问题,属于设计科学研究的范畴。研究表明,为了得到可以接受和有竞争力的答案,这样的进程应该包括以下 3 个方面内容: 产生创意、构建设想和通过评价的认可。

现在来研究竞争性设计中的产生创意和构建设想,而评价认可则将在第 4 章中讨论。

3.3 创意和设想

竞争性设计既然要采用此前未曾用过的知识,满足现在不能满足的需求,又需要在实施完成后能够竞争取胜和遵守约束条件,这样的要求是不可能简单得到答案的。一般都要经过产生创意、构建设想和评价认可 3 个阶段才能够完成。这 3 个阶段又往往需要反复迭代,而不是直线进行,不能期望一蹴而就。产生创意和构建设想是基于已有知识,评价认可则是依靠新知识获取。

3.3.1 创意的产生

显然,产生创意先要有问题。问题有关键问题和非关键问题、容易回答和难回答问题的差别,因而完成这个设计的进程也就有难易之分。决定竞争力的往往是那些关键而非常难回答的问题,容易回答的问题别人已经解决了,不是关键问题,回答了也不影响大局。哪些问题是关键? 究竟难在什么地方? 开始时往往并不清晰,通常要在已有知识基础上反复分析、反复比较、反复思考,才能够找到真正的关键难点和认识它的难处。所以识别问题,或者叫作找出问题的关键难点非常重要,找得是否准确以及快慢,有时会决定竞争的成败。某种意义上讲,准确而快速发现关键难点也可以看成是出于直觉和灵感,或者认为是一种设计竞争的能力。既然要采用此前未曾用过的知识,满足现在不能满足的需求,那么找到关键难点并加以解决就可能是竞争取胜和成功创新的机会。

明确问题的关键难点以后,设计师就在自己可以运用的已有知识水池中搜索。不是搜索那些已经知道的解决方案,通常不存在这种解决方案,或者是虽然有,但是因为知识产权或者其他不具备可使用条件等问题而不能采用。产生创意的过程是搜索那些有可能被用来构成难题答案的已有知识条或者较小的知识集,并尝试将它们拼接和重组成一个想象可行的难题的解。当找不到想象中可以拼接和重组成为解的组分时,就需要将头脑中的相关知识集分解或者叫作打碎成片,并尝试从这些新的组分拼接和重组以寻求得到解的可能。突然找一个或者几个相关知识片段的拼接和重组,发现也许是解决这个关键难点的可能,于是眼前一亮,这就是脑海里有了一个解决问题关键难点的想象,或者叫作创意。所谓冥思苦想,或者眉头一皱计上心来,就是说的这个想象的产生。冥思苦想是基本过程,这个过程可能会很长,计上心来却往往是一瞬间,眉头一皱是苦思时的表情。创意的产生,可以认为包含 3 个内容:找到关键难点,在打碎了的已有知识片段中搜索,尝试各种拼接和重组以得到关于答案的想象。

这是说的一个人设计,如果是团队设计,那么团队的成员一齐在各自已有知识水池中搜索和思考,各自把想到的说出来,相互提出问题,相互启发,于是产生一个由团队共同提出的、由团队可以使用的已有知识片段拼接和重组出来的创意[34],这有点像共识知识形成的过程,不同之处是团队成员间的关系不是利益冲突关系。这样得到的创意,其基础仍旧是个人的思考。没有每一个人的搜索、拼接和重组,团队的搜索、拼接和重组就是一句空话。所以,识别关键问题难点并提出一个解决关键问题难点的想象,就是产生创意。

3.3.2　构建设想

创意不是问题答案的全部,有了解决关键难点的创意,还需要集成其他相关知识,以构建整个解决方案或者答案的设想。例如,想寻找一个比乘 6 号线地铁去上班更节省时间的方案,找到不能及早到达的关键问题是 6 号线地铁要绕一个大圈子才到达目的地。将脑海中已有知识片段拿出来逐一比较,灵机一动想到乘 3 路公交车会快一点,因为它走的是一条短得多的路径,这就是一个创意的产生。但是怎么能够到达 3 路公交车站乘车呢? 走去还是蹬自行车去? 最终选择了蹬自行车到车站。又确认下车到公司的问题不大,车站就在公司门口。解决如何从家到车站和从车站到公司的问题,虽然不是整个问题的难点,但是只有在决定蹬自行车到车站和从车站走到公司后才有了整个方案的设想。当然,这个设想还仅仅是主观产物,能否被接受,还需要经过客观评价的认可。对于这样简单的事情,评价往往就是走一次试试,看看是不是比乘地铁省时间。这个例子简单地说明了创意、设想和评价认可之间的关系。显然,创意起引领作用,没有创意,也就没有后续的构建设想和评价认可了。

3.3.3 产生创意和构建设想案例

当设计师面对一个现在还不能满足的功能需求时,就要在此前未曾使用过的知识中寻找答案。举一个物质产品设计中产生创意的例子,20 世纪 70 年代初,美国的维侬·威斯特考特(Vernon Westcott)发明了一种能够从机器在用润滑油液中分离出磨损颗粒以判断机器磨损状态的铁谱技术[67]。后来这个技术被制成分析式铁谱仪(图 3.1)、直读式铁谱仪等,在机器的磨损状态监测中得到广泛应用。

图 3.1　分析式铁谱仪

分析式铁谱仪的工作原理是在一个永久磁铁产生的磁场上放置一片玻璃片,由一个蠕动泵将从机器中取得的经过稀释的润滑油油样缓慢送到玻璃片高抬的一端,润滑油在玻璃片上缓缓流向低端,其中的铁磁性磨粒群就被磁力吸引沉淀在玻璃片上。当润滑油流完后,用溶剂将残油冲洗掉并在溶剂蒸发后把磨粒黏结在玻璃片上。由分析人员将玻璃片移到显微镜下观察磨粒群的分布、形态、颜色,然后根据分析人员的摩擦学知识和经验判断该机器的磨损状态。大量应用这种铁谱仪后,发现存在的问题有:一是从机器中取样不得不在机器工作现场由非专业人员担任,取样不规范对结果的影响很大,而且送样到远离机器的实验室也是麻烦事;二是这种取样方式决定了只能有很低的取样频率,导致判断主要依赖单个油样提供的信息,而每个油样所含有的信息有很大随机性,因为样本少使得不能用统计手段过滤掉这种随机性;三是由于对单个油样信息的依赖,人的知识和经验对判断就起着决定性作用,做出的判断往往因人而异。总结这些问题,关键是自动化程度不足因而过度依赖不同操作试验的人的个人经验。经过分析和比较,认为自动化的难点在于将磨粒群固定在玻璃片上、移动玻璃片到显微镜下和换一个油样就要换一个玻璃片的这些过程十分复杂。西安交通大学润滑理论及轴承研究所的一个团队通过与已有知识的相关片段反复比较,想象出直接在铁谱仪上由摄像头观察而不必移动玻璃片到显微镜和用电磁铁产生可控磁场免除更换玻璃片操作的创意。这是一个从实践中认识到未能满足的需求和产生创意的案例。围绕这个创意,团队先后解决了磁场消失后冲洗掉玻璃片上已经观察过的磨粒群以备下一个油样进入,润滑油不经过稀释其透光程度过低以及沉淀率、线性度、重复性等问题,构建了一个包括电磁铁、电机、油泵、进排油管道、透射光和反射光发光器、摄像头、微处理器、信号输出、全部控制算法等完整方案的设想。这一个解决方案被称为在线可视铁谱技术并设计出了在线可视铁谱仪。它的特点是:在线无人值守工作,以分钟计的高频采样,大数据支持各种统计模型应用,内置处理器计算并报告磨损状态,特征参数及单帧图像实时传输到上位计算机处理,磨损状态

异常自动报警等。当然这样的设想其各个
组成部分都需要在不断的竞争中优化。这
个团队做了一代又一代不断改进的样机接
受评价。图 3.2 是其中一个样机的机芯。
从放在旁边的茶杯和名片盒可以了解其尺
寸大小[68,69]。

图 3.2 在线可视铁谱仪的机芯（后附彩图）

　　还可以从实践中长期存在但未能满足
的需求或者因为有新技术出现而解决过去
不能解决的难题上产生创意。传统上，摩
擦功耗是评价发动机机械损失和油耗的重
要参数，测量发动机活塞组件的摩擦阻力

只能用浮动缸套法。如图 3.3 所示，浮动缸套法需要在发动机的缸套和机架之间装置力
传感器，也就是必须使缸套处于浮动状态。因而这种布置只能在专门的试验机上用来进
行摩擦功耗研究，不能在实际发动机上应用。对于实际发动机产品，特别是占绝大多数应
用的多缸发动机，当然更是无法采用。

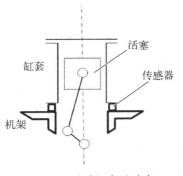

图 3.3 浮动缸套试验台

　　很多人曾经尝试不分开缸套和机架，直接将传感器安
装在运动组件上来测量运动组件受到的摩擦力，但是传感
器的电信号传递是问题的难点。例如曾经有人尝试用柔性
导线或者一种称为蚂蚱机构（将导线附着在机构运动杆上
随着杆运动）的组件将摩擦力信号传递出来，不过这种传递
方法只适合较低的转速。转速一旦提高，导线就断了。鉴
于于信号无线传输技术的发展，上海交通大学现代设计研
究所的团队就产生了用无线传输技术来克服这个困难的创
意。在以这个创意为中心构建方案设想时遇到了狭小空间

对电子元器件尺寸的苛刻要求和电子元器件在高温、振动
条件下工作可靠性不高的困难。经过对各种可能采用的已
有知识片段进行各种不同的拼接和重组，并在有关方面提
供的知识服务中取得了团队原来并不掌握的已有知识，构
建了一个在连杆上用应变片测量应力并将信号无线传递到
信号采集系统上的方案并经过实施做出了样机（图 3.4），这
一方案的设想还包括如何将摩擦力从连杆力中分离出来的
算法[70]。

　　当然，创意也并不都是从找问题的关键难点开始，有的
甚至是在无意中产生的。人的头脑经常存在许多并不需要
立刻解决的问题，也有一些可能是存在于潜意识中而并不
自觉，甚至一些可能是原来并不知道的别人的问题。当受

图 3.4 在连杆上测量摩擦力

到一些刚刚得到的已有知识的启发时,联想到这也许可以构成某个存在于自己头脑里、或者为此特意去寻找出来的别人问题的一个答案,于是产生了创意。在意识到答案有价值或者能够满足自己的某种追求后,就集成其他已有知识来构建整个方案的设想。例如,社交网站脸书(Facebook),据说最初的灵感是受学校发给新生或者员工花名册的启发而产生的,当时创始人马克·扎克伯格(Mark Zuckerberg)是美国哈佛大学的学生,起初并没有明确的研发任务。

上海交通大学现代设计研究所的一个团队,一次在美国麻省理工学院(Massachusetts Institute of Technology, MIT)的访问中参加了他们的学术讨论。一位MIT的教授谈到这个团队原来并不知道的自由活塞FP3发电机并建议他们来改进发电机的摩擦学设计。

看到图3.5所示的FP3发电机的结构示意图,他们就发现由活塞移动带动直线电机占据空间太大,而且在摩擦学设计上不尽合理。通过与自己的已有知识片段反复比较,想到如果改成由移动缸套而不是移动活塞带动直线电机发电的布置,情况会大大改善,于是

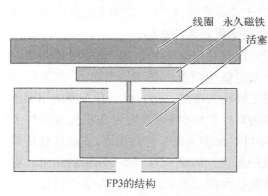

图3.5　自由活塞发动机结构示意图

就产生了一个用缸套运动取代活塞运动的创意。这是从别人提出的问题产生创意的案例。考虑到其中的发动机由于去掉了曲柄连杆机构,不仅可以减少结构的复杂性,提高运行的可靠性,减小尺寸、重量和材料,更重要的是存在大大减少摩擦损失的可能性,具有开发价值。团队回国以后,利用他们在发动机、摩擦学、机械设计领域的已有知识,有目的地搜索和走访各方面的专业人士寻求合作,将得到的建议和自己的已有知识分解成片段,做各种排列、组合,反复比

较。其中包括如何布置缸套结构和安置直线电机的磁铁和线圈,采用陶瓷缸套以取消冷却系统,利用滚动轴承以减少滑动摩擦和取消滑动支承所必不可少的庞大的润滑装置,利用电磁驱动进、排气阀以完全取消机械传动,等等,最后构建了一个移动缸套发电机的方案设想,形成图3.6所示的发明专利[71,72]。

还可以举在另外一种情况下产生创意的案例来说明问题。上海交通大学燃料电池研究所的一个团队,在一次团队成员做试验的误操作中,看到燃料电池中有连续生成的微量气泡,经测定这些气泡是高纯氧。这时,已经在大脑中的许多可能的应用便跳了出来。经过一一比对和匹配,他们觉得有可能做一个便宜的装置代替昂贵的高压氧舱来治疗难愈合的外伤,于是就产生了研发一个微氧创伤治疗仪的创意。这是由意外情况与已知问题匹配而产生创意的案例。这期间曾经想到过另一个创意,即做成一个便携式吸氧装置,比较吸氧对氧气发生量的要求,发现这样生成的氧气量太小,这个想法于是被否定。创意往往是经过长时间思考而在一刹那发现了一个或者几个符合要求的组合,所以人们常常用

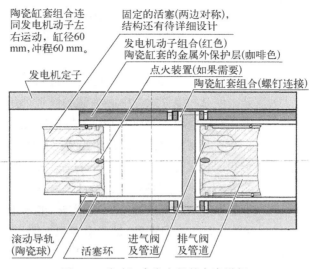

陶瓷缸套组合连同发电机动子左右运动，缸径60 mm，冲程60 mm。

发电机定子

固定的活塞(两边对称)，结构还有待详细设计

发电机动子组合(红色)
陶瓷缸套的金属外保护层(咖啡色)

点火装置(如果需要)
陶瓷缸套组合(螺钉连接)

滚动导轨(陶瓷球)　活塞环　进气阀及管道　排气阀及管道

图 3.6　移动缸套发电机的方案设想

直觉和灵感来表示这个过程。团队决定以这个创意为中心设计一个创新的产品并投入竞争，他们查阅了许多资料取得已有知识以丰富团队的已有知识水池，通过分析和比较来确认这个创意实现的可能性，同时开始构建便携式氧舱整个方案设想的工作[73]。

　　创意是回答以前没有答案的问题的想象，所以构建设想也没有现成的路径可循，同样也是基于已有知识，在已有知识条和知识集中搜索和选用，甚至也要将已有知识集打碎成片段再拼接和重组。不过这时要解决的问题是实现创意而不是要独辟蹊径，问题也比较明确，可以通过继承性设计解决，尽量采用可以使用的成熟的解决方案。也许集成过程中又发现新的难题，那么就需要产生新的创意来解决。如果最终不能解决，只好放弃这个创意，所以创意是否能够成立，也是竞争的结果。如果集成成功，整个方案的设想就构建成功。

　　上面讲的微氧创伤治疗仪案例，从创意变成设想，是设计团队运用可以使用的知识，以创意为中心构建能够付诸实施的整个方案。构建治疗仪的设想，包括勾画出治疗仪的最终面貌和实施路径，但是不包括实施。所谓面貌，包括：治疗仪的性能，如输出氧气的浓度、输送速度、如何长时间持续、稳定供应等；治疗仪的行为，如实现功能所需要的各部分的运行参数；治疗仪的结构(包含采用外购件的已知结构)，如形状、尺寸、材料、布置、装配等。所谓实施路径，也包括如何从原材料(含供应商提供的元器件)、用什么工具、经过哪些工序加工得到上述结构，如何满足快速、大量、高品质和低成本生产等要求。当然，这里面的问题很多，但是都可以归入利用设计师或者设计团队自己掌握而可以使用的已有知识形成整个方案的若干进程。经过反复修改和评价，最终经过实施产生了图 3.7 所示的如手机一样大小的便携式微氧创伤治疗仪样机，这是一个前所未有的产品。

　　此前已经说过，所谓已有知识并不必须是设计师或者设计团队自己掌握的知识。在分布式资源环境中，通过请求知识服务来完成方案设想是一个高效运用知识、使得设计在构建设想阶段具有竞争力的重要途径，可以使用的已有知识就包括由知识服务提供方提

供的知识,这将在第 9 章中讨论。

最后还要讲一点关于评价认可的问题,更详细的讨论将在第 4 章进行。

有了设想,此前的进程还只进行了整个设计过程的一部分。创意和以创意为中心构建的设想都是主观产物,能不能实施,能不能满足需求和约束条件,能不能在市场上竞争取胜,需要通过客观的评价并最终做出是否被接受的决策。这是设计以新知识获取为中心定律和设计知识的竞争性定律所决定的。前面说过,整个方案的设想出来以后,它已经是一个客观存在,评价能不能被客观接受,能不能实施,能不能满足约束条件,能不能在市场上竞争取胜,是探索客观规律,是科学要解决的问题。

图 3.7　微氧创伤治疗仪

采用的科学分析、测试和评价手段越是精准,对设想的认识越清楚,那么做出来的决策也就越准确。但是精准需要付出时间和成本的代价,设计师需要在评价精准要求、时间和成本之间找一个平衡。而且设计知识不完全整性定律告诉人们,完整认识所有这些问题是不可能的,这在后面还要进一步讨论。

要使设想成为一个可以接受付诸实施,并确信能够生产出到市场上去竞争的产品,是要对勾画出的最终面貌和实施路径进行评价认可的。当然,有些物质产品,特别是精神产品和社会产品,要到社会上去竞争,这将在第 4 章进一步讨论。设计虽然不包括实施,但是显然与实施密不可分。要评价就要先将设想变成现实,即加工(试实施)出样机(不是设计要得到的最终产品,与广义产品的概念一样,这里的样机可以是物质产品、精神产品或者社会产品的样机)来,评价结果不好还要修改设想勾画的最终面貌和实施路径,然后再评价,直至被最终接受,这就是所谓的反复迭代。这个案例中,在由燃料电池试验的意外发现构建便携式微氧创伤治疗仪设想过程中,存在燃料电池核心部分需要有一个一定湿度环境的难题,这是后来遇到的挑战。灵机一动,产生采用游泳防水袋加湿巾的创意(图 3.8),经过构建设想与实施,效果良好。便携式微氧创伤治疗仪就是这样经过第一代、第二代……直至第五代的设计,才达到了可以试生产(进一步试实施)的程度,显然还不是设计的最终完成。这是在构建设想过程中发现问题而针对问题难点再一次产生创意的案例。

所以,构建设想的能力和最终经过评价认可做出决策的能力都是竞争性设计竞争力的重要组成部分。构建设想的能力主要依靠设计技术,而在充分获取新知识基础上评价认可和决策的竞争力主要来自新知识获取资源,这将在第 4 和第 5 章中讨论。为评价而获取新知识是

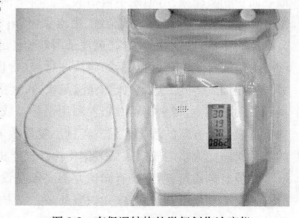

图 3.8　有保湿结构的微氧创伤治疗仪

依赖资源的，和得到已有知识相同，设计师或者设计团队并不需要自己掌握所有这些资源，完全可以在分布式资源环境中通过请求知识服务和消费知识服务来降低成本、节省时间和获得高水平评价认可而有更强的竞争力，这也将在第 9 章中进一步讨论。

此前说过，物质产品制造方案和路径的确定，做的是设计工作。而实施本身，则是由操作人员和设备完成，并不是由制造方案和路径的设计者操作。设计科学将人类一切有目的活动分为设计和实施两部分，而不是分成设计和制造，就是因为制造这个词的概念有歧义。

设计中与规划实施路径有关的许多进程，同样需要和可以创新，同样需要和可以有创意，有设想，同样需要接受评价认可，同样需要通过竞争才能够最终被接受，同样它们并不属于实施，而是不折不扣的设计的进程。

举一个案例来说明这个问题。这是在勾画实施路径的进程中遇到了问题的例子。西安交通大学润滑理论及轴承研究所的一个团队，在 20 世纪 80 年代设计一个单件专用齿轮增速箱时，因为是一个继承性设计，在勾画面貌时采用了通常齿轮箱的箱体上、下分离的布置（图 3.9）。在制定实施路径时没有找到可以接受的实施刮研中分面的条件，而这个工序是剖分式箱体结构所必不可少的，因而遇到了困难。通过比较团队已有知识水池中的相关知识片段，产生了一个取消传统中分面结构的创意。取消中分面涉及轴的结构、轴承的结构和润滑设施等的结构以及轴与齿轮等装配方式的变化，于是更改前面若干进程的设计，构造了图 3.10 所示的设想。不做中分面的齿轮箱并不是前所未有的，但是在这个具体情况下，则是用了此前未曾采用的知识，满足现在不能满足的需求。这是一个解决规划实施路径中遇到的困难而产生创意的案例。这个创意经过一系列继承性设计进程变成设想，通过必要的评价最终被接受。实施以后，由于绕开实施难点，在较短时间和较低成本条件下做出了国内首先达到 30 000 r/min 的如此规模的转子轴承系统动力学特性试验台（图 2.5），并且一直工作了 30 多年，没有发生问题。案例说明，创意可以在任何设计的任何一个进程中产生并发挥引领作用。

图 3.9　剖分式齿轮箱结构

图 3.10　不剖分的增速箱体结构

可以看到,如果缺乏有竞争力的设计,就不可能有具有竞争力的创新,也就不可能有成功的创新。总的来说,有竞争力的设计首先来自有竞争力的创意,同时也来自构建有竞争力的设想和对设想的科学的、缜密的评价,通过竞争决定能够满足需求和约束条件而接受这个设想。对于整个设计,其竞争力来自每一个进程竞争力贡献的总和,其中包括竞争性设计的竞争力和继承性设计的竞争力,它们贡献的大小和依赖的条件是不相同的。设计竞争力的主要贡献来自解决关键难点或者可以叫作关键问题的创意,这个关键难点或者关键问题可以是整个设计的,如便携式微氧创伤治疗仪中微氧的利用,也可以是属于一个进程的,如增速箱的不剖分箱体设计解决了不能刮研中分面的难题。创意的产生依赖两方面条件:一是设计师及其团队可以使用的已有知识总和的范围及量的大小;二是设计师们在运用已有知识时的直觉和灵感。

围绕创意构建设想则往往是继承性设计。继承性设计的竞争力在于设计的精准、快速和低成本,依赖于设计师或者设计团队对设计技术的掌握。在创意产生以后,从完成设计的成本和交付设计的时限考虑,应该尽量选择继承性设计,所以也需要认真对待继承性设计的竞争力。至于评价认可对竞争力的贡献(如设计以获取新知识为中心定律所指出的)也非常重要。

这里把设计进程里对于问题关键难点的识别和产生解决难题答案的想象称为创意,创意是一个关于如何打碎、拼接和重组已有知识以解决难题的想象。根据这样的定义,创意不是设想,也许能够构建成为整个方案的设想,也许最终不能构建成为整个方案的设想。创意虽然只是一个想象,但是它们是整个答案的出发点。没有这个出发点,也就不会有后来的设想,更谈不上经过评价以后被接受的解决方案或者答案。所以说:创意引领设计。创意是设计竞争力中最积极的因素,没有创意,设想无从构建,也就没有什么新的解决方案可言。

3.4 创意的实践性和随机性

创意是怎么产生的?从上面举的这几个案例,可以归纳出创意的两个重要特征:实践性和随机性。虽然举的都是物质产品设计的案例,精神产品和社会产品也不例外。要了解创意的产生,不能不研究这两个特征。社会上常常出现一种有意无意的看法,好像想入非非就能够产生创意,其实不然。实践性说的是创意的产生,都是长时期与需要解决的问题有密切接触以后产生的。没有实践中的切身体验就没有从比较中找出关键难点的动力和知识,这些人要么是长时期在与要解决问题相关的领域中工作,对问题感同身受,要么就是自己长时期直接为解决问题孜孜不倦地实践探索。在3.3.3节的案例中,产生在线可视铁谱仪创意的是一个长期工作于机器健康状态监测领域的团队,深知威斯特考特发明的分析式铁谱仪,其复杂操作和对分析人员经验的依赖一直困扰着从事这方面工作的人员。产生在连杆上测量和用无线技术传递力信号创意的是一个从事发动机低摩擦功耗研究的团队,他们自己就研制过一台浮动缸套试验台,一直为不能在实际发动机上测量活塞组件摩擦力而苦恼。如何去掉曲柄连杆机构以简化发动机结构、解决动平衡困难和降低摩擦功耗,一直是发动机设计师做梦也想着要解决的问题,自由活塞发电机就是梦想答案的一个体现。移动缸套的创意是在这个追求和自由活塞发电机启发下产生的。虽然在做燃料电池试验时发现产生微小氧气泡现象是由于误操作,但是为了利用这个意外发现,该团队继续做了大量试验和查阅了许多相关资料,才产生治疗创伤的创意。而取消增速箱中分面结构是在规划实践路径时遇到麻烦,不得不另寻出路情况下产生的创意。关于创意的实践性,更可以从已有知识基础的必不可少来理解,没有长期实际工作,就不可能有充分的可供拼接、重组的已有知识片段素材,一个人如果从来没有见过海,做梦也梦不到海。没有亲临的实践,既不能通过与已有知识比较来找出关键问题难点,更无法聚集可供打碎、拼接、重组产生解决关键问题难点想象的已有知识。设计以已有知识为基础定律在这里得到了充分的体现。随机性则表现在很多人都在同一个领域中实践,而别的人或者团队则没有更早产生这些创意。换句话说,不是每一个在相同领域中实践的人都会产生创意,创意的产生具有不确定性。创意是创新的起点,如果一定要找出什么规律性的话,那就是即使在相同领域中实践,各自创新的驱动力也不同,不是人人都愿意为一个有待解决的问题去冥思苦想,更重要的是各自取得和积累的已有知识并不相同。在遍历、重组和拼接已有知识及其片段过程中,直觉和灵感的出现虽然有随机性,但是也与人所受教育和成长过程中形成的素质有关联,这在第 10 章中还要讨论。

人们常说创新总是出现在点上。创意不等于创新,但是创新必定先有创意。有了创意,也不一定能够创新成功。构建设想、评价认可和实施中都会由于内、外条件制约而失败。另外,有的人在实践中遇到问题,就有解决问题迫切的欲望,想的是怎么按照创新 3 个要素的要求去做,而另外一些人,想的则是如何绕过去,或者根本不知道怎么才能够创新。由于创意是由创新 3 要素激发产生并具有实践性和随机性特点,总是产生在点上,所以创新也只可能出现在点上。在构建设想时不可避免地有许多继承性设计,因为不符合创新 3 要素的要求,当然不能列入创新的行列。只有与创意相关的点,才是创新点。这也是为什么所谓的"集成创新","引进、消化、吸收、再创新"等事、物总需要能够在里面找到一些真正能够被称为是创新的点。而有意无意地把以不同面貌出现的整个事、物都说成是创新,则往往事与愿违,使人产生并不是创新的感觉,或者感觉到有为贴标签而将创新平庸化和导入误区之嫌。

关于创意、设想和创新,还需要再说几句。媒体上常常讨论发展文化创意产业,但是在工程领域即物质产品生产领域的设计中几乎没有人谈起创意产品。这是因为创意这个词有许多不同的用法,但是将文化创意与产品联系在一起,甚至说成是一个产业,就与本书为设计科学所给出关于创意的定义有比较大的距离。成功创新来自有竞争力的设计,创意引领设计。同时也要指出,好的创意并不必然等同于有竞争力的设计或者成功的创新,其他后续工作对设计竞争力的贡献也不容忽视。不论是物质产品、精神产品和社会产品都是如此。一些人将一个含有新要素的已经完成的产品称为创意产品,如一幅画、一篇乐章或者一部小说,是因为他们认为这些是由创意引领生成的产品。也有人将一个问题新的解决方案称为创意产品,如发明专利。其实最初的文化创意和后来呈现在人们眼前的画、音乐、影视剧、文学著作根本不是一回事。而很多发明专利并没有经过评价认可,没有实施,不成其为产品,更不要说是参与市场竞争了,最多只能说是方案的设想,虽然设想是围绕创意构建的。有的创意后来成为产品,有的创意后来则并没有成为产品。不同产品,其设计和实施的关系不尽相同。物质产品由于早已大规模生产,所以设计和实施是分离的,实施由操作人和设备承担。不过许多精神产品和社会产品其生产规模则远没有大到这种程度,情况也比较多样。例如,文学产品,往往设计者就是实施者,美术产品也是一样。戏剧产品则不同,多数情况下剧本创作、演出的策划和导演都不是演员,前三者是设计者,而演员则是实施者,不过演员也有自己创作的空间。社会产品,如第 9 章要讨论的知识服务,设计者和实施者可能集中于一人,但是政府政策的设计者,则是依靠相关政府机构里的人员去实施。所谓文化创意产业,实际上它的创意已经不是前面说的创意,已经在产生创意后经过构建设想、评价认可的设计阶段并通过实施成为了产品,而且这个产品已经经过市场运作成为产业。在不同产业中,有的设计者就是操作者,有的设计者和操作者是分离的,既然是一个产业,当然还有经营者和管理者。所谓文化创意产业就是生产文化产品(以精神产品为中心)的企业群,其设计者和实施者往往因为每一件产品都要具有有竞争力的特色,而不能如物质产品那样大规模量产使设计和实施能够分得很清楚,这里当然不包括大量复制的操作。不说作品而只说产品,不像许多著作采用人造物这样一个笼统的概念,是因为一个作品如果仅仅为了自娱自乐,对社会没有影响,虽然也是人造物,就不能被认为是产品。作品可以认为是人造物的另外一个称呼,产品在本书中则专指要提供给社会消费或者要对社会产生影响的人造物。

回到前面的问题,工程领域即物质产品的设计中几乎没有人谈创意产品,是因为工程设计人员对创意的用法与现在精神产品生产者出于广告目的的用法不同。一个不争的事实是,在国家的经济依赖于规模竞争的时期,留给物质产品设计师在设计中产生创意的空间与精神产品、社会产品相比非常有限。而对于中国,更是因为经济落后,在技术上长期依赖引进,习惯于继承性设计,又迫于国家正当追赶阶段,在设计的成功率、成本、时间上有严格限制,基本上没有产生创意的土壤,因而很少有人提到创意,更不要说研究创意。不仅是物质产品,就是精神产品和社会产品是不是也存在同样的问题?急功近利,不深入社会参加实践,体验实践,到国外转一圈,像看西洋镜一样,就一味模仿国外产品。又有多少人从中国自己的文化积淀中汲取已有知识,充实自己的已有知识水池,针对中国的精神需求和社会需求像鲁迅、巴金那样产生触及人的灵魂的创意?和物质产品一样,满足中国精神需求和社会需求的文化创意产业还有很长的路要走。所以,创意在设计中是不是普遍存在?是在一个什么样的条件下产生?产生创意,是一个什么样的过程?与已有知识是什么关系?创意是不是就是创新?怎么从创意走到创新?这些都是设计科学应该研究的问题。

虽然关于人脑怎么产生创意还有很多争论。但是从无数设计实践中可以归纳出以下几点。第一,创意产生于已有知识。人不可能用他从来没有知道的事物想象,这是设计以已有知识为基础定律所决定的。如移动缸套发电机这个例子,当这个团队不知道自由活塞发电机时,他们不会去思考并产生移动缸套发电机的创意。第二,创意产生于知识条或者知识条的碎片。创意是知识条甚至不完整知识条的某种拼接和重组,这种搜索、比较、拼接和重组是在头脑中进行的。例如,在规划一个增速箱实施路径遇到困难时,想象可以取消箱体中分面结构的创意,接下来就会联想到轴的结构和与齿轮的装配、轴承的结构和润滑方式等都要改变,也会想到改变是否有可能,包括想到如何改变? 改变成什么样子? 如果想到不可能改变,那么这个创意就不能成立。改变轴的结构和与齿轮的装配、轴承的结构和润滑方式等设计的知识都是知识条或较小知识集,都是设计师对于自己头脑中已有知识相关片段的搜索、比较、拼接和重组的结果。第三,创意聚焦于问题的关键难点。创意是在强烈意愿支配下所进行的搜索、比较、拼接和重组,具有明确的需求。创意与做梦不同,梦境是知识条、较小知识集、知识碎片的随机、无控制的组合。便携式微氧创伤治疗仪是在知道燃料电池试验中某种操作会产生微量氧气后,顺着氧气如何应用这条思路想下去产生的创意。研究燃料电池的这个团队对氧气的一些用途(包括高压氧舱治疗伤口的用途)广泛了解以后,才想到了用于微氧创伤治疗仪的创意。第四,创意是原来不存在答案的想象。也就是说这个答案在设计师头脑里原来是不存在的,如果已经在其他地方存在,那么也是设计师当时所不知道的,或者可能由于已经存在的另一个答案申请了专利保护而只能寻求其他的途径。产生在连杆上测量活塞组件摩擦力创意的团队后来知道,已经有用无线技术传递发动机运动部件温度信号的产品,不过温度信号和力信号是特征完全不同的两种信号,需要解决的难题也不相同。

3.5　创意中的人和计算机

　　人脑在设计时由直觉和灵感产生创意,这个过程能不能由计算机来进行? 如果能够,又如何让计算机来做? 虽然这是许多人梦寐以求的,因为是想象还不存在的事物,就不存在已经存储在计算机里面的计算模型,包括这个事物本身。而围绕想象构建出整个解决方案也是十分困难的,任何计算机软件都不可能遍历设计可能遇到的所有问题,所以也不可能遍历所有的答案,特别是前所未有的问题的答案。

　　现在详细分析一下这些观点。第一,计算机虽然有大大超过人脑的存储能力和计算速度,但是其存储的内容要靠人输入,计算程序要靠人来设计和编制,而最新的知识和计算方法总是先进入人脑,经过人脑处理后才能够被输入计算机,也就是计算机必须经过受过教育的人的教育,才能够工作。所以计算机不能处理前所未有的问题。第二,人脑的存储量虽然不如计算机,但是其存储知识的范围要大于计算机,其更新的速度更是远远超过计算机,计算机则要等待人的操作更新存储。人每时每刻都接受各种不同方面来的知识,更新他头脑里的存储。人是在成长过程中通过自身的学习能力取得知识,计算机则需要等待有一定资质的人来"教育"才能够取得知识。前面关于创意的例子,都充分说明了创意产生于人脑的有意和无意中取得的来自不同方面的知识,包括某个进程遇到难题求解中得到的知识。而在同一化设计中,当要求同时考虑满足物质需求、精神需求和社会需求时,这种不同方面的知识尤其重要。每个人在路上听到的,电视上看到的,鼻子闻到的,舌头上尝到的以及临时想到的,都在不断更新他头脑里的存储,而计算机则不能有这样的机会。一个不争的事实是,直觉和灵感往往产生于那些初看并不重要而被排除在要输入计算机知识库中的知识片段。从便携式微氧创伤治疗仪、不剖分增速箱箱体结构和发动机活塞组件摩擦功耗信号无线传输系统的成功设计可以看到,创意的产生,包括关键难点或者关键问题的识别和解决方案的想象,是产生在一些特定的条件下,是不可预知的。第三,更重要的是隐性知识,存在于个人的头脑里而不自觉,当然不可能在计算机的知识库里面找到。而在形成创意的过程中,在明确需求和强烈意愿推动下,已有知识被打碎、拼接、重组,使得这种隐性知识被激发成为显性知识,起到已有显性知识所不能起到的作用。第四,人脑依靠已经和最新存储的多方面知识、经验和隐性知识,当设计知识在头脑中竞争时,头脑对问题的分解、比较、排序、判断能力要大大超过计算机;虽然其运算规模不能与计算机比,但是在做最后决策时,规模并不重要,重要的是抓住头脑里知识片段中的要点,当机立断。看过《湄公河大案》电视剧的人都可能记得,每一次行动的决定,都不是计算机计算出来的,而是公安局长(剧中人物)在了解当前情况下,包括由计算机生成的资料和由卫星探测到的信息,和听取各方面意见后,经过思考做出的。有时只有几秒钟时间就要做出是否开始行动的决定,不论多么伟大的超级计算机也不能够如此迅速地更新它的知识存储,所以也不可能计算出这种决定。一些实践表明,计算机的读取和写入速度与计算速度相比要慢得多,依赖临时输入以前没有准备、刚刚发生的情况,想由计算机迅速做出决定,是不可能的。因此,所有的计算机辅助工具(computer aided X, CAX),没有人能够将"辅助(aided)"字样去掉。越是在构建解决方案设想的前端,也就是创意阶段,越是要依靠人脑的直觉和灵感。第五,计算机或者各种知识库等作为辅助工具,运用它们的大储存量、高计算速率、快捷检索能力,可以为人脑提供新的知识条或者知识集,帮助人脑在更丰富的已有知识中做出决策。例如,现在的大数据技术,可以帮助人脑得到许多过去因为过于复杂而不能处理的知识,大数据技术将它们变成一目了然的知识条或者较小的知识集,人脑才有可能将它们与其他知识条或者知识集比较、拼接和重组并做出判断。

直觉和灵感是心理学的一个研究领域,一般并不探讨其与已有知识的关系,而将它们归为经验的运用。经验是什么?经验是客观存在的人的已有知识。这种已有知识,也可以包括一种隐性的、与之相关全体事、物或者某一类事、物的计算模型,这种模型是人在成长过程中,受各方面教育而逐渐在头脑中形成的。这种模型其运用头脑中已有知识进行计算的效率因人而异,也许与各人的体质有关,也许与各人的成长环境有关。模型的好与不好,心理学中以所谓的智商来衡量。需要承认,不同人由直觉和灵感产生创意的能力不同,在相同知识环境里,有人能够看到机遇,有人则看不到。许多学者致力于头脑生理结构对智商差异的研究,我们认为更重要的是社会环境对人的行为能力的制约。人是在群体中行为的,群体是在社会中相互作用的,社会因素对人行为能力的影响大于个人自己素质所能够起的作用。个人无论如何努力学习,其知识所能够发挥的作用,都不能与社会环境对知识是否能够高效运用的影响抗衡。不同成长环境中形成不同人头脑中不同的经验模型,对产生创意的能力有决定性影响。如果把这种经验模型也归为知识积累,这对以培养人才和传承知识为己任的教育也是一个重要的挑战,在第 10 章要专门讨论这个问题。综合以上讨论,可以看到由于创意产生的实践性和随机性特征,人与人之间的实践经历各不相同,人与人之间头脑里已有知识积累在量、范围和品质上也各不相同,这种不同具有明显随机性是不言而喻的。显然,虽然人们努力构造各种基于推理的物理模型和基于学习的神经网络模型,事实上还不可能做出一个真正的人脑,现在的计算机计算模型还必须在接受有一定资质的人的教育以后才能够工作,而许多自然机制和社会机制阻碍它们及时受到像人一样的教育,因此它们还不能独立于人产生创意。

　　当然,人脑的知识存储容量和处理信息的速度是有限的,然而创意恰恰是处理点上的问题,正好适合人脑的能力。有人认为创意是形象思维,如果将这里提出的形象广义化,即不局限于几何形象而理解为针对具体事、物多的方面描述,那么形象思维显然是很重要的[34]。大量存储和复杂运算不是人脑的优势,知识条规模上的形象最适合直觉和灵感的产生。要让设计知识能够得到高效运用的一个命题是将复杂的现象或者过程变成知识条规模的问题答案,让人脑可以一目了然地去推敲、比较。计算机由于其大存储容量和高速数据处理能力可以在这方面辅助人进行工作,所谓大数据就是这样的工作,不过如后面将要讨论的,这个工作同样需要以人脑为中心来进行和完成,计算机的作用是辅助的。

　　归纳起来,创意是以已有知识为基础,是由直觉和灵感处理知识的产物。已有知识总和是素材,直觉和灵感是编织机、催化剂。创意是此前不存在的问题答案的一个想象,有待于构建成为答案的设想,设想则需要通过评价认可后才能够成为一个设计。创意引领设计。

　　再回到 3.4 节开始提出的问题,此前所举的 5 个关于产生创意的案例,都是工程专业领域的例子。这就说明,对于创新而言,创意在设计中普遍存在,而不是只有文化产品的设计中有创意,工程设计也不例外,是创意引领设计。工程专业领域的设计,在工业社会中物质产品生产的规模竞争中,设计技术有了极度发展,占主要地位的继承性设计大规模应用计算机技术、数字化技术和各种人工智能技术,使设计精准、快速和低成本。同时它们也为人的思考提供了丰富的已有知识积累,提供了思考的知识基础。但是工业社会的进一步发展,特别是在工业发达国家,创新竞争逐渐取代规模竞争,竞争性设计成为被关注的主角。对于竞争性设计,其创意的产生,最终还是依赖人的直觉和灵感而不是设计技术。在中国工程设计领域之所以很少提到创意,是因为中国的工业还处在跟随发展阶段,还处在转型发展的前期。长期在物质产品生产规模竞争上的压力使设计师们不得不专注于设计技术,形成认为只要有设计技术就可以解决问题的惯性,看不到创意已经走到前台,看不到创意引领设计,看不到计算机技术、数字化技术和各种人工智能技术在创意的产生上并不能代替人。工程设计中的创意,同样需要人的直觉和灵感。

3.6 互联网上的知识服务和知识处理

设计是勾画还不存在事物的面貌和实施路径,但是不能说设计是无中生有,因为要规划的事物是由已有知识作为素材或者基础形成的。所以,设计师或者设计团队在设计中可以使用的已有知识的总和非常重要。不仅已有知识的范围和量要大,便于使用也是重要的条件。

下面分别讨论这两个方面。

设计师和设计团队所可以使用的知识总和,可以看成是一个大水池。这个水池里的水越多,包含知识的类型越丰富,更新得越快,产生有竞争力创意的机会就越大。有时,因为在水池里找不到需要的素材,还要到自己的知识水池以外想方设法地收集自己没有的知识并加入到水池里。个人拥有知识的总和与范围总是有限的,所以若干合作良好的成员组成团队在一起设计,产生有竞争力的创意的可能性就更大。但是在这新知识不断涌现,在要求同时考虑物质需求、精神需求和社会需求的同一化设计中,不管是多聪明的个人或者多能干的团队,要能够及时掌握所有那些可能产生有竞争力创意的知识,都是不可能的。如在 2.1.1 节中提到的,一些著作的作者要求未来的设计师不仅要懂得传统的科学和工程基础知识,还必须懂得专业领域知识。没有一种教育体系能够在有限的时间中完成这样的教学任务。在学校里即使能够把上述知识都塞到学生的脑子里,把学生的头脑喂饱了,但是在他们离开学校的第一天,世界上又会发生许多新的事情,有了许多新知识,那怎么办?所以争论的实质是:当学生要进入森林时,究竟应该给他一个面包还是给他一支猎枪?大家都同意应该给猎枪,但是实行起来,却都是给面包,因为不知道怎样才能够给猎枪?这个问题将在第 10 章里进一步讨论。就是一个团队,也不可能拥有那么广泛的知识,也不能解决随时更新知识的问题。哪怕是特大企业,也不能说创意和设想需要的知识都能够提供。有竞争力的创意往往来自其他专业领域的知识。许多软件商,企图通过宣扬自己软件包里能够提供所有设计需要的知识来吸引顾客,如 CATIA 和 Creo™ Elements/Pro(原来称为 Pro/E)等,这实际上是做不到的。他们软件包里的知识库,充其量也只能支持某一些领域的某些继承性设计,要支持竞争性设计的创意,就算每天升级一个版本,也赶不上世界的变化。许多文献都讨论了这个问题,当然他们解决问题的方法和本书要讨论的有所不同[74]。

前面说过,由于产生创意的实践性和随机性特征,人与人在产生创意上的能力是不同的,计算机和人在这方面的差异或许更大。不过这里的人是作为个体或者是少数人构成的设计团队存在的,知识是在个人或者设计团队的范围中取得、处理、积累和运用的。假设如果存在一种情况,在世界上有大量的、组织得很好的知识服务单元,这些服务单元在细分和专业化的前提下,对自己拥有的已有知识进行了专业化的处理,对自己细分和专业化领域的知识资源有充分的积累和高效运行能力,能够提供知识条甚至是碎片粒度知识的服务。而这些服务由互联网连接,知识能够不受地理限制迅速从一处流动到另一处,如同在一个人的大脑里一样。这时产生创意所需要的实践就由所有这些知识服务单元里的人的实践的总和以服务方式提供;无可比拟的实践的量所产生的统计效果,随机性也就大大降低。如果能够设计一个计算机程序,模拟人脑运用自己已有知识产生创意的行为,运用这样一个由大量的、良好组织的、由互联网连接的知识服务的环境,也就是所谓的用分布式资源环境来产生创意,那么由实践性和随机性导致的计算机与人脑相比的弱势就可能大大减小。分布式资源环境所能够提供的知识资源,大大超过个人、团队包括大企业所能够拥有的知识资源,计算机运算速度的优势则因而可以在更大程度上提高。已有知识水池中水的量和范围的问题,就在一个更高的层次上解决了。当然,这仅仅是一种追求的目标,由于此前讨论的种种原因,包括服务提供方和消费方之间交易的非技术方面原因,不能完全代替人产生创意。

已有知识不仅总和要大,范围要广,而且还需要在思考时便于使用。这就是知识处理的问题。创意是知识在头脑里分解、比较、拼接、重组、判断后的产物,都是在知识条和较小的知识集的规模上进行的。如前所述,最简单的形象表达,例如,知识条规模上的形象最适合直觉和灵感的产生。思考时如果拿到的是一个大的知识集,要到这个知识集当中去寻找是否有可用的知识条,那就很费时间,而且不利于启发产生创意。例如 2.1.1 节提到的那本书,全书正文 617 页,如果人们想去找几条可供参考的知识条,不将书从头到尾看上几遍,也不可能找到。这就是说,为了便于创意的形成,设计知识需要经过处理。

已有设计知识的处理,不仅仅是一个技术问题,更重要的是它具有产权问题,具有拥有者和经营者、使用者分离等这样一些社会性质的问题。如果不顾知识的社会性特征,将处理工作扔给计算机,不管发明什么高明的算法,也不可能支持设计创意的产生。这个问题也将在第 9 章中专门讨论,这里只做一个概述。

还有一个显然十分重要的问题需要研究。这里讲的是知识,而且讲的是设计知识,没有特别强调信息。本书提到的信息,都不是香农(Shannon)意义上对信息的理解。从一般意义上,如果说现在是知识爆炸时代,更准确地不如说是信息爆炸时代。网络技术提供了信息传播的极度方便、几乎没有约束的流动,任何人都可以随意制造一个信息通过手机发到网上,还有电视、广播、纸质媒体、口头传播等,得到信息的人又可以将它复制和无限制的通过上述途径散布。设计知识不完整性定律告诉我们一个事实,那就是任何一条知识,都不是一个问题的绝对完整的答案。但是,作为一条知识,它都必须有其经过评价认可的在一定应用范围里、一定程度上的完整度和可信度,如果要提供设计知识服务,必须有一个有资质的单位为这条知识的完整度和可信度负责。对于设计知识,这一点尤为重要。而在网络上传播的信息则没有这个限制,如果要依靠个人头脑来评价,在这信息爆炸时代,人脑是无能为力的。一是人脑中的判断模型工作速度太慢,对付不了这些铺天盖地而来的信息;二是个人头脑也不具备评价所有这些信息的充分条件,即新知识获取资源,这在第 6 章将会详细讨论。

未经处理成为知识的信息是不能够成为设计依据的,这个道理很简单,含有伪知识或者错误知识的信息进入设计,其结果不仅会使设计劳而无功,而且还会导致严重后果。像前面说过的"中央空调不用电,一年可以节省十个亿",或者"一天最低一度电"之类的信息,如果以之为基础进行设计,就会犯很大的错误。有人说,信息多了,等于没有信息。这句话很有哲理。所以,信息高速公路这样无约束的发展,带来管理上很大的问题,对于设计所依赖的知识,更是怎么说也不过分的严重问题。人们现在已经不能脱离手机生活,但是整天低着头看手机将是一种怎么样的生活?信息只告诉人们虚拟的东西,而生活需要的是实际行动。看着菜单不等于嘴里已经吃到想吃的食品。有了导航图不等于你已经到了那里,你还得驾车或者搭乘飞机过去。车子在路上还可能出车祸,飞机也可能失事,这些信息没有人会提前给你。一个人为其有目的活动进行设计时,是不能仅仅看着手机进行的。但是却有不少人就是这样设计他的活动,这种错误造成他个人和社会的问题已经太多了。人与人的关系是多方面的,需要通过多种途径建立相互了解。我们常常说,了解了才能够理解,理解了才能够谅解。在社会交往中,在不了解以致不理解的情况中,就会做出错误的设计并付诸实施,甚至破坏社会的和谐和触犯法律而犯罪。设计是以已有知识为基础,未经证实其可信程度的信息不能成为个人有目的活动设计的基础。当个人没有能力来处理这些信息使之变成知识时,要慎重对待,不要轻易根据未经证实其完整程度和可信程度,也就是还不成其为知识的信息,来设计自己的活动。这是社会发展产生的新的命题,也是教育的新命题,要求能够从小就培养人对设计科学基本原理的认识,要依据知识而不是依据信息来设计自己的活动。

收集信息并将其变成知识,是一件非常复杂而专业的工作,可以说所有的科学家和研究人员整天都在做这项工作。他们采集可能得到的信息,进行评价,辨别真伪,综合相关的信息并使它们成为知识,然后将知识写成报告、文章和书籍,即知识集,有偿或者无偿地与社会共享。如前所说,辞海或者百科全书里词条的编者,大多是与这个词条相关领域的顶级学者,因为这种处理需要非常专业的素质,不是计算机所能够胜任的。没有听说让计算机编纂百科全书的,即使是维基百科,也是在网上征集人类作者对词条的修改和补充,而不是将它们交给计算机去修改和补充。

设计知识处理包括三方面的工作:一是将知识集分解为知识条;二是对知识条的完整度和可信度给出评价,过滤掉那些伪知识;三是将知识条根据设计的需要组织成知识簇或者采用其他分类方法以便于服务的消费方搜索。

先讲将知识集分解为知识条。在分解之前,当然先要取得知识集,这就涉及知识产权问题。辞海也好,手册也好,百科全书也好,维基百科也好,百度百科也好,它们用到的知识都是公开发表的,也就是说不需要付费,只要不怕花时间,在公开出版的书籍里都可以找到。而真正对设计竞争力有价值的是那些不公开的资料。合理的解决办法只能是由拥有资料的个人、团队或者公司在他们认为合理的条件下提供这些知识集。研究表明,如果能够使处理和提供结合在一起成为一种服务,将是比较可行的办法。他们一方面将知识集处理成知识条,知识集是他们编纂出来的,他们具有无可非议的处理的专业资质。另一方面,他们通过服务将使用知识的权利变成服务回报的组成部分,将知识产权转化为利益。这比放在知识库里面让它随时间老化好。如果能够形成一个庞大的细分和专业化的设计知识服务单元群，也就是组织一个分布式的资源环境，那么由各个服务单元积累和处理其服务范围里的知识，专业资质和知识权益问题就可以一并得到完善的解决。当然并不排除在服务单元内部处理时使用人工智能（artificial intelligence，AI）或者知识工程（knowledge based engineering，KBE）的各种运算技术，但是不要忘记，服务单元的核心是有资质的人。

对知识条的完整度和可信度给出评价，过滤掉那些伪知识是很重要但是也是很艰难的工作。在信息爆炸时代，专业化分工处理是一个合理的解决办法。那些危害社会发展的伪造信息或者有害信息，由政府的公共安全部门处理；那些以不法获取利益为目的、明显不符事实的商业宣传，由政府的工商管理部门、公共卫生部门联合宣传部门处理。还有许多更为专业的信息，往往是设计竞争重要的知识来源，只能由细分和专业化的设计知识服务单元处理。各个设计知识服务单元各自处理自己服务范围内的信息，辨别其真伪，评价其完整度和可信度，将它们处理成自己的知识积累。既有处理的资质，又有处理的动力，因为积累的知识越丰富，包括向消费方提供知识时同时能够提供其完整度和可信度评价的服务，服务的质量可以更高。作为一个服务单元，其服务的竞争力可以更强。这是第5 章中讨论的三重保障中的第一重保障。

将具有相同特征的知识条组织成知识簇或者采用其他分类方法以便于消费方搜索也是很重要的工作。辞海、手册、百科全书等通常是将词条按照一种独立于应用的方法排序，例如，按照关键词的部首、笔画、拼音字母等排序，这在查找某一个词条时没有问题，但是如果想在所有具有相同特征或者应用的词条之间进行比较和选择，就不方便，而这正是产生创意非常重要的环境。从下面一个按照相同输入或者输出来组织功能单元知识簇的例子，可以看到这对设计中寻找功能知识和进行功能知识集成带来很大方便，更有利于人脑在搜索、比较、拼接和重组中产生直觉和灵感。

设计知识处理是十分专业的工作，对于知识的高效运用非常重要。而且这是一件需要不间断进行和局部量虽然不大但是总体量几乎是无限的工作。为此专门设立一个机构无论在资金投入上和在可持续性上都是不可想象的，本书第 9 章中会深入讨论这个问题。如果主要依靠由互联网连接起来的、细分和专业化的设计知识服务单元而不是主要由设计师或者设计团队在设计进行中自己来做这个工作，将会给设计竞争带来巨大的优势。

此前讨论过在产生创意上人与计算机各自的长处和短处，但是如果能够组织好在互联网上的知识服务，可以设法让计算机的长处更多地帮助人避免人的短处。让计算机更多帮助人产生创意。可以利用其强大的运算能力通过知识在互联网上高速流动，在分布式资源环境中搜索、比较、拼接和重组那些已经处理好的知识片段，生成能够启发人的直觉和灵感的结果。所谓处理好的知识，首先是对人而言，人认为已经处理得可以用于产生创意，才能够以之去教育计算机，让计算机根据人的思维方式帮助人产生创意。因此，原始的知识处理工作，还是需要以人为核心来做，所以由互联网连接的知识服务单元，不能看成连接的是一台一台的计算机，而是以有资质的人为核心的一个一个的服务，是人将知识处理好,放到可以访问的介质里,让计算机通过运算帮助人产生创意。

举一个在第7章中还要详细讨论的例子来结束这一节。如图 3.11 所示,这个例子既可以用于模拟已有知识在产生创意中的作用,也可以用于模拟以已有知识构建设想的过程,还可以从中体会已有知识处理的重要性和应该如何处理。图中的各个方框,可以看成是知识条或者较小的知识集,不过它也可能代表一个实际存在的事、物,即上述知识条或者知识集的物化。在物质产品设计中,它可能是知识服务提供方提供的零部件产品,或者虽然现在没有产品但是服务提供方能够提供其设计。在精神产品和社会产品设计中,它则可能是一个服务,向消费方提供所需要的事、物或者设计。

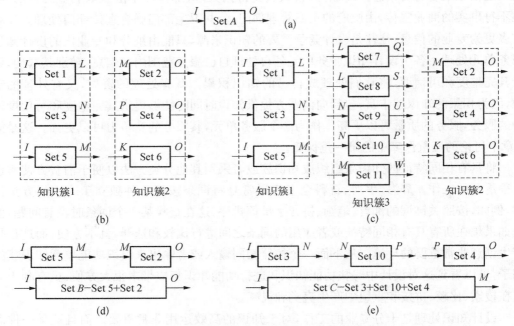

图 3.11 功能知识搜索、拼接和重组过程示意

所举的例子是要满足一个功能需求,也就是要设计能够实现这个功能的事、物。当不存在这样的事、物时,就要搜索一些更小的事、物,能够由它们拼接和重组出实现这个功能的事、物,这些更小事、物具有自己的功能,即子功能。图 3.11 表明当要产生实现某一个功能的创意时,如何找到能够拼接和重组出该功能的那些子功能的粗略模型,实际上人脑的工作要比这复杂得多。该模型说的是:当需要实现一个具有图 3.11(a)所示功能的事、物时,其功能由输入 I、输出 O 表达。从功能的角度看,这个事、物是一个功能单元,也是一个功能知识集,表示为 Set A。因为找不到或者不存在这样的功能单元,不得不由搜索可能有用的知识片段,通过比较、拼接和重组来实现上述功能。所谓知识片段就意味着是一些更小功能单元的知识。先找到一组具有相同输入 I 但是不同输出的功能单元,形成知识簇 1 和另一组具有相同输出 O 但是不同输入的功能单元,形成知识簇 2[图 3.11(b)]。通过逐一比较这两个知识簇里面功能单元的输入和输出,看它们中不同输出和不

同输入之间是否有匹配的可能。如果匹配成功,例如找到知识簇 1 中的 Set 5 和知识簇 2 中的 Set 2 组合成为功能知识集 Set B[图 3.11(d)],具有 Set A 将输入 I 转变为输出 O 的期望的功能,产生了解决问题的一个想象。如果匹配不成功,还可以分别由知识簇 1 中不同的输出再找一个知识簇 3[图 3.11(c)],知识簇 3 的单元都是根据具有与知识簇 1 中各单元输出相同的输入寻找的。通过逐一比较知识簇 3 中功能单元的输出和知识簇 2 中各功能单元的输入,找到组合的功能知识集 Set C[图 3.11(e)],具有期望的 Set A 的将输入 I 转变为输出 O 的功能。

　　如果在互联网上有足够多的、组织良好的能够提供各种功能知识集的知识服务,如果允许功能知识集里可以有更多关于功能单元的知识,那么原则上讲,总可以通过这样的搜索、比较、拼接和重组来实现所需要的功能,而这样的工作,则可以由计算机帮助人做。在找到满足功能需求的功能知识集以后,构成这个知识集的各个功能单元其他方面的知识细节,可以由提供该功能单元的知识服务提供方进一步提供,从而最终完成满足功能需求的事、物的设计。

第4章 设计中的评价与新知识获取

4.1 评价与新知识获取

第3章中已经讨论过设计中的产生创意和构建整个解决方案的设想。创意是以已有知识为基础,由人的直觉和灵感将已有知识片段拼接和重组形成设计进程中关键难题答案的想象。设想是以创意为中心构建的一个设计任务的整个解决方案,由于还没有通过评价认可,只能称为设想。设想虽然是主观产物,但是既然已经构建出来,就是一个客观存在。主观产物是否能够为客观所接受? 如果按照设想规划的面貌、路径实施,最终得到的结果是否能够满足需求,是否能够满足约束条件,路径是否能够畅通无阻? 设想既然是一个客观存在,回答上述问题就是探索已经存在客观事、物的行为规律,所以后继的评价就是一个科学活动,要用科学方法来解决。评价除掉给出可行或者不可行的理由和结论以外,还包括选择出最优或者较优的方案。一般在构建设想时,都会做出若干方案备选,评价中获取到的信息和结论就是选、弃的依据,也就是新知识。不过由于事、物的复杂性和环境的不确定性,面对不同方案有不同的优缺点时,可以保留几个方案留待实施以后观察其在后续(包括后续进程和用户使用的整个后设计阶段)竞争中的表现再做决定。设计师根据自己的直觉和灵感,主观地从中做出选择,也是经常有的情况。当需要等待观察其在竞争中的表现时,就是等待后设计知识获取,当需要由主观做出决定时,设计和科学之间的差异就显示出来。这些都是设计知识不完整性定律存在的表现。决策是评价认可的最后步骤,也是设计的完成。

对设想进行评价,是一个新知识的获取过程。为什么说评价得到的知识是新知识? 因为它是科学探索所得到的一个前所未有客观存在行为规律的知识。当采用此前未曾用过的知识,期望满足现在还不能满足的需求,构建出来的设想自然是前所未有的。因为是前所未有,其行为规律此前没有人知道。对于这一点的认识,常常不得不反复解释,因为多数设计师认为设计只与已有知识相关,他们心目中的新知识则是从别人那里取得的他们原来不知道的已有知识。他们关心的是: 是不是有什么先进的知识没有被采纳到他们的设想方案中? 想不到自己在设计的每一个进程中,都在获取新知识和必须获取新知识。他们不理解设计本身是在规划一个尚不存在的事、物,因而必须努力去获取关于所做规划是否能够成功的新知识,这些知识此前是不知道的。在还没有明白的情况下,他们既不在自己责任范围中认真组织新知识获取工作,也不重视如何处理获取到的新知识和考虑今后如何运用。虽然,设计知识不完整性定律揭示了人们对于所设计对象的认识总是不完整的事实,但是从设计是否能够被客观接受考虑,设计师需要想方设法在最大程度上知道设计所得到的知识集的完整性和可信性。通过每一个新知识的获取过程,设计师对所设计事、物的知识,也就更为完整,更为可信。当设计分为若干进程时,设计师需要在每一个进程上都对当前所做的规划进行评价认可,以免将错误带到下一个进程。也就是说,要步步为营,这就是设计以新知识获取为中心定律所阐述的。在竞争性设计中,这一点当然非常明显。即使继承性设计中,评价认可或者新知识获取也不能忽视,因为多少总会存在一些变化了的因素,包括要适应新的环境、成本、竞争、服务条件和各种变化了的约束条件。

对于物质产品的设计,一方面因为物质产品生产作为人类生存的必要条件、社会发展的基础和动力,包括战争需求的推动,一直受到最大程度关注。特别是在长期的规模竞争中,任何设计差错都会造成巨大损失,对设计的精准、快速和低成本提出了极高要求。另一方面物质产品生产是物质演变的过程,受自然科学规律支配,而自然科学的高度发展,为设计的评价提供了充分的理论和技术支持。所以物质产品设计的评价认可一直是设计过程中十分重视的内容,与精神产品和社会产品设计的评价相比,也比较完善。不过,将评价与设计新知识获取联系在一起的研究,还没有得到很多共识。

精神产品设计的评价比较复杂。精神需求可以是个人的、群体的和社会的。一个人可以喜欢其他人都不喜欢的事、物,他有实施自己喜欢的设计而自娱自乐的自由,只要不妨碍他人。一般讲,虽然文化可以传播和相互渗透,不过不同群体的精神需求往往仍旧存在很多差异,它与群体的地域、民族、历史、文化、年龄、性别、教育程度、职业、经济状态等有关。不同群体构成了能够满足他们精神需求产品的细分市场,可以设计相应的精神产品来满足这些不同的需求。问题是市场的大小,消费能力的高低,并不一定都有是非好坏之分。这就是所谓的仁者见仁,智者见智。不过个人或者群体精神需求的满足,不能影响社会整体对共同美好生活的追求。精神受到激励以后会反映到个人或者群体的行为上,这些行为应该有利于而不能妨碍他人或者社会。一个明显的例子:宗教产品不能宣传极端思想,不能鼓励恐怖活动。但是也有许多不是很容易看出社会效果的产品,例如,曾经在第 3 章中说过的小品《卖拐》。表面上看,这仅仅是一个笑话,实质是宣扬了那些靠欺骗成功,诚信吃亏的不良社会现象,而诚信缺失正是社会不稳定的重要的根源。由于其效果往往不是马上就能够显现,而且缺乏评价的科学理论和方法,所以就会有各种不同的关于精神产品评价观点的争论。社会的正常运作和发展,需要每一个成员、群体和社会之间保持正确的关系,是靠社会成员向社会贡献的积累,包括精神上的贡献。如果成员只想满足个人的需求,只想索取而不想贡献,特别是只想追求个人精神上的刺激,不顾别人精神上受到的伤害,那么社会秩序就会混乱。所以那些宣扬腐朽价值观、不顾公共道德、极端放纵的精神产品,虽然可以使部分人精神得到一时的刺激满足,如同赌博或者吸食毒品,却是社会健康发展所不能允许的。

社会产品的情况更加复杂。社会科学发展不够完善和由利益带来的偏见,社会结构的复杂性和效果显现的滞后性使得设计实施效果的可观性很差,使得评价一种社会产品设想是否可行有时非常困难。马克思说过:"如果有100%的利润,资本家们会铤而走险;如果有200%的利润,资本家们会藐视法律;如果有300%的利润,那么资本家们便会践踏世间的一切!"社会需求信息的采集和处理过去十分困难,现在大量社会活动通过网络进行,提供了依靠信息技术(information technique, IT)可以获得许多方面个人和群体活动的信息,因而大数据理论和技术逐渐成为前所未有的获取社会活动新知识和进行评价的手段。不过,由于隐私保护和网上活动终究还只是人类社会活动的一部分,以及被所有人接受的评价准则的缺失,现在还不能给予过高期望。更加遗憾的是,从事社会产品设计的一些人,并不研究设计的基本、共同规律,并不了解创意还不是整个方案的设想,而没有经过评价认可的设想也不是可以实施的设计。他们根据看到的一点现象,拍脑袋产生一个创意,不认真构建整个方案的设想,特别是不知道要做或者根本不愿意做任何的客观评价,就将想象当成真理,将创意作为设计而付诸实施,结果当然造成社会倒退,造成巨大的社会损失。众所周知,"文化大革命"的爆发就是一个例子。最近一个明显的例子是股票市场的熔断机制,这个机制是从国外批发来的。所谓熔断机制就是当股指涨、跌超过某个限度时就停止交易,设计这样政策的主要目的是给市场一个冷静期,让投资者充分消化市场信息,防止市场或某一个股票产品非理性的大幅波动,防止市场大幅下跌甚至发生股灾,以维护市场稳定。机制规定股指涨、跌达到5%时停市15分钟,达到7%时收市至下一日开市。国外实行熔断机制后,几十年间总共熔断也只有一、二次。我国2016年1月1日开始实行这个机制(注意这时正值假期停市),1月4日开市,下午就因为下跌达到5%熔断,按照规定15分钟后恢复交易,6分钟后又下跌达到7%而收市。振荡2天以后,1月7日上午开市,下跌达到5%熔断,恢复交易3分钟后又因为超过7%而收市。4天里沪指从3600点下跌到3100点,下跌超过15%,引起整个金融界混乱。事实表明,熔断机制对中国的股市,不仅没有起稳定作用,反而诱发了极度恐慌情绪。1月8日,证券监督管理委员会不得不同意暂停实施这一机制。这样一个影响全国宏观经济的重要政策——社会产品,从实行至停止不到一周时间,其设计没有经过充分、科学的评价,没有认真地去获取新知识而发生这样的问题,是显而易见的。

所以,不管是物质产品、精神产品或者社会产品,当构建设想完成后,通过评价认可,获取必要的新知识是设计交付实施前所不可或缺的组成部分。没有通过评价认可的设计,是一个没有完成的设计。

4.2 评价中的系统模型

4.2.1 实施路径评价模型

系统建模是评价中非常重要的手段,这也是设计要在系统模型上进行的原因。一方面在系统模型上评价可以使设计师在错综复杂的事、物中比较容易将各方面相互关系按照严格的定义和逻辑关系梳理清楚；另一方面也有利于为这些关系建立数字模型和物理模型，在计算机上进行分析，在试验台架上进行测试和做社会调查。实际世界有许多不确定性，设计的评价和新知识获取则必须是确定的，只有认识确定的规律以后，才能够进一步对不确定性有所认识。

　　所谓设计是为实施规划结果和路径，其结果的一个重要方面就是对系统结构的描述，这个结构在与环境的相互作用下其行为要能够满足需求和约束条件。所谓实施是一组系统（称为被实施系统）受到另一组系统（称为实施系统）作用而产生的结构演变的过程，路径就是形成最终系统结构要采取的措施序列，就是对这种作用过程的描述。在物质产品生产中，实施通常被称为加工，所谓被实施系统就是工件，实施系统就是加工系统。在一些情况下，特别是在社会产品设计的实施中，在达到最终系统结构前，被实施系统与实施系统往往会变换自己的位置。例如，中央政府制定了一个政策，要让省、市级政府接受，前者是实施者，后者是被实施者；然后省、市级政府又要让基层政府接受，省、市级政府就变成了实施者；当基层政府让老百姓接受这个政策时，基层政府又从被实施者变成了实施者。

　　图 4.1 是物质产品实施过程的一个示意图。图中有一组被实施系统，即系统 1～系统 3，同时有一组实施系统，即系统 A～系统 I。当被实施系统在实施过程中分别或者联合受到实施系统目的输出的作用，改变自己的结构，从分别是系统 1、系统 2、系统 3 的结构逐步演变为系统 11，系统 11 在允许存在一定偏差的条件下具有符合设计所规划的结构。所谓规划路径就是：确定使用系统 A～系统 I 使得选定的系统 1～系统 3 逐步演变成为系统 11 的作用序列。实施系统是与实施相关的手段，对于物质产品而言就是加工设备和操作人员。

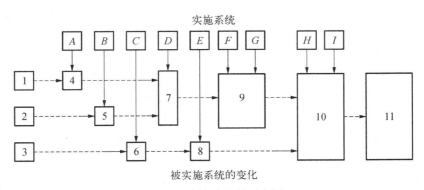

图 4.1　实施路径的示意图

　　从系统的角度看，评价是考察按照设想规划的路径实施是否能够从系统 1～系统 3 得到设计所规划的系统 11 和在实施过程中各种非目的输入、输出导致结构的偏差是否可能超出允许范围，以及实施过程是否违反约束条件。例如，排放物是否污染环境；治疗某一种疾病的某药是否过度伤及健康的机体；打击恐怖分子的手段是否会伤及平民等。规划结果和规划路径要有先后,设计过程中往往需要预先在理想结构的情况下评价其结构,即只能粗略估计是否有实施的可能而不考虑实施过程中结构产生的偏差以及其他问题,如果理想结构已经被认定不能满足要求,就要修改设计。只有理想结构通过评价被认可以后,才能深入考虑实施路径、实施过程可能导致结构偏差的影响以及实施过程对环境的影响等。此时,如果发现问题往往先考虑改变路径而不是结构。

4.2.2 方案设想评价模型

在对方案的设想进行评价时,因为还没有实施,还不存在要评价的事、物实体,只能用系统模型作为替代物来做评价,设计是在模型上进行的,模型也是一个客观存在。不在实际系统只在模型上评价,还有一些原因:一是在设计的各个进程中,当时整个系统的设计还没有完成,只能对已经在相关进程中获得的设想的子部分进行评价,以减少将错误带入下一个进程的机会;二是在设计中,往往需要专门观察结构的某些行为而不希望有其他行为的干扰,模型比实物更容易通过适当的控制达到这个要求;三是在模型上进行评价与专门做出实际系统评价相比,由于模型能够根据需要简化,可以节省时间和成本,对于许多复杂、庞大的系统,在实物上做评价往往非常困难甚至不可能;更重要的是设计是虚拟的,虚拟的设计可以利用数字技术评价,比在实际系统上评价有更大的自由度。

总的说来,实际事、物本身所面对的环境有很大不确定性,而设计不可能在不确定的条件下进行,评价也不可能在不确定的条件下给出结论。不过在对设计进行评价认可的后期,也经常通过有限"试实施"得到少量事、物的实体,对这些少量特定的整个系统进行评价,面对尽可能接近实际的不确定性,考察设计是否正确;同时也是考察实施路径最后阶段是否存在问题,此前对系统结构的子部分或者路径子部分的考察是不可能发现这些问题的。在物质产品设计中这种评价称为样机试验,目的是希望得到更完整和更可信的评价。如图 4.2 所示的磁悬浮转子膨胀机(实物),在设计前期通过仿真对各子进程进行评价认可以后,因为其结构复杂,最后又做了如图 4.3 所示的可装配性(在仿真的数字模型上的)评价。当然,只有以实际零部件进行实际试装配以后,并实现满足需求和约束条件的正常工作,才能够最终认可设计和付诸生产。第 1 章讨论过的空中客车公司 A380 客机飞行试验的例子,就属于这种试验。为了适航取证,必须是实际产品经过一定时间在各种规定情况下的实际飞行不发生问题,设计才能够通过评价得到认可。当然设计知识不完整性定律告诉人们,有限的样机试验甚至有限的实际使用案例也不能认为可以得到绝对完整的知识,如第 2 章举过的防止暴恐份子进入客机驾驶舱舱门设计的例子,该设计却成为人们无法阻止舱内驾驶员犯罪的根源。而许多农业机械的田间试验,因为不可能遍历所有的天气条件和作物条件,在有限天气条件和作物条件下得到的田间试验评价认可并不能完全保证产品在任何天气情况下的性能可靠。评价受设计成本和交货期的限制也是不得不考虑的问题。

图 4.2　磁悬浮转子膨胀机　　　　图 4.3　膨胀机的可装配性设计评价(后附彩图)

评价中使用的系统模型有另外一种说法,叫作仿真。如果以事、物的数字化表达和物理实体来区分模型,可以分为数字模型和物理模型两大类。在这里的物理不是指物理学意义上的物理,而是对事、物本身的广义理解。

如在第 2 章中所讨论的,数字仿真有时就称为仿真。仿真是通过对实际事、物的数字化表达,模仿设计所规划事、物的结构,考察其在所规划的环境下可能发生的行为,这种考察可以通过有针对性开发的模型软件在计算机上进行。只要有模型,包括物理现象、心理现象和社会现象的数字模型,仿真可以用于所有物质产品、精神产品和社会产品。随着已有知识的爆炸式增长,模型越来越复杂,仿真的软件也越来越庞大,越来越昂贵。仅仅有软件还不行,还需要运行软件的环境,包括处理器、存储器和机房等,以及在第 8 章和第 9 章中要讨论的与相关知识服务单元在互联网上实现知识流动的设施,当然更重要的是有使用这些软、硬件设施资质的人。现在风行一时的数字化设计,其核心并不是由计算机产生创意,大多数是用这些仿真软件的计算结果来评价设计,从给定的结构在给定环境中的行为来评价设想所规划的结果是否满足需求和约束条件,从给定的实施系统和被实施系统相互作用的结果以及对环境的影响来评价设想规划的路径。

物理仿真与数字仿真不同,是对设想规划的面貌进行试实施,产生近似于事、物本身或者本身一个部分的物理模型,在近似于实际系统环境的模型中对设想进行评价,简称为试验。"物理"二字在这里表示所观察的模型不是数字的而是实际的事、物,可以用于物质产品、精神产品和社会产品设计的评价。试验是当还不具有仿真模型或者仿真评价结果不能被充分认可时需要采用的。有许多情况,虽然仿真给出了评价,由于数字模型不能包含所有必要的已有知识,还需要通过试验来做补充的评价。

随着数字技术的发展和计算机运算能力的提高,数字仿真有了快速发展。在计算机上计算要比做物理试验或者社会试验快捷和便易。数字仿真通常是设计评价的首选。不过虽然数字模型要比物理模型容易构建,然而仍旧有许多物理现象或者社会现象由于已有知识积累不够,还找不到成熟的或者难以构建可信的数字模型。在许多情况下,仍旧不得不进行试验,即物理仿真。比较合理的方法是实行混合仿真,在有数字模型的时候就用仿真,而没有可以信赖的数字模型的时候就通过试实施做出物理模型进行试验取得知识,并将知识输入到数字模型中去进行仿真。第 8 章中将详细讨论这个问题。

社会产品由于涉及不同群体的利益而更为复杂,即使在很小的局部社会问题上,要得到一致认识也不是很容易,需要很长的时间。如果想进行整个社会结构变化的实验,几乎是不可能。20 世纪,在为实现共产主义斗争中,无数人失去了生命,共产主义尚未实现,而资本主义存在的问题也没有解决。世界贫富差别越来越大。

小规模的社会产品试验评价,是指在实际社会中构造一个模型系统做实验。类似于物质产品的物理模型,在社会中组织一个有代表性的小规模群体来观察某社会产品的设想实施以后的反应。例如,2013 年政府决定在上海设立中国(上海)自由贸易试验区作为试点,对于各种相关政策的设计进行试实施,取得知识后再逐步向其他地方推广,就是一个社会产品的物理模型试验。涉及大众利益的水、电、天然气等价格变化,召开包括各个阶层代表的听证会,是一种不需做试实施而仅仅在样本上取得意愿信息的试验评价,又称为社会调查。虽然仿真在涉及较大规模甚至很大规模社会问题的社会产品设计上做评价,比用试验做评价要容易得多,然而如果缺少试验旁证,其在完整度和可信度上也不可避免存在问题。而涉及的问题规模越大,一旦发生失误,损失也就越是严重。

精神产品的评价亦具有不确定性。对于人的精神系统的研究较之对于人的生理系统的研究更不成熟。目前还没有看到能够普遍应用的精神产品的评价方法。广泛采用的方法是由相关领域人士主观感受的统计产生结论,也就是说各种类似于投票的方法,根据受众对某精神产品点击量统计的"算法",也可以归入这一类方法。这些都不能认为是严格的基于系统模型的评价方法。精神仿真和精神试验大多数还是心理学和医学探讨客观规律时使用的手段。

模型是已有知识的集合,是在已有知识基础上产生的。随着已有知识积累的增加,也就是在新的条件下解决新问题的新知识进入已有知识,模型也需要不断改进。不过,虽然人们尽可能想把模型做得和实际系统一样,但是任何为创新而进行的设计由于采用了此前未曾用过的知识,要满足现在不能满足的需求,同时将面对新的环境、新的约束条件和新的竞争,因此实施以后会发生什么问题,是基于当前已有知识的模型评价所不能完全回答的。所以,设计完成以后在实施阶段甚至系统投入运行以后,还需要对系统运行中的表现做后续观察,这就是后设计知识获取(图 2.3)。后设计知识获取有时已经不能改变或者完全改变设计中存在问题所造成的后果,但是对于下一代产品的设计会有很大助益。后设计知识获取需要在系统设计时预先嵌入采集运行中系统和环境各种变化数据的传感子系统,这是系统设计所必须考虑的一个附加子需求,而这个子需求往往被设计师所忽视。

从以上讨论可以看到,不论是用数字仿真或者物理仿真来评价设计,都要面对如何用确定性的系统模型代替不确定的实际事、物,也就是从不确定的实际中抽象出确定。如第3 章中所讨论的种种原因,这个任务只能由有资质的人来完成,任何计算机都不能胜任这样的任务。所以在对一个设计进行评价也就是新知识获取时,有资质的人是第一重要因素。

与其他仿真或者试验所需要的硬、软件一起,还有一个重要的因素,那就是评价的参照物或者准则。为什么说这样的结果就可以认可,而那样的结果就不能认可? 这些也只能是依赖已有知识积累或者经验,以标准、规范、制度和法律的形式存在。虽然人是第一要素,即使经过相关教育具有从事某个领域设计评价的资质,如果对于某特定产品设计评价的知识积累不足,也不可能胜任工作。设计知识不完整性定律说的是,人对实际事、物的认识与实际事、物本身相比,总是有差距的。特别是这些认识都是基于已有知识,而设计则是规划尚不存在的事、物。如果对评价的参照物或者准则把握过严,设计的设想就很难通过,设计的成本和时间就会大幅度增加,失去参与竞争的机会或者竞争失败;如果把握过宽,又会由于设计所规划的结构和路径存在较大误差而在现实环境中不能实施,不能满足需求或者约束条件而在实施中、市场上或者社会上被淘汰。不合理地处理参照物或者准则甚至会扼杀有竞争力的创意。对于不同事、物和满足不同需求的设计,对宽、严的掌握,需要细分和专业化。合理把握评价标准十分重要,把握与某个领域相关产品的评价参照物或者准则的知识积累通常是属于设计这类产品的一个团队,存储在团队的知识库里,作为团队成员有资质的人可以利用知识库里面的存储而不必个人拥有所有这些知识积累。

4.3　评价中的数字仿真

数字仿真在设计评价中用得很普遍。不仅在评价设想上,许多商品软件还被用在构建设想的阶段。这些软件都存储有丰富的相关专业领域的已有知识,设计师可以以创意为中心,利用这些软件中存储的和其他方面提供的已有知识构建系统结构的设想,特别是对于继承性设计。这样构建的设想,表现为一个知识集,在构建完成后,可以直接进入设计的评价认可阶段,软件包里具有多种行为的评价认可软件,可以有很高的效率。不过完全依赖仿真软件工具和一个软件公司所能够提供的知识来评价认可,已经逐渐不适应越来越占重要地位的创新竞争,特别是对于中小微企业,越是庞大的软件包,价格越是昂贵,不是中小微企业所能够接受的。这些问题将在第 5 和第 9 章中更进一步讨论。

4.3.1　商品仿真软件

目前物质产品设计仿真商品软件可以用于设计评价的大致可以分为三类。

第一类称为计算机辅助设计(computer aided design,CAD)软件,主要用于系统结构的几何仿真和运动仿真。几何仿真,具有显示造型的功能,在计算机屏幕上得到一个视觉上的系统结构形体模型。在设计中,它能够帮助设计师集成头脑里在空间上的创意和相关已有知识构建出形体布局上的设想。所谓运动仿真,就是让所构建的系统形体模型运动起来,通过目视对设想系统的结构布局是否合理,是否能够实现需要的动作,是否会发生几何上的干涉、运动时的干涉、操作中的干涉或者其他不能允许的几何上或者运动上的问题做出评价。这是对设想的最初评价。虽然几何干涉、运动干涉在仿真时可以由数字模型计算避免,不过设计最后还是需要通过人的目视来审查。人的感觉不仅仅要考察是否干涉,还包括寻找向什么方向解决干涉问题以及对视觉上的美感做出评价,终究产品是为人的使用而设计的。CAD 软件在屏幕上为设计师以及用户提供这种评价的可能。

第二类称为计算机辅助工程软件(computer aided engineering, CAE),这是一类物理过程仿真的软件。物质产品要满足需求,不仅要有所需要的形体、所需要的动作,往往还需要满足一系列其他物理特性要求,如重量、强度、刚度、振动、稳定性、疲劳、老化、摩擦、磨损、腐蚀、温度、热传导、辐射,等等,这些都对系统的行为具有影响。系统行为不等同于系统的动作,系统行为包含系统各方面的变化,其内容大大超过动作所包含的内容。当设想规划的结构已经存在,CAE 软件能够仿真在一种或者几种物理作用下结构一部分或者整体的行为。例如,疲劳是在力场作用下的行为,膨胀是在温度场作用下的行为,感应是在电磁场作用下的行为,荧光是在辐射场作用下的行为,等等。当已经由 CAD 软件产生了系统结构模型时,CAE 软件就能够给出很直观的系统行为的计算结果,构成评价依据的一个组成部分。

随着有限元技术的发展,系统结构建模从几何上已经可以达到十分精细的程度,但是要完全如实仿真实际系统结构行为,还有许多困难。其中,例如,物质产品结构材料的物理性质知识就是必不可少的,对于不均匀性质材料、两个物体接触界面上的材料和疵病附近材料的物理性质就很不容易确定。特别是材料的物理性质往往与它历史上遇到过的事件有关,目前的 CAE 仿真软件还只能将它们作为静态的已知参数从外界获取然后输入。另外边界条件的确定也很复杂,如受力构件在边界上的约束条件、界面上的热传导系数、接触面上的摩擦力等,这些同样只能做一定的简化,而简化的假设又只能依靠已有知识,

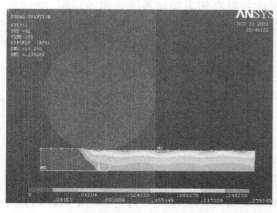

图 4.4 用 ANSYS 分析轮轨接触应力(后附彩图)

即经验的积累。如果没有这些数据的支持,那么就会如一些人所说的:"仿真、仿真,仿而不真。"图 4.4 给出采用有限元分析软件 ANSYS 分析火车轮、轨接触中铁轨中的应力分布的一个结果,试图由此探索短波长波浪形磨损产生的原因。铁轨在某些情况下发生短波长磨损是经过火车运行后得到的后设计知识,在后续产品设计中也希望能够从这个分析对设计进行评价,当时在使用这个商品软件时就遇到了不同节点上的摩擦系数不能根据需要设定

的问题以致模型与实际情况有比较大的距离[75]。不过即使经过二次开发解决了可以设定的问题,摩擦系数在各个节点上的取值也很难知道,软件开发商并没有在软件里给出这方面的已有知识。

第三类以使用方便为号召,为垄断竞争的需要,许多商业 CAD 软件企业通过并购和开发,将一些 CAE 和 CAM 的功能集成到自己的软件包里。CAM 是计算机辅助制造(computer aided manufacturing, CAM)软件。他们声称自己的软件包对于设计是全能的。例如,在 Creo™ Elements/Pro 软件包里就有做有限元分析的软件,又例如,CATIA软件号称是 CAD/CAM/CAE 的集成。但是这种设计仿真软件打包的竞争与产品设计创新竞争要依赖设计知识资源的分布式发展趋势不一致。一方面,需要和有能力应用这种具有复杂功能软件包的是将设计都垄断在自己手里的大型企业,但是这已经是过去的事。现在的发展方向是,大企业不仅是将加工外包,设计也外包。而承担系统局部设计的中小微企业,由于专业范围有限、购置和维护能力有限,既不需要这样复杂的功能又无力购置和维护由于集成如此多功能而极为昂贵的软件。另一方面,虽然这些软件商想让人相信他们的软件功能无所不包,但是设计知识是动态的,他们不可能如专门从事某一范围工作的人员那样及时获取到最新知识,也不可能如专业软件那样功能齐全。例如,Creo™Elements/Pro 的有限元分析功能是不是能与专业有限元分析软件如 ANSYS、NASTRAN 等软件的功能相提并论? 这个问题的答案,只要用一用软件就知道了。

随着虚拟现实(virtual reality, VR),增强现实(augmented reality, AR)和混合现实(mix reality, MR)技术的发展,设计中的仿真技术可以期望有面貌一新的变化。不过,设计中仿真的优劣取决于其数字模型中知识的拥有和运用,VR、AR、MR 技术要能够在设计仿真中发挥作用,其取得已有知识的能力必须与设计对已有知识的需求相适应。目前这些技术离要求还有相当距离,这些技术使得仿真的显示效果大幅度提高固然有助于设计师思考,然而模型中的知识及其对设计需求的适应性永远是问题的核心,这是由设计以已有知识为基础定律所决定的。VR、AR、MR 技术也许仍旧需要与分布式资源环境中的设计知识服务相结合,才有它们的用武之地。

如果将上面讨论的这些软件包称为通用软件,那么虽然规模巨大、价格昂贵却又不能无所不包的问题就诱发出一类针对某特定行业产品设计的专用仿真软件。例如,针对发动机设计的仿真软件,针对液化天然气船管道布置的仿真软件,针对电磁悬浮支承性能设计的仿真软件,等等。这类软件是将 CAD 软件和 CAE 软件取其对该特定产品相关的部分,加入与该产品相关的已有知识,如相关材料的物理和化学性质、边界条件处理等。特别是大量已经做好的子系统模型,使得通过拼接和重组构建较大系统的模型非常方便。因为有确定的使用领域,相关领域的已有知识积累就会比通用软件包更为丰富。

如 AVL 公司研发的 EXCITE 软件,就是一个专用于内燃机设计的软件包。这样的软件包对于专门在内燃机行业中做继承性设计的企业非常方便。仿真虽然有助于产生创意,不过主要还是用于构建设想,它们对于做继承性设计更有帮助。产生创意和构建设想是在各个设计进程的前端或者整个系统设计的前端,其结果是产生系统的子结构或者结构,而评价则是在设计进程的后端,是要分析所构建的结构在指定环境中的行为。当评价结果不好时则要返回前端修改设想的方案,构建和评价往往是在交替中进行的,构建设想和评价设想需要使用同一个模型。当设计是以传统方式在一个企业中进行时,就产生了这种能够支持一类产品设计全过程的软件包。然而即使是非常有经验的软件开发商,他们能够提供的已有知识也是有限的。因为已有知识是一个动态的集合,昨天是先进的,今天就可能是众所周知,明天也就有可能过时。另外,对于竞争性设计,因为采用了此前未曾用过的知识,希望满足现在不能满足的需求,所以在仿真时,如果没有相应的已有知识或者知识碎片,就不能精准地为这种设想的系统结构建模。必须清醒地认识到,模型是已有知识的集成,模型都是建立在已有知识基础之上的。当设计的知识资源向分布式方向发展时,这样的软件包也可能要从只依赖内部知识向从外界设计知识服务取得知识方向变化。图 4.5 是 EXCITE 软件包中关于发动机活塞系统仿真软件的一个操作界面,根据提示可以选择要评价也就是要仿真的行为。图 4.6 是用 EXCITE 对某已经在生产但是需要重新评价的发动机的其中一个行为仿真的结果:活塞裙部主推力侧(粗线)和副推力侧(细线)上受到 x 方向的力(N)随曲轴转角(°)的变化。由此与允许受力的准则比较,可以做出该发动机关于这个参数在发动机一个工作循环上的评价。

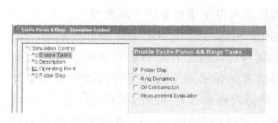

图 4.5　EXCITE 的一个操作界面

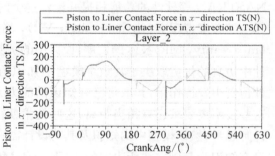

图 4.6　活塞受到的侧推力仿真结果

4.3.2　专业团队开发的仿真软件

上述这种专用软件包,虽然包含较为丰富的专业领域已有知识,使用也十分方便,不过用户一旦从软件开发商引进以后,这个软件的功能就固定了,除非开发商对软件进行升级。这种仿真软件,对于在一个行业中做固定产品继承性设计而不是需要借助跨专业领域知识做竞争性设计的应用更为合适。例如,上面讲到的活塞系统仿真软件,只适用于传统的滑动支承活塞,用户如果想做一个滚动支承活塞的设计,就无计可施。而对于创新竞争,要采用此前未曾用过的知识,这种限制往往会给使用者带来很大困难。

除掉这三类商品软件,一些在仿真对象相关领域有充分知识积累、细分和专业化的研究或者设计团队,往往走自己开发专用仿真软件的途径。这些软件可以是模块化结构,对于更改了的系统结构或者系统环境,可以通过开发和更换其中的模块解决。更重要的是已经开始走从分布式资源环境中的设计知识服务取得知识的途径而不追求仿真软件自身的知识无所不包,这样在为采用此前未曾用过的知识以满足现在不能满足的需求而构建新设想和进行评价时就十分方便,并能够以商品软件所不可能比拟的柔性向社会提供服务。这样的仿真在探求各种创意的可能上更显示其优越性,不必依靠频繁升级解决知识更新问题。在进行设计对象全生命周期性能评估,需要考虑结构的不可恢复变化并将这些变化引入仿真软件时,软件的柔性和运行时是否能够从外界得到知识十分重要。

图 4.7 是对一台已经投入市场的汽车发动机的后设计知识获取的结果[76],产生于一个研究单位在 20 世纪 90 年代开发而后又不断改进的关于发动机活塞环行为的专用仿真软件——环组软件包(Ring-Package)。活塞环的主要功能是密封,阻止气缸里的气体泄漏到外面,评价准则是漏气量。从活塞环全生命周期功能衰退考虑,磨损是一个影响结构不可恢复变化的主要因素,而其变化规律则需要通过专门的试验取得。这个结果只有在对实际使用的活塞环和缸套材料配对,在相同或者相近

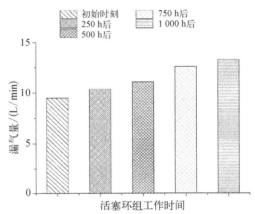

图 4.7　考虑磨损因素的活塞漏气量评价

环境条件下进行磨损试验后,才能够得到磨损规律的知识。需要先完成试验,得到磨损规律,计算出活塞环经过不同时间长度后不同部位的磨损量,并将磨损后活塞环的轮廓输入 Ring-Package,仿真才能够进行。这个单位同时也开发了一个发动机活塞-连杆-曲轴系统行为的仿真软件——内燃机全生命周期性能数字样机(ICLPDP),这个软件考虑活塞二阶运动和连杆惯性变化以及由于摩擦学原因导致的系统结构不可恢复变化,从而可能对系统的设计作全生命周期性能评价。图4.8(a)~图 4.8(f)给出某发动机由设计的初始结构仿真得到一个工作循环(曲轴旋转 720°)中的发动机曲轴角速度、活塞裙部摩擦功耗、活塞质心在 x 方向的移动、活塞绕活塞销中心的转动、活塞裙部右侧推力和活塞裙部左侧推力的变化。图 4.9(a)~图 4.9(c)给出相应的活塞销——连杆小头,连杆大头——曲轴轴颈,曲轴主轴颈——曲轴轴承之间的作用力在发动机工作的一个循环中的变化[59]。

当能够提供系统结构不可恢复变化知识时,ICLPDP 和 Ring-Package 联合可以仿真得到图 4.8、图 4.9 所列参数随着结构不可恢复而发生的变化,从仿真结果可以考察其是否满足设计关于功能保持性以及其他方面的要求,例如,漏气量是否过大,润滑油膜厚度是否过小等,详细讨论将在第 8 章进行。该单位还开发了评价发动机动载轴承性能仿真软件,表 4.1 是对某发动机轴承低摩擦改进设计的 3 个方案的仿真结果。其中,MFT 为最小油膜厚度,涉及可靠性;MFP 为最大油膜压力,涉及轴瓦材料的寿命;PWL 为摩擦功耗,涉及发动机效率;FLO 为油流量,涉及润滑油供应;TEP 为轴瓦最高温度,涉及可靠性[77]。图 4.10 给出 3 个方案在发动机一个工作循环中摩擦功耗和最小油膜厚度量值的变化[77]。

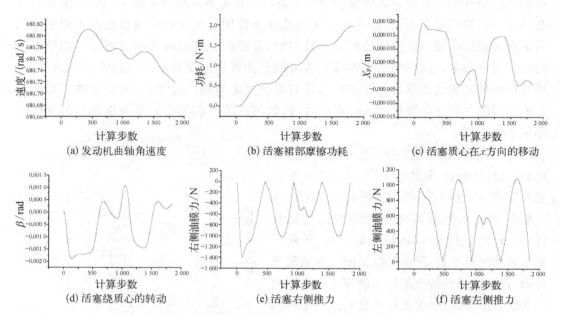

图 4.8　某发动机活塞-连杆-曲轴行为仿真的结果

图中的横坐标数字是仿真计算所进行的步数,整个计算相当于曲轴旋转 720°。

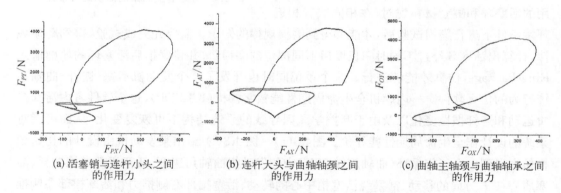

图 4.9　该发动机活塞-连杆-曲轴-轴瓦之间作用力仿真的结果

图中:X——垂直气缸轴线方向;Y——气缸轴线方向;F_P——活塞销与连杆小头之间的作用力(N);F_A——连杆大头与曲轴轴颈之间的作用力(N);F_O——曲轴主轴颈与曲轴轴承之间的作用力(N)。

表 4.1　某发动机方案的评价比较

方　案	MFT	MFP	PWL	FLO	TEP
原始方案	1.974	96.706	220.415	34.525	112.680
改进方案 I	2.625	87.224	188.337	34.114	110.240
改进方案 II	1.299	166.881	213.032	66.209	110.690
改进方案 III	1.975	83.479	196.157	63.084	106.774

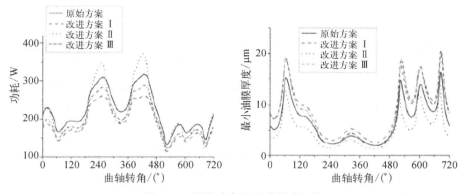

图 4.10　摩擦功率和油膜厚度比较

　　然而这并不适用于在该领域没有知识积累和软件开发能力的企业，这是知识资源的建设、运行、维护和发展上需要细分和专业化的理由。当竞争性设计越来越具有无可争议的地位时，其创意的产生和设想的构建越来越依赖分布式资源环境中的知识服务，评价所使用软件的结构也将发生根本变化。创意产生在设计的最初阶段，是已有知识片段的拼接和重组或者称为集成。这种已有知识片段在分布式资源环境中的多数情况下，可能以功能单元知识集的形式由企业外的知识服务提供，当然也不排除需要提供服务的一方和消费服务的设计师在头脑里将它们打碎成为更小的碎片。当已经由知识服务提供的功能单元知识集集成得到系统的功能知识链集，又在以创意为中心构建设想中得到了整个系统功能知识集。每一个功能单元的结构知识和行为知识原则上都可以由提供功能单元的服务方提供，甚至可以向服务方要求提供更深入、更细致的非常规知识片段。整个系统的仿真评价软件将仅仅是一个根据基本工作原理集成由服务方提供的各个功能单元结构知识和行为知识的框架程序。而在指定环境中整个系统结构的行为仿真则由框架程序调用各个服务方提供的知识子集进行。如果是迭代计算，则需要反复调用。当更改某个功能单元或者功能单元的知识提供方时，就调用更改后的服务，非常灵活。按照这种思想设计的评价仿真软件，正在研发之中。不过，要真正实现这种思想，需要有 3 个条件：一是有充分的、组织得很好的知识服务，凡是不存在或者不能找到满意的服务时，设计师就要自己工作来填补这个缺口，如活塞环材料配对的磨损规律试验，有时就属于这种情况；二是在评价过程中，由于结构和行为之间的强耦合关系，计算需要反复迭代，要解决知识在服务消费方的仿真程序和服务提供方的服务计算程序中读、写以及在互联网上流动的速度问题，这些速度会极大地影响仿真软件的运行速度；三是不同服务之间的知识流动需要开发一系列的匹配组件，包括使得消费方能够发现服务、匹配服务以及服务在互联网上顺利传递的所有组件。这些问题将在第 5～9 章中进一步讨论。这里将匹配理解为服务提供方和服务消费方实现合作的所有条件。

　　可以想象，对于整个系统的仿真，如果要应用于系统行为评价，要看系统规模的大小。只有规模比较小的系统，容易进行整个系统的仿真评价。而对于规模大的系统，一般只做部分结构,即子系统的仿真评价;或者特定行为的仿真评价,例如,飞机机身的气动力学仿真。

社会产品的仿真技术在设计评价应用上,由于有前面提到的许多原因,远远少于物质产品设计。特别是在中国,政策的设计者很多是从经验或者感觉出发设计社会产品,除了实施以后呈现出来的社会效果,较少有实施前严格的评价。当然,这并不妨碍社会产品仿真技术的研究和发展,因为社会产品要在实物系统上做试验,比物质产品更加困难。近年来,在社会系统、经济系统、交通运输系统、生态系统、服务系统等许多方面都有仿真技术的成果问世,而且在许多方面已经得到重视和应用,虽然在与群体或者个人利益发生冲突时也会有置之不顾铤而走险的。

精神产品设计用仿真来做科学评价,如前所述还比较少见。

4.4 评价中的物理仿真

物理仿真就是物理模型试验。模型就是仿真,不管模型做得怎么和实物一样,也都是仿真。如果广义理解物理仿真这个词,那么一切非数字仿真,都是物理仿真。一切生物系统试验、环境系统试验、社会系统试验等都属于物理模型仿真,简称为物理试验。虽然,人的精神活动十分复杂,不过这类的物理模型试验也一直在研究。

设计评价中的物理模型试验,主要有 4 个不可或缺的部分:模型、台架、数据采集、数据处理。

4.4.1 物理模型试验的基本组成

1. 模型

物理模型依然不是实物,在真实性方面存在一定的差异。模型在评价上有比实物更多的灵活性,更能够适应评价的需要。首先,模型可以只做需要观察其行为的一部分结构,舍去对要观察的行为影响不大的另外部分,模型也可以按照相似性原则在规模上缩小,这比做整个系统或者相同规模的模型容易。试验台架也可以因而简单和缩小。其次,模型只做需要的部分,有利于观察需要观察的行为,直入主题,不受其他无关结构行为的干扰。再次,可以只给模型以目的输入,控制非目的输入到最低限度,更有利于集中观察目的输入对系统行为的影响。这里的目的输入不一定是系统的目的输入。为观察系统受非目的输入的影响和非目的输出对环境的影响,甚至可以在试验中将原来的非目的输入作为唯一的目的输入,将系统的非目的输出作为试验要观察的目的输出。最后,模型和实物试验相比,在经济上和时间上的优势是不言而喻的。不过,虽然舍去部分影响因素,有时对观察要评价的结构和行为更为有利,但是这将降低模型的真实性,无疑会影响评价在全局上的精准性。对于舍去什么和保留什么的处理要在各方面得失中进行权衡。

因为人的复杂性,构成社会的人是不能做一个模型来代替的,所以社会产品设计评价的模型通常是在真实社会中组织一个小社会或者在社会中取一个小部分作为观察对象。精神产品的评价,也是评价的组织者邀请他心目中相关群体里的一部分人来了解被评价作品可能产生的效果。在与人体有密切关系的物质产品设计中,例如,作为新药投入市场之前必须通过的评价过程,新药的人体试验是用真实的自愿者作为模型;汽车的碰撞试验,也是一个新车设计必须通过的评价过程,多数情况是用尽可能近似真人的模型坐在车内考察碰撞时车对人的保护效果。美国的一些汽车制造商曾经用真人的尸体作为模型,这些人都是生前立下遗嘱愿意捐献自己的遗体作为模型使用,死后尸体经过处理,被认为在汽车碰撞时其行为更接近生人的行为。

2. 台架

这里将台架作为系统环境模型的统称,是被评价设想所在环境的物理仿真。当模型放置在台架上,台架对模型的作用就是仿真实际环境对实物系统的输入和仿真接受实物系统输出的环境。这些输入、输出包括驱动、对系统施加的和系统对环境施加的力载荷、热载荷、腐蚀载荷、辐射载荷、电磁载荷、生理载荷、心理载荷以及其他物质、能量和信息的输入或者输出。台架要为实现输入、输出提供设施、通道,为观察输入、输出和模型多方面行为提供观察器,即为施加输入和接受输出以及数据采集的子系统提供安装和正常工作的条件。图 2.4 和图 2.5 都是可以对物质产品设计进行评价的试验台架,可以用于流体动压滑动轴承和转子轴承系统设计的评价。

社会产品设计评价的台架就是经常使用的试点的点,包括试点单位、试点地区、试点行业或者试点人群等。当设计了某个政策或者营销策略等,希望了解在整个社会或者社会的某个子部分中实施后的效果,包括因而产生的物理行为、精神行为和社会行为,就选择与该政策相关的一个或者若干个社会子部分试实施该政策或者营销策略等,这个或者这些子部分就称为试点。例如,为评价在中国推动现代学徒制所制定的政策,教育部于 2015 年 8 月遴选了 165 个单位作为首批现代学徒制试点,其中包括试点地区 17 个,试点企业 8 家,试点院校一百多所。师傅带徒弟在前工业社会是传授手艺、培养劳动接班人的基本模式,不过随着现代工业的发展,这种模式遇到许多困难,以 20 世纪 50 年代作为分水岭,学徒制基本上消失了。由于感觉到发展职业教育的重要性和仅仅在学校里进行职业教育的弊端,于是设计了现代学徒制以适应现代工业生产特点,也就产生了通过在试点单位中对为之而设计的政策进行评价的需要。

在第 2 章中提到过的载人火星探测试验的密闭舱是一个对该探测器人员、其生活条件和工作条件集成系统的设计是否能够满足航天员物质需求、精神需求和社会需求评价的台架,是对未来载人火星探测航天器系统一个子部分的设计进行评价的环境。从地球飞向火星,着陆,然后飞回地球,大约需要 500 天。在 500 天左右这样的长时间里,宇航员在类似于飞船的一个试验密闭舱的有限的空间中,即使物质需求能够满足,精神需求和社会需求如何满足,也应该认真对待。整个项目是一个包括对参加试验的志愿者的挑选、培训、试验和试验后人员状态恢复措施的设计,试验是对客观规律的探索,同时也是对设计的评价和新知识的获取。试验用 250 天模拟飞往火星,30 天模拟逗留火星,240 天模拟返回地球,共计 520 天。6 名参加试验的志愿者饮食起居都在这个最大限度模拟太空飞行的密闭的容器中,仅能通过俄罗斯地面飞行控制中心与外界进行延时联系。这 6 位志愿者构成了一个小社会,是包括地面工作人员和他们的家人的社会系统的一个子系统。他们还要进行大量的科学实验工作,与地面人员一起考察未来前往火星过程中可能的人员心理和生理行为,以及支持长时间航天飞行中通信时滞状态下的信息传输、远程健康监控和诊断、运载配给能力等,为载人火星探测积累经验。甚至包括中医的辨证研究,基于中医的"望、闻、问、切"理念,使用中医四诊仪,纪录志愿者的舌相、面相并传递出来,研究将来星际探索过程中,能否拥有中国特有的医学技术和经验。这个支持火星 500(MARS 500)的试验舱,是一个具有非常强的综合性的试验环境[61]。

3. 数据采集

数据采集是物理模型试验的核心内容,是一个重要的技术领域。所有评价想得到的输入、输出参数的量值,都是来自数据采集系统的。既要有输入的数据,也要有输出的数据,更要有表征系统内部行为参数量值的数据以备评价参考。物理试验中可测量的输入、输出和行为参数都是物理参数,数据采集依靠的是传感器。人的感官能力非常有限,无非是视觉、听觉、触觉、嗅觉、味觉。许多物理参数都是这些感官所不能感觉的。如磁场,人就感受不到。即使能够感受,其能够感受的量值范围也非常有限,超强的信号,如火焰的温度,不能用皮肤去感受。红外光和紫外光,眼睛是看不见的。人对量值细微变化和快速变化的分辨能力有限,就是看到了,摸到了,也不能准确记录下来。许多变化,是在人的感官所不能及的地方,例如,人的脏器的癌变,等到能够感觉已经是晚期了。不仅是人的生理行为,包括大多数心理行为和社会行为都不是人的器官所能够直接感知的。代替人的感官感觉各种物理参数量值变化的一种称为传感器的器件,是数据采集的核心,也就是核心中的核心。传统中医的"望、闻、问、切",限于依靠人的感官来感觉人体的行为,并据以推断其结构的变化,其感受能力远远不能与现代医学的以传感器为核心的各种医学试验和药学试验手段比拟,这是传统中医的致命不足。传感器不仅要满足各种感知能力的需求,还要有适应工作环境的能力,如空间的限制、重量的限制、高低温的限制、真空或者辐射环境限制、腐蚀环境限制、振动环境限制、冲击环境限制等。鼓吹大数据神奇的人,并不一定了解获得大数据之困难,并不一定准备去解决这些问题,因而大数据的口号往往限于纸上谈兵。

精神产品和社会产品的消费者是人或者人群,满足的是精神需求和社会需求,表征这些需求的参数往往不是物理参数。然而在物理试验中所能够做的,则是物理参数的测量,同样要依赖各种各样的传感系统,例如,记者采访中用的摄像机和录音器,也是传感器。采集到的物理参数的量值及其变化如何与人的心理行为和社会行为联系,需要各种数据模型来处理。即使物质产品评价涉及的许多方面的行为,也不是目前技术上可测的物理参数所能够表征的,也要依靠特定的数据模型处理解决。数据模型不可避免必须包括数据采集和所涉及的传感器的知识,这在下面要举的一些案例中可以得到证实。

　　基于光学技术的传感器在物质产品设计物理模型试验中最常见的应用是对形象的变换和位置的感受。形象变换包括将肉眼不能感知或者分辨的极远处形象、极微小形象变换为肉眼能够感知或者分辨的图像。激光有很强穿透性和稳定性,用它来感知远距离或者极微小位置变化,有很大优势。利用电场、磁场原理的传感器,包括电压、电流、电场、磁场的测量,基于光波、电波、磁波原理的测试技术,等等,不论在与电密切相关的产品或者与电无关的产品的设计评价中都有广泛应用。物质的理化分析是得到物质物理、化学性质的有效手段。凡此种种,随着人类处理事、物的类别不断扩展,复杂程度不断提高,不断出现新的需要观察而难以感知的参数量值及其变化和不断需要适应新的严酷工作环境。也包括适应要观察参数量值的新的范围和新的精准度,能够跟随参数变化的感知速度,也就是频率响应,以及需要能够转换成易于传输和记录的另一种信号,通常是电信号或者光信号。后面这个要求对于传输信息、记录信息和处理信息十分重要。当信号是模拟量时,从传输和处理考虑,要将它们转换为数字量,这种情况使得在数据采集系统中还要有一个将模拟量转换成数字量的模数转换功能。因为要观察的物理量的类别不断发展,所以传感器及其原理和结构也在不断发展,不断有新的发明和应用出现。用得比较多的都有商品供应,更多情况下新的试验需求总是推动新的数据采集的概念和新的传感器原理和结构的探索,然后才逐渐成熟成为商品。

　　信号传输也是数据采集中的重要问题,传输过程中传感器采集的信号常常会因为衰减和噪声的介入而品质劣化。信号记录和处理大多不能在物理行为当地进行,传感器的输出往往需要传输到一定距离之外。如果用导线传输当然很方便,不过当距离很长时,信号衰减是必须解决的问题。环境中噪声的水平比较高时,信噪比会很糟糕。在远距离传输之前需要将目的信号放大,这种情况下将模拟信号变成数字信号更有利于传输,否则所传输的信息中噪声会淹没信号而不能使用。也有一些情况传感器是在运动的子系统上,曾经在传输通道中设计过各种可以相对运动的传导结构来适应这种需要,例如,用于旋转试件的集流器,不过往往因为相对运动速度不能太高和噪声水平太高而效果不好。后来无线传输技术发展了,于是就可以采用无线传输。当然无线传输也需要专门设计的传输装置。这种附加的装置,往往受到空间限制而发生困难,而且成本比较高。光信号则可以用光纤高品质的传输。将各种物理参数的量值变化转换为光信号的技术还不像转换为电信号那样成熟,这方面的传感器设计有很大的发展空间。

　　网络技术发展为信号远程传输提供了功能强大的解决方案,不过许多近在咫尺的信号传输由于空间和成本方面的限制还不得不走另外的途径。

　　第 3 章图 3.4 所示的在发动机连杆上测量活塞组件摩擦阻力的设计就是可以说明这个问题的一个例子。当期望能够在实际的发动机产品而不是在专门的浮动缸套试验台上测量活塞组件的摩擦力以评价低摩擦设计效果时,一个可能的创意就是将力传感器放在运动部件如连杆上,以无线传输技术将信号传递到固定的接收器上,再用导线传递到记录器或者处理器上。以这样的创意为中心构建设想,上海交通大学的一个团队给出如图4.11所示的采用ZigBee通信技术实现连杆应力无线传输的解决方案[70],图的左边是固定的接收系统,右边是绑定在连杆上的信号测量和无线信号发送系统。最初遇到的问题是,传感器连同桥路、控制器、放大器、模数转换、无线信号发送以及供电装置集成在一起的体积太大,使得连杆在发动机机箱内运动时要碰撞机箱,设计的方案只能用于大型发动机,小型汽油机上无法安装,在器件的小型化上花了不少工夫。另外,器件在连杆上的固定也发生过问题。因为连杆高速运动时绑定在上面的器件受到很大的惯性力,基于连杆强度考虑又不能在连杆上打孔,评价过程中曾经发生上述集成的装置被甩离连杆并碰坏的事故。

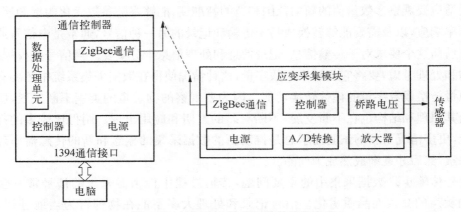

图 4.11　连杆应力信号无线传输的实现

　　如前所述,和摩擦力一样,一个机械系统运行时的磨损状态也不能简单地由几个物理参数量值变化做出评价。因为磨损行为和磨损产物——磨粒不是几个容易测量的物理参数变化所能够表达的,而磨粒的收集和不同磨粒的分辨也十分复杂,从某种意义上可以说磨损行为发生的位置是传感器所不可达的。第3章中一个围绕创意构建的案例:在线可视铁谱仪就是期望能够成为问题的一个解决方案。图3.2是仪器的机芯,实际上是一个在线可视磨粒传感器。图4.12是在线可视铁谱仪的整体外观。新的需求推动数据采集的概念和方法不断向前发展,此前问世的分析式铁谱仪依赖的是对单个油样的观察,虽然已经借助磁场捕捉到油样中尽可能多的磨粒,借助显微镜观察到磨粒群体和个体的细微形貌特征,然而这些都极大地依赖操作者人的感知能力和经验,由

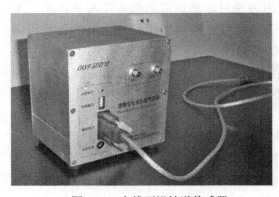

图 4.12　在线可视铁谱传感器

于磨损行为测量的不可达性和磨粒在润滑油中存在和运动的复杂性,单个润滑油样中所携带的磨粒和磨粒量本身就具有很大的随机性。在线可视铁谱仪用高频率采样,通过基于统计学的数据模型处理,也就是大数据的概念,虽然单个采样可能有偏差,但是多个采样的统计值可以更精准地显示系统当前的磨损状态,这在后面数据处理中还要进一步讨论。由于无人值守,而且不必用最昂贵的技术来分辨单个油样所携带的磨粒特征,人员和仪器的成本因而得以大大降低。

　　在同一化设计的要求下,物质产品设计不仅要满足物质需求,还需要满足精神需求和社会需求。所以对一个设计的评价不仅要从所设计结构上采集相关的参数量值的变化,还需要得到使用者或者操作者的切身感受。所以设计对象的外观、运行时的声响、对环境温度、振动、气氛和其他对舒适度具有影响的物理参数,都要采集和参与接受评价。现在强调绿色设计,其实绿色的真实含义就在于人类与设计对象相处时要觉得舒适和愉快。评价试验时,最好能够将场景传输到即使是在异地的使用者的身边,让他们用亲身体会来评价。这就要采集试验台架周边环境的场景、音响、温度、振动、气氛等参数,并让客户能够身临其境地感受到全部的这些试验的输出以便与自己的期望参照对比。

　　图 4.13 是西安交通大学润滑理论及轴承研究所为异地提供转子轴承系统试验服务时客户端计算机屏幕上的显示。客户可以用鼠标、键盘设定和控制试验参数,屏幕右上角图中看到的是由试验现场摄像头传来的场景,左边两根曲线分别是转子水平方向和垂直方向的振动信号,麦克风还传来试验现场的音响。这就是说,客户不论在世界什么地方,都可以如亲临西安交通大学试验现场参加试验一样,体验设计对象运行时试验模型行为对环境的影响。

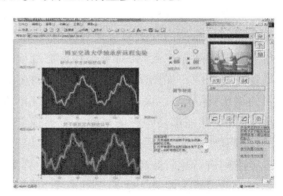

图 4.13　远程试验服务客户端的显示

　　社会产品的评价试验,涉及人的反应和人与人的关系的反应,与机械系统中的磨损行为相比,大多数行为更不能简单地仅由几个物理量的测量来解决。但是有一些服务产品则已经广泛利用物理量的测量来实现评价,如医疗服务。现代医学,医生对治疗方案的评价,主要靠对各种物理量值及其变化的测量,患者一进医院,从头到脚先检查一遍,各种CT、各种超声波、验血,等等,然后处方。一个疗程以后,又检查一遍,评价效果。虽然与“望、闻、问、切”相比,已经有不可比拟的进步,不过也引起对医生医术究竟表现在什么地方的疑虑。而教育服务则没有那么容易,虽然有各种考试、工作技能测试,不过人的品德成长和智力成长,还不能用简单的物理参数量值短时期中的变化评价。目前教育中的种种问题,可能都与将教育对象的行为过度依赖简单物理参数量值短时期中的变化进行评价有关。在学校里,教师和学生都变成了数字的奴隶。现在一些大学,用刷卡来控制学生逃课,用摄像头来考察课堂状态,虽然好像采用了高技术评价教育,其实所产生的后果,与古人所倡导的千里跋涉,访求名师精神相比,这是教育的失败,教育的悲哀。

4. 数据处理

无论是物质产品、精神产品或者社会产品的设计,都不一定能简单地用几个易于测量的物理参数量值变化进行评价。但是物理参数量值变化测量是人们可以采用的最直接的手段,数据处理的首要任务是要建立所设计系统行为与这些可测量物理参数量值及其变化之间关系的数据模型和相应的评价参照物或者准则,也就是说,数据模型就是联系可测量物理参数量值变化与评价所要获取的新知识之间的关系。即使是物质产品,也不都能够直接测量所有行为和行为的变化。例如,一个机械装备系统的摩擦、磨损行为,取决于其中一类子结构,即全体表面副(两个相接触表面及其间的物质)由相对运动、相互作用而引起的复杂变化。要得到与这些变化相关的参数量值,其困难一方面在于两个表面是处于接触状态,中间没有放置测量器件的空间,也就是前面所说的不可达性;另一方面在于磨损的产物:磨粒来自各不相同的表面副,多数情况下混合在一起且难以收集。精神世界和社会生活中的行为,往往更不是直接表现为可测量物理参数的量值变化,如人说谎,只能通过测量这个人其他多方面的输出参数的量值变化,综合起来来加以推断,这种综合就是建立一个数据模型。人内心的喜、怒、哀、乐,如果不露声色,就常常是这种情形,也就是需要通过身体内外能够直接测量的物理参数量值变化,建立数据模型来加以评价。在传感器取得数据以后,要对采集和传输过程中可能渗入的噪声进行过滤,以得到比较真实的物理参数值。如图 2.1 所示,试验模型在试验中可能受到各种非目的输入,产生各种非目的输出,采样时也会由于各种传感系统本身或者环境的原因使其得到的物理量量值偏离实际值,这些都是噪声的来源。数据模型首先要从这些干扰中提取出试验所期望得到的比较真实的值,然后对数据进行处理,以便由数据处理得到的各个输入、输出与参照物或者准则进行比较来得到评价所需要的答案,对试验模型的行为做出评价。也就是可以据以获取设计方案是否满足设计要求的新知识。数据不是信息,数据中含有信息,信息还不是知识,从信息中可以取得知识。传感器传递来的是数据,数据经过处理得到信息,信息与参照物或者准则比较的结果准确地显示后才是知识,这就是数据处理的必要性。以上这些情况都清晰表明,数据模型中必须包括数据采集和所涉及的传感器的知识。

4.4.2 数据处理案例

准确显示试验得到的结果,尽可能清晰地表达数据处理后得到的信息十分重要。通常数据处理结果是给出图像以供视觉评价,包括将不可见的参数量值分布和变化变成可见的分布和变化,变成图像,供设计师用视觉来感受。前面讨论过,创意产生于直觉和灵感,所以人的直接感受是设计评价中极为重要的依据。3D 技术之所以受到广泛欢迎,就是因为它比 2D 图像更直观。用 3D 打印技术做出的立体模型,可以得到更深的视觉印象,因为可以拿在手中任意摆弄,比屏幕上以 3D 表现的图像给人以超越视觉的更全面的感受,将会逐渐代替 3D 图像成为最终的视觉评价手段。此前说过的 VR、AR 和 MR 技术,将有希望给予设计评价结果以更生动的显示。

图 3.4 与图 4.14 所讨论的在发动机连杆上构建测量活塞组件摩擦阻力的方案,在连杆上由(应变片)传感器得到的是连杆在这个位置上材料中的应力的量值,而连杆杆身除了来自活塞组件与缸套之间的摩擦力以外,还承受来自活塞顶传来的气缸中的气体压力和活塞组件及连杆由运动而产生的

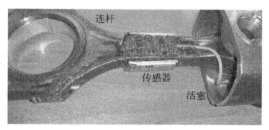

图 4.14　连杆上的传感器

惯性力。在发动机运动各个时刻气缸中气体压力可以由缸压计测量,活塞组件及连杆运动的惯性力可以由计算获得,这些力都可以换算为连杆轴线上的作用力。设 F_f、F_g 和 F_{in} 分别是摩擦力、气体压力和惯性力在连杆轴线上的作用力,F_c 是传感器测得作用在连杆轴线上的合力。式(4-1)就是相应的数据模型。

$$F_f = F_c - F_g - F_{in} \qquad (4-1)$$

图 4.15 给出了某发动机在 880 r/min 时,一个循环周期中由缸压计测得的气体压力值和计算得到的活塞组件惯性力(连杆惯性力未显示),图 4.16 中实线给出了按照式(4-1)数据模型处理得到的活塞组件的摩擦力。活塞组件的摩擦力有两个部分:活塞裙部与缸套之间的摩擦力和活塞环组与缸套之间的摩擦力。由于 F_g 的量值与曲柄转角相关,F_{in} 是计算值,在不同的曲柄位置也有不同的量值,因此,连杆上传感器测量得到的数据与曲柄转角信号的同步,也是图 4.11 所示系统需要解决的问题。图 4.16 中虚线给出了仿真得到的裙部摩擦力,实线与虚线的差别来自活塞环组的摩擦力和试验、仿真各自的误差[70]。

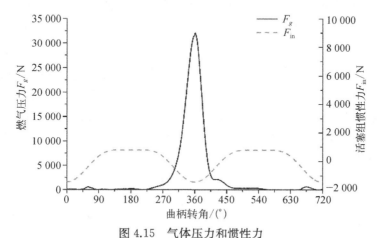

图 4.15　气体压力和惯性力

图 3.2 与图 4.12 所讨论的在线可视铁谱仪方案,如前所述由于磨损行为测量的不可达性和磨粒在润滑油中存在和运动的复杂性,分析单个油样做出评价有很大的随机性。在线可视铁谱仪采用高频率采样,虽然单个采样可能有偏差,但是多个采样的统计值可以更精准地显示系统当前的磨损状态。在线可视铁谱仪可以提供多种物理参数量值的测量,其中最常用的数据模型是通过一种称为磨粒覆盖面积指数(index of particle covered

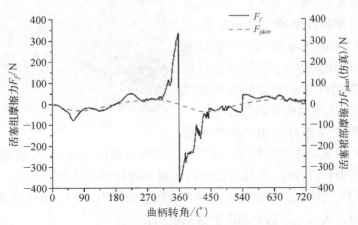

图 4.16　活塞组摩擦力和活塞裙部摩擦力仿真

area，IPCA）的参数建立其与磨损行为之间的关系。

　　IPCA 如图 4.17 所示，当电磁场将流经玻璃片的润滑油中磨损颗粒吸引沉淀到玻璃片上，玻璃片下的灯光被沉淀的颗粒阻挡，不能完全通过玻璃片到达玻璃片上的摄像头。仪器里的微处理器能够从摄像头的图像确定玻璃片在图像范围中被磨损颗粒覆盖的面积并换算成 IPCA 值。这个值反映一定量润滑油中磨粒含量的多少，实际上它近似于磨粒的大小和磨粒数量的乘积，不过由于磨粒沉淀时可能相互重叠在一起，所以小于磨粒尺寸与磨粒数量的乘积，而重叠程度大小是随机的，所以如第 3 章中提到的问题，要靠单个油样在一个玻璃片上的覆盖程度评价润滑油中磨损颗粒含量和磨损状态的变化，很难达到精准的要求。而在线可视铁谱仪可以做到几分钟一次的高频采样，得到无可比拟的大量的 IPCA 值，通过统计分析，情况可以从根本上改善。图 4.18 是某发动机 200 h 可靠性评价试验中的 IPCA 量值变化图[78]。图的纵坐标是 IPCA 值，横坐标是试验的运行时间。从图中可以看到 IPCA 值有 4 次大幅度升高和 3 次陡然下降。下降是由于彻底换油和补油，第一次升高是在规定的新发动机 20 h 磨合阶段，第二、第三次升高是由于试验台架发生故障，加重了发动机的磨损，最后一次则是发动机自身的轴瓦严重磨损，因而不到 200 h 就评价认为发动机损坏，决定终止试验。

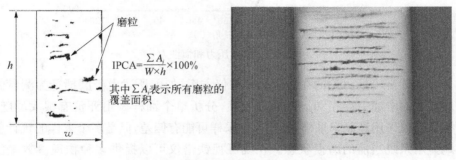

图 4.17　磨粒覆盖玻璃片阻挡光线通过

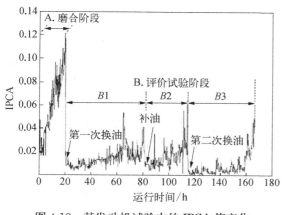

图 4.18　某发动机试验中的 IPCA 值变化

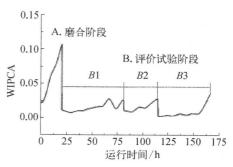

图 4.19　同一试验中 WICPA 值变化

由于单个油样的随机性,图 4.18 中有大量难于解释的毛刺,需要改进数据模型。改进的数据模型采用小波技术将 IPCA 值变换为 WIPCA 值。WIPCA 在整个试验过程中保留了所有的升高和下降特征,而磨损状态变化趋势则能够比较清晰地显示出来[78]。当然还有可以改进的地方,如图 4.18 和图 4.19 中的三次换油和补油,都由于添加了不含磨粒洁净的润滑油,强制改变了润滑油中磨粒含量,曲线发生了陡然下降,此后的点与前面的点也失去可比性。这个缺陷在另外一个数据模型中得到了弥补,图 4.20 和图 4.21 显示补油点上没有陡降的间断点,这样对于用线性拟合观察磨损状态变化趋势提供了可能[79]。图 4.21 给出了这个数据处理模型在某发动机上 800 h 试验的结果,在试验中多次补油却不存在因为补油而导致前后润滑油中磨粒存在状态不一致的问题,因而可以采用各种拟合处理来显示其在时间历程上的变化趋势,并对趋势进行预测。图上的纵坐标为磨损状态变化趋势。

$$S_{\mathrm{sip}} = \sum_{i=1}^{r} \mathrm{AIPCA}(i) \qquad (4-2)$$

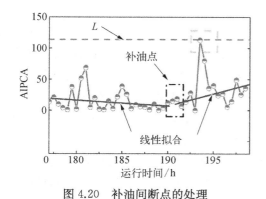

图 4.20　补油间断点的处理

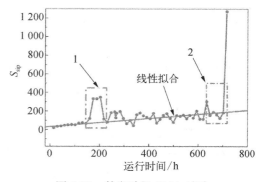

图 4.21　某发动机 800 h 试验

其中,r 为数据模型分段处理中各分段内包含数据的个数。由于使用的比例不同,在图 4.17 与图 4.20 上的公式之间有下述关系:

$$AIPCA = 10\,000 \times IPCA \tag{4-3}$$

传感器技术、信号传输技术和数据处理技术是非常专业的领域,其在各个领域的发展模式与专业领域密切关联,属于设计技术研究的范畴。本书的举例,虽然大多来自某些物质产品的设计,由于讨论的是设计的基本、共同规律,从设计科学的观点看,这些讨论对于其他物质产品或者精神产品、社会产品并没有很大不同。由于已有知识的积累,建模理论和技术的发展,计算机的硬件和软件发展和计算机运算能力的提高,特别是人类面对和需要设计的事、物日新月异,传感器技术、信号传输技术和数据处理技术正在飞速进步,不断有新的发明和新的挑战出现。而这种飞速进步,又往往会涉及领域以外的知识和技术,只有认识到这一点,才会理解设计基本、共同规律研究的重要性。从战争中的隐形技术到反隐形技术的发展,也可以得到相同的结论。

通过社会调查对设计进行评价,是由于构成社会的人的群体太大,做试验所需的模型成本难以承受,于是不得不在相关的群体中选择一个较小的部分,完全保持他们原来的地位或者状态,也就是并不让他们成为一种模型或者模型的一部分,采集他们对一个设计方案的意见。这与此前说过的新药人体试验志愿者不同,新药试验志愿者是模型的一部分。现在越来越多社会活动是通过网络进行的,在某个节点上自动记录活动经过这个节点的频数就可以实现某种社会调查,大数据目前主要是利用这种机制。例如,哪一种商品买的人多,哪一条高铁要增加班次等。这些并不需要购物者或者高铁乘客额外做什么动作,也不将他们变成为某种试验模型的一部分。问卷调查、走访调查以及会议调查也是常用的方法。不过社会调查也有一定的局限性。首先,选择样本很有讲究,可以为得到预设评价结果而选择样本,即使是如统计乘客人数之类的调查,却无法知道影响乘客意愿的各种因素。其次,数据模型设计与此后的参数选择或者问卷问题设计也不容易。例如,问受访的人:你幸福吗?并不是所有人对幸福的理解都一样。许多问题,未经深入思考和经过深入思考,答案是不一样的。因此调查中如果包含讨论,甚至辩论,可以使受访者对问题的理解更为准确,给出的答案更为准确。头脑风暴就是一种激励深入思考的办法,不过参加头脑风暴的人的选择也有许多讲究。

对于任何一个设计,评价是不可或缺的环节。不认真对待评价或者根本不考虑评价的设计,不能认为是一个可信的设计,更谈不上竞争力。许多人经常讲的设计,是将对设计的理解停留在创意或者设想阶段,认为创意就是设计,拍脑袋就是设计,不需要经过评价的方案设想就是设计。例如,此前提到的创意设计这样的概念,甚至如第1章所提到的将设计学科归入艺术门类,而艺术领域由于他们产品的特点,倡导一种仁者见仁、智者见智的以乐趣和欣赏为导向的评价准则,以及很多鼓吹文化创意产业一类的宣传等,使一个设计必须经过评价这样重要的原则处于可有可无的地位,不能得到普遍认可。这些都是某些利益方不顾后果的行为。即使是精神产品,也不能允许其成为破坏社会和谐,妨碍大多数人对共同美好生活的追求,短期看起来不明显的问题,其对社会的危害,终究会显现出来。

从知识角度看,不认真对待评价或者根本不考虑评价,也是无视知识的反映。设计知识不完整性定律和设计以新知识获取为中心定律说的是设计是一个知识流动、集成、竞争和进化的过程,不重视评价实际上是不认为设计需要新知识获取,是不懂知识对设计的重要性。任何个人、群体所拥有的知识都是有限的,不重视从自己的设计过程中不断获取新知识,不重视在设计过程中知识的竞争和进化,期望以自己有限的已有知识实现创新和竞争取胜,是没有希望的。创意的产生和设想的构建是基于已有知识,而经过评价,已有知识的拼接、重组得到了认可,拥有了方案设想是否可行的新知识,设计变得更为完整和更为可信,已有知识实现了经过集成和竞争后的进化,因而也更有竞争力。这就是研究设计科学,认识设计基本、共同规律的意义所在。

第 5 章 知识在设计中的流动

5.1 设计知识资源的存在状态

5.1.1 设计的知识资源

设计是为人类有目的活动规划实施结果的面貌和实施路径。为创新竞争取胜的竞争性设计必须具有采用此前未曾用过的知识和满足现在不能满足的需求这两个条件。设计以已有知识为基础定律和设计以新知识获取为中心定律揭示了设计与知识密切相关的关系。从这些最基本的概念,可以看到设计完全是围绕知识进行的一种活动。设计是使散布在各处、互不联系的知识流动到一起汇聚成一个特定的、让创新意图可以付诸实施的知识集的不可逾越的环节,设计是知识成为产品的桥梁或者纽带。设计本质上是一个知识流动、集成、竞争和进化的过程。本章主要讨论知识的流动,其他将在后续章中讨论。显然,知识的存在状态、流动中的驱动力和阻力、流动的基本和共同规律是决定知识是否能够被高效运用和设计是否有竞争力诸因素的重要组成部分。

已有知识是设计的基础。已有知识是创意产生的素材,已有知识积累的多少和范围的大小,是创意是否有竞争力的先决条件。已有知识积累对于设计而言,是一种资源。已有知识资源包括处理过和未处理过的已有知识,这些已有知识的文字和非文字的记载,存放记载的纸质和非纸质载体以及在自己设计中或者为他人提供设计知识服务中能够使用这些知识的有资质的人和必要的维持运作的资金[31,32]。但是,知识与建筑或者装备不同,建筑或者装备建成以后,能够相对稳定比较长的时间。例如,著名的法国埃菲尔铁塔,建于 1889 年,今天仍旧以原样提供历史性的观光服务。而知识则是一个动态集合,处于不断更新之中,有一些昨天刚刚获取到的新知识,今天就众所周知,明天也许会变成需要更新的知识。也有一些知识,可以在很长时间中有效,但是它们的适用范围和人们对它们的理解,则随着认识深化不断改变,这也可以认为是不断被新的知识所代替。例如,牛顿定律起初被认为可以包罗万象,后来知道它只适用于经典力学问题。这就是第 2 章中讨论过的知识完整性问题。对于竞争性设计要用到的知识,在这知识爆炸时代,尤其如此。除掉其完整性与时间的关系以外,如在第 2 章中所讨论过的,已有知识是经过处理以便于使用的知识条的形式呈现,还是以一个不花时间就找不到某个答案的知识集的形式呈现;是表达成易于理解的方式,还是其表达方式不经过专门训练就很难弄懂;已有知识是能够被辅助人进行某些设计进程的计算机读取,还是不能被计算机读取;已有知识资源是已经充分准备好为消费方提供设计知识服务,还是根本没有准备为消费方提供服务,等等。换句话说,作为已有知识资源其所能够提供的知识是否能够触发直觉和灵感而使人容易产生创意,或者是否易于为继承性设计所采用以构建设想,其对竞争力的贡献是完全不同的。

一个设计的设想是否能够被认可,要以评价的结果为依据决定,这是一个新知识获取过程。设计设想的评价过程是人类探索客观规律和获取新知识努力的重要组成部分,是科学活动的重要组成部分。不过它不是对一般性的未知问题感兴趣,而是对当利用已有知识去勾画某个尚不存在客观的面貌时,要探索这个勾画是否能够成功的未知答案感兴趣,这个客观还仅仅是一个主观产物。新知识获取能力是依赖资源的,新知识获取资源包括能够使用这些资源,即有资质的人、硬件设施、软件设施、已有知识积累(经验)和资金,这在第 4 章中有过讨论,以后还将在需要的地方做进一步讨论。为某一次评价而获取新知识,一般情况下其针对性比已有知识积累的针对性强,只要新知识获取资源愿意按照约定提供服务,其表达形式的问题通常已经解决。

设计所需要的已有知识资源和新知识获取资源,统称为设计知识资源,简称知识资源。既然设计过程本质上是一个知识的流动、竞争、集成和进化的过程,设计竞争力就必然是知识资源依赖的,设计的竞争在某种意义上可以说是知识资源的建设、维护、发展和高效运行的竞争,而这些又都与流动有密切关系。

5.1.2　垂直的知识资源结构

设计知识资源的结构决定知识在设计中流动的模式。

知识最初是存在于人的头脑里,通过语音和手势表达,实现了早期的知识流动。为了更深入交流和传承的需要,先是用图画,后来发明了文字,人们将图画和文字表达的知识刻在兽骨、石头或者竹简上,实现了知识的非语言和手势的表达,推动了知识的积累和流动。图画是实际事、物形象的复制,后来又有了摄影和录音,不论是否完全与实际一样,都属于非符号记载。文字是一种符号,是族群约定与语言含义相关的符号,不同族群有不同的文字。随着信息技术的发展,又约定了许多与文字不同、要经过变换才与语言相关、是计算机能够读取的符号,统称为符号记载。有了造纸和印刷技术,书籍就成为记载知识的容量更大的载体,使得知识得以大规模积累和大范围传播。计算机技术、信息和通信技术(information and communication technology,ICT)的发展更使知识的积累和流动达到了以前所不能设想的地步。教育是以人为核心的知识流动,是为达到传承目的的一种社会活动和组织形式,包括学校教育和校外的社会教育[80]。但是,工业社会物质生产竞争模式变化和知识爆发式增长,不断为知识的流动带来许多新的问题。

知识有一个从属于拥有者的特性。除已经公开的可以共享的知识,取得、获取和使用知识都需要付出代价。可以共享的知识,一些是前人或者拥有者已经公开发表的,另一些是由政府或者其他公益机构提供资金支持获取、处理和管理以让社会大众共享的。即使是公开发表的知识,如书籍、刊物、数据库、知识库等也往往也只能是有偿使用。书要用钱买,其中就包含作者的稿酬。文献中的知识有些也必须经过版权人同意才能够使用。而专属于拥有者的知识要比公开、可以共享的知识对于竞争取胜往往更为重要,这类知识拥有者的权益受知识产权法律保护。不付出一定代价,没有拥有者同意,是不能使用的。那些对竞争取胜有决定意义的专利,往往是由相关产品的生产企业拥有。一方面,这些企业最有能力去取得或者获取专利,另一方面即使一个专利原来不属于企业所有,也经常被企业收买,存在企业的保险箱里,以便在对竞争有利时拿出来使用。在工业社会很长时期中,企业是依靠图 5.1 所示的知识资源结构进行生产和竞争的。那个时期推动社会经济发展的是物质产品生产,是以规模竞争取胜的。

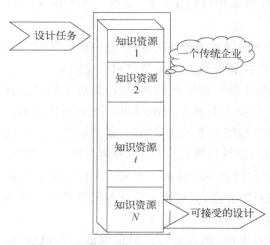

图 5.1　垂直知识资源结构中企业的设计

只有在创新时才特别需要的知识资源,其对企业的重要性并不如现在,范围和容量也不是庞大到不可接受,收集和维护它们困难不大。将这些知识资源控制在自己手里,对垄断和竞争都有好处。这种知识资源存在的状态称为垂直资源结构。而垂直资源结构企业对知识流动的兴趣往往有很大局限性。

精神产品和社会产品的生产,在一个很长时期中并没有发展到如物质产品生产那样企业化和规模化的程度,即使是影视、动漫、游戏等一类产品,不论是设计或者实施,对个人的依赖程度都比较高,所以其设计知识资源并没有发展到如图 5.1 那样集中在少数垄断企业手里。精神产品、社会产品的生产模式与物质产品生产模式有很大不同。

知识除具有拥有者的特性,还有另外一个非常重要的特性,就是即使拥有了,能够使用知识的能力也各不相同。知识被定义为一个设计问题的答案,但是拥有知识、知道答案和能够使用这个答案不是一回事。知道答案并不等于真正理解答案,即所谓的掌握知识;掌握知识也不等于能够熟练使用。有一些知识,知道了就行;也有一些知识,知道后,要掌握它们,需要认真学习和研究;而要能够熟练使用这些知识,更需要经过相当的多的训练,或者说要付出相当的成本。所以,在使用知识的能力上可以有知道、掌握和熟练使用的不同。因此,知识不仅有拥有者的特性,还具有能力不同的人使用起来效果不同的特性。拥有和使用这两个方面,往往是分离的,因为拥有知识产权的人并不一定是使用知识的人,拥有知识资源的人也不一定是建设、维护、运行知识资源的人,使用知识的人和运行知识资源的人不一定具有可以任意使用知识和运行知识资源的权利。这就是当今社会的现实,不以人们的主观意愿为转移。

　　不过随着知识爆炸形势的到来，知识更新速度越来越快。工业社会高度发展以后，物质产品生产从规模竞争向创新竞争转变，创新竞争所需要知识的范围几乎是无边的，而当对创新频数的要求越来越高时，物质产品生产企业要使自己手里的知识资源适应这种变化，成本就越来越大，到了不可忍受的程度。所以说，产品在创新上和设计上的竞争，变成了某种意义上企业在知识资源的建设、维护、运行和发展上的竞争。20 世纪六七十年代，日本汽轮机行业中的几个大企业，都争相建设全尺寸汽轮发电机组轴承试验台。因为汽轮发电机组容量越来越大，导致轴系越来越长，振动稳定性越来越差，发生过多起由于轴承的油膜振荡而导致整个机组损毁的事故。为获取轴承油膜振荡方面的知识以设计出稳定运行的大型汽轮发电机组，各个企业争相建设全尺寸轴承试验台。在日本一下子就建了 8 个大型轴承试验台，最大轴颈直径达到 800 mm，要用汽轮机拖动才能运行。实际上，一个国家根本不需要这么多大型轴承试验台，全世界也许有一两台也够了。到 90 年代，当再去这些企业访问，想看他们的试验台时，这些试验台都已经荡然无存。因为油膜振荡问题已经解决，大家都能够设计出稳定性很好的转子轴承系统，而且数字模型也已经能够很好地仿真轴承油膜的行为，不必再做物理模型试验。也就是这个时候，英国某企业甚至愿意用 1 英镑出让一个类似的试验台。这种在竞争推动下的资源无序建设，给企业和社会造成了严重负担和浪费。

　　不仅如此，由于知识具有使用能力不同的特性，而且知识资源的拥有者和运行者在企业的垂直资源结构中一般是分离的。企业之所谓拥有设计知识资源，绝不仅仅是试验台这样一些物质方面的内容，更重要的是要有一批能够建设、维护、运行和发展这些物质条件的有资质的人，这些人在受教育和训练中付出的成本，要由雇佣他们的企业支付。知识经过设计、实施变成产品，在市场上竞争取胜、获利并反映到这些人的回报上，是一个滞后的复杂过程。这些人由于每时每刻工作的多少和质量往往不能与自己利益直接关联而在使用知识的能力提高方面缺乏驱动力，然而却是企业盈利的必要条件，这就使得企业为此要付出高额的成本和管理上的负担。垂直资源结构企业从规模竞争的狭隘视角出发，总是采取严厉措施保证这些知识资源只为拥有者服务而阻止知识向其他方面流动。任何一项设计知识资源，与固定产品生产所用的设备不同，由于其在相关领域的任务不可能总是饱满的，设备闲置和人员不务正业是经常状态。这不仅效率低下，还导致运行该项知识资源的人难以积累专业经验，也抑制了他们追求知识流动的积极性。改变这种状态的根本途径是使知识拥有者和使用者统一，使知识资源的拥有者和知识资源的运行者统一，这就需要企业的知识资源结构由垂直结构向水平结构变化。

　　本章大多数讨论都是基于设计知识资源的拥有者就是经营者。如果设计知识资源的拥有者与经营者可以分离，那么知识资源结构向水平结构变化就意味着至少是经营者和运行者将趋于统一。这种情况在后面会有所讨论。

5.1.3　水平的知识资源结构

　　在物质产品创新竞争愈演愈烈的情况下，起初是实施的外包，经过一个阶段以后，设计的外包也逐步得到发展,产品从以在企业内设计为主转变为分布在许多不同的企业内设计[2-4,31,32,41-43,74,76]。知识资源向分布式结构变化与设计的分布发展趋势一致,这种趋势符合知识资源至少是经营者和运行者趋于统一的发展方向。在细分和专业化的设计知识服务单元里,较少有仅仅经营而不运行的人。设计的模式变化,推动企业知识资源结构发生根本的变化。如果称前一种为垂直资源结构,那么现在或者未来知识资源就要变成如图 5.2 所示的水平资源结构,也称为分布式资源环境。

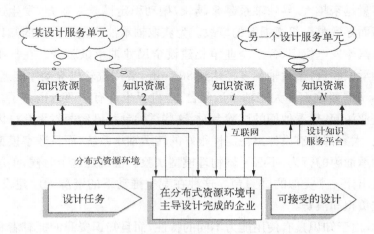

图 5.2　水平知识资源结构中企业的设计

　　因为设计的许多部分已经外包,所以知识资源也就分布在其他参与设计的企业之中。图中用了设计服务单元的名称,准确地说应该是设计知识服务单元。在设计大规模依赖外包的情况下,参与设计的企业大多是一种以自己拥有或者经营的知识资源为消费服务的企业提供设计知识服务,这在第 9 章中有详细讨论。提供设计知识服务也是一种竞争,所以提供设计知识服务的企业需要建设、维护和发展他们的知识资源以便能够提供更有竞争力的服务。不过由于设计知识服务非常专业,他们需要建设的知识资源仅限于该专业设计时需要运用的某个特定的领域。一般讲可以满足小而精的要求,不必涉及非常广泛的知识范围,更新起来当然也比较灵活。更由于允许一对多的服务而提高了使用效率,也就提高了建设、维护、发展知识资源所投入资金的回报。在这些设计知识服务单元里,知识的使用者与拥有者或者知识资源的运行者与经营者甚至拥有者更趋于统一,为了竞争的需要,这种统一有利于已有知识的积累和新知识获取,有利于设计竞争力的提高。当他们在提供服务时要用到自己所不具备的知识或者知识资源时,也可以请求其他设计知识服务单元的服务。其实,图 5.2 下方的主导设计完成的企业,他们的工作同样可以被看成是一种服务,为提出设计任务的单元(服务消费方)产生满足需求的设计服务,整个设计是在一个相互提供服务和消费服务的网络中进行和完成,这就大大促进了知识的流动。

　　精神产品和社会产品的设计,知识资源结构由于生产模式不同,对个人的依赖度更高,原来的设计知识资源集中程度不如物质产品生产企业那么明显,然而向分布式结构发展的趋势也完全一致。特别是要遵循同一化设计原则,设计师需要用到自己熟悉领域以外的知识时,在分布式资源环境中寻求知识服务是唯一的出路。

5.2　设计中的知识流和工作流

5.2.1　设计中的工作流

知识流一直受到许多人的关注,有很多研究[81-85]。不过比较多的研究,都是将知识作为一个不变的集合,将知识流看成是一种知识移动的表象,研究知识从一个地方到另一个地方,从一个企业到另一个企业,从一个人到另一个人移动的这些现象。在这个过程中,一些地方、一些企业、一些人提供了知识,而另一些地方、另一些企业、另一些人得到了知识,并从而获益。这些研究的多数都没有跳出一个企业的范围,大多是在一个企业内的团队之间,或者一个团队的内部,即使它们在地理上是分布的。他们或者认为,在企业或团队内部,知识的掌握不对称,通过知识流动可以分享知识并提高工作效率;或者认为知识在个人、小组、部门间的流动可以提高对问题认知的程度而更好地协同;或者认为通过发展信息系统、培训、组织调整、改变流动路径等管理措施可以干预知识流动;或者认为知识流和工作流完全能够相互映射;或者认为由于报酬或者竞争而不愿意将知识与别人分享,用经济回报、精神奖励措施可以促进知识的流动;等等。这些研究有一个共同特点,都是从知识的外部来看知识流动而不研究知识在流动中的变化。虽然也有以软件开发为例联系实际,但是设计中的知识流动,包括在软件开发中,绝不仅仅是位置变化那么简单。而研究知识流的意义也绝不仅仅在于看它怎么从一个人到另一个人、从一个小组到另一个小组或者从一个部门到另一个部门以及由此产生的效果。这些研究的另一个共同特点是认为知识是已经存在的,即仅仅限于已有知识,完全不涉及设计新知识的获取,而新知识获取恰恰是知识流中最积极的因素。这类知识流的研究的确与工作流研究没有本质上的差别。

工作流的概念在物质产品企业设计技术的发展中曾经起到很重要的作用,许多设计软件都是以此为基础而开发的,例如,后来被达索(Dassault Systems)收购的 FIPER 仿真软件。仿真软件是设计中评价认可手段的重要组成部分。上述那些产品,并没有脱离工作流的影子,也就是用工作流的思想来处理知识流,没有从知识内部来看知识在流动中是怎么流动、集成、竞争和进化的。工作流是一个在企业内运行设计流程时对任务的控制,并不涉及任务是怎么完成。例如,FIPER 在运行时,有的任务是由 ANSYS 软件承担,有的任务是由 ADAMS 软件承担,FIPER 只执行将它们链接起来并检测它们是否完成承担的任务和是否能够转移到下一个任务。对于垂直知识资源结构企业,设计中知识的来源是相对固定的,可以依赖管理权限用指令指导工作而不至于发生知识来源的问题。特别是在规模竞争中,物质产品企业的产品设计大多是继承性设计,也就是不仅产品的类型很少变化,其要解决的问题变化也很少,所用到的已有知识范围有限,因而能够采用理性、系统化的设计方法,按照事先规定的任务流动路径进行设计。创新占有的工作量份额不大,而且往往是由另外一个独立于产品的设计部门承担。这种管理模式着眼于任务的分配、传递和完成,由于认为设计所需要的知识已经具备,需要解决的问题仅仅是任务的管理。虽然任务完成产生了新的知识,但是其知识特征为任务所掩盖,表现出来的仅仅是任务名称。过去,设计师基本上是用自己所具备的知识和企业内的知识资源进行设计,前者就在设计师的头脑里,后者企业内部的人在指令安排下都可以共享。任务下达以后,需要用什么知识和如何使用,则根据下达的任务和工作指令决定,只要管住工作流就够了。

5.2.2 真正意义上的设计知识流动

在分布式资源环境中设计,或者称为分布式设计的模式中,问题就完全不同。首先,在创新竞争中,设计师起初并不能确定他所需要的设计知识能够从哪一个设计知识服务单元得到,甚至不能确定需要回答的问题是什么。分布式设计模式,不同于所谓的动态联盟(dynamic alliance),即联盟成员之间具有固定的提供和消费设计服务关系。这种动态联盟,不管用什么名称,现在十分普遍。在分布式资源环境中,设计师是在问题一步一步明确以后,根据当时所需要的知识选择服务提供方。同时消费方不能向服务提供方发布工作指令,提供方向消费方提供的是结果(知识),消费方不能干预甚至了解提供方的工作过程。另外,消费方怎么描述消费的需求,如何搜索到可提供的服务,如何选择服务提供方,要求以何种方式提供,什么时候提供,如何消费提供的服务,提供服务的质量如何保证,需要为服务支付的报酬(即成本多高),等等,都是围绕流动着的知识进行而不是围绕工作任务名称进行的。所以,在分布式设计模式中,工作流的管理框架需要被内容更为丰富的知识流框架所代替。这时,指令将被协议所代替。特别是,服务是竞争性的,同一项服务消费需求究竟与哪一个服务提供方合作,不是一成不变。知识从哪个方向流入和向哪个方向流出是依据对知识的需求和提供可能,并在合作协议下进行。因为设计模式的变化已经使得设计知识资源结构从垂直向水平变化,所有知识流动的研究也需要从主要研究企业内的流动转向分布式资源环境中知识的流动。在这种情况下,工作流的作用已经缩小到一个更窄的范围。

图 5.3 说明知识流框架中设计的进程,特别是在主导设计完成的企业中,是由一系列内容相似的知识集成、评价认可和决策的节点组成,这些节点称为集成决策节点。在每一个节点上,从上一个节点传递来的已经决定接受的设计知识子集连同其有待回答问题的答案,这些问题产生于此前的评价决策。由于整个设计方案还没有完成和被评价认可,它总是一个不完整的设计知识集,或者说是一个设想。经过与设计师自己拥有的或者由知识服务提供方提供的问题答案(知识集)进行集成,集成后经过再一次评价,决定是否认可和接受,如果接受则得到了一个新的知识集,并传递到下一个集成决策节点以进行新的进程。评价认可还要提出进入下一步以前要回答的问题,即新知识获取的需求。只有回答了这些问题,进入下一步才有意义。所谓集成,可以是功能知识集成、行为知识集成或者

结构知识集成,这些将在第 6 和第 7 章中详细讨论。第一个集成决策节点接受到的是设计师根据要满足的需求所提出的问题。只有当评价已经发现不了明显存在的问题并需要考虑完成期限和成本约束时,才决定设计完成,不再有下一个集成决策节点。

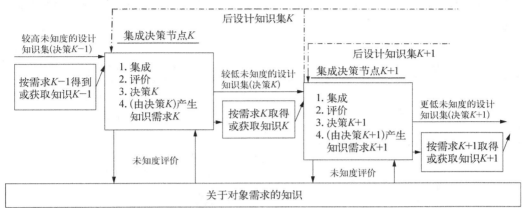

知识流动过程是设计未知度降低过程,未知度由广义设计参数集计算。

图 5.3　知识流意义上的设计进程

图 5.3 中对设计的进展用了一个未知度的指标,是根据设计知识不完整性定律提出的。因为总不可能完全知道设计是否存在什么问题,所以总是在未知度和设计完成期限及成本之间寻求一个平衡。图 5.3 中间小框内的任务是寻求前一个集成决策节点提出问题的答案。集成和评价实际上是一种竞争过程,这在图 5.4 中有比第 2 章的图 2.6 更详尽的表达。

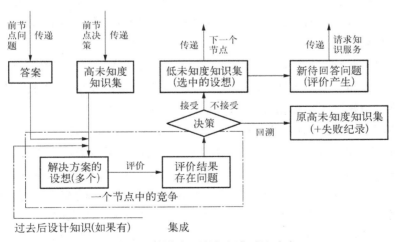

图 5.4　一个节点上的知识集成和竞争

在分布式资源环境中,图 5.5 给出了在分布式资源环境中搜索、请求、提供和消费知识服务过程的详细的表达。当上一个集成决策节点已经提出了需要进一步回答的问题时,设计师首先会在自己的知识库里寻求答案,如果自己解决不了,就要到所在的团队里解决,团队不能解决,再到公司里解决,公司解决不了,那就要到分布式资源环境里去寻找设计知识服务。如果在分布式资源环境里也找不到能够提供答案的知识服务,那么下一个集成决策节点就无法工作,因此设计需要回溯到前一个集成决策节点,也就是需要否决原来的决策而寻求另外的方案设想或者自己建立一个新的设计任务来回答找不到服务的问题。

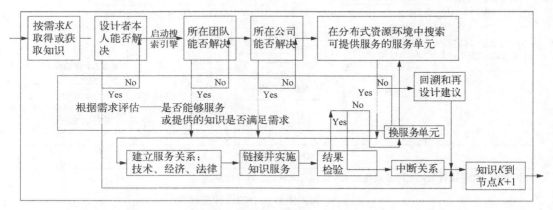

图 5.5　寻求问题答案的知识流

　　图 5.5 中间那个矩形框,代表需要一个将消费需求和分布式资源环境中提供的知识服务进行匹配的机制,称为匹配窗。这个机制通常可以由一些专门的组件来实现。在分布式资源环境中请求服务和提供服务的描述都需要有统一的规范,包括在服务内容的质的方面和量的方面,以及提供知识和消费知识在传递链接、经济支付、法律责任上的约定,组件的任务是自动进行匹配检验并给出是(Yes)或者否(No)的结论。一旦匹配成功,那么组件就会通知提供服务和消费服务双方接触并建立服务关系约定的协议,包括技术、经济和法律等内容。

　　这里需要特别强调的是,物质产品设计是一个既需要创意,又需要精准、快速和尽可能低成本的活动,而对于继承性设计,精准、快速、低成本更为重要。精神产品和社会产品并不例外,不过与物质产品相比,其设计的精准度比较难以界定,对此已经有过很多讨论。选择在分布式资源环境中请求设计知识服务代替自己配备所需要的知识资源,就是为了得到快速和低成本的设计。在分布式资源环境中,设计知识服务消费方根据提供方发布的关于服务的描述选择了服务单元,如果描述不准确,甚至带有欺诈,就像现在电视和网络上的许多商品广告那样,消费方采用了服务方提供的有偏差的知识集,集成以后,最终导致设计不精准,在评价阶段被否决,以致此前的设计努力付诸东流。没有精准,快速和低成本也就无从说起。更糟糕的是在实施或者使用阶段发生问题,甚至导致人员伤亡、财产损失而需要承担刑事责任。因此,服务提供方关于服务的描述和消费方对于接受服务窗口大小的确定必须非常认真,以期达到精准匹配的要求。有时虽然仅仅是一个数据,其影响绝不是个人在网上小到买一条裤子大到买一辆汽车仅仅影响个人得失所可以比拟的。有一个故事,一位设计师在设计飞机外挂导弹的挂钩时,从手册上选了挂钩运动部分的摩擦系数。结果在飞行试验时，导弹点火以后，因为实际的摩擦系数大于设计中设定的摩擦系数，导弹不能从挂钩上解挂，差一点导致机毁人亡。实际上，摩擦系数是一个非常复杂的参数，它受材料、材料表层曾经受过的热和化学处理、表面形貌、表面膜和润滑剂的存在、环境（如大气氧和水蒸气成分、接触压力、此前相对运动的历史和相对静止时间、环境振动）等的影响，变化范围很大，绝不是如手册上一个简单的摩擦系数表就能够精准描述的。

协议建立后服务开始，双方根据约定建立提供知识和消费知识的服务链接。链接方式约定也是服务描述的一个必要组成部分，因为消费方要根据约定在自己的设计进程中建立消费服务的机制，即将服务提供的答案与上一个节点传递来的知识集进行集成的机制。例如，消费的是仿真计算要使用的一组数据，就要根据约定，在自己的仿真程序中相应位置上建立读取提供方传来数据的语句，在读取前要停止仿真计算等待服务，读取完毕后要触发仿真程序开始后续的计算。当服务消费方首次接收到服务提供的知识后，通常是一个知识条或者知识集，要对提供的知识进行检验，包括对集成以后的结果进行评价。如果检验不合格，将根据原来的约定要求更新服务或者取消服务。如果取消服务，那么设计师就要到分布式资源环境中去寻找另外的服务单元。如果检验合格，就将服务导入设计进程。服务完成后，即终止服务，解除链接。

所以在设计的知识流框架中，关注的是知识在流动中的内容及其变化、流动的匹配、流动的驱动和约束、流动的路径、流动中的竞争和其在相关设计服务单元中的进化。

5.3 设计中的知识流分类

5.3.1　解读数据、信息和知识的不同

设计是一个知识流动、集成、竞争、进化的过程，这是设计的知识本质。当然，不同的设计模式和设计知识资源在企业中不同的存在状态，其知识流动的模式和路径也不同。图 5.6 是一个分布式资源环境中设计知识在互联网上和企业内局域网上流动分类的示意图。

知识从来都是流动的。公开、可以共享的知识流动主要出于传承目的，也就是教育和学习中的流动。传统上设计中的知识流动主要是在一个从事设计的个人头脑、团队或者企业内进行，如果要从外部得到知识，则根据双方交易的约定进行流动，例如，在业务培训、专利转让、技术支持、项目合作等中的流动。另外，过去的信息传递技术不如今天这么发达，知识在传承和交易中的流动，是通过纸质或者类似的介质交换以及面对面的讲授进行的，要实现设计中知识如图 5.2～图 5.5 所描述的流动是不可想象的。互联网的出现极大地改变了信息流动的速率和效率，这就是所谓的 Web 1.0 的贡献。

由于 Web 2.0 的发展，也就是人们不仅可以通过互联网读，还可以自由地在互联网上

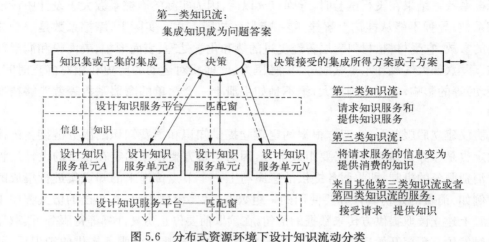

图 5.6　分布式资源环境下设计知识流动分类

写而不必经由图 5.5 所讨论的那些过程。因此,在互联网上消费设计知识服务时需要清醒地认识,数据不等于信息,信息不等于知识。

这里讲的信息,不是香农意义上的信息,人们通常也不是这样理解信息的。通常理解的信息就是告诉人们某件事情,关于香农意义信息的讨论可以参看其他相关资料[56]。把互联网上传递的香农意义上的信息变成通常意义上的信息,即人们可以理解它究竟告诉了什么事,靠的是发送、接收双方的约定。当然这并不是说需要每个人自己去解决约定事宜,所有终端设备借助其中各种各样的应用程序都已经替你解决了。例如,某人在自己手机的微信上用中文写了点什么,一经发送,虽然在网络上传递的是香农意义上的信息,其朋友圈中人人手机上都以中文显示了所写的内容,这就是手机里的应用程序完成了某种根据约定所做的处理。信息可以有多种多样的表达方式,现在的"大数据"口号十分时髦,数据这两个字也经常挂在人们的嘴上。数据对于设计十分重要,它是信息的载体,但是数据究竟告诉人们什么信息,并不总是一目了然,还需要有许多附加的信息说明,例如,需要在第 4 章中图4.18~图 4.21 的纵坐标上标明这些数据分别是表达 IPCA、WIPCA、AIPCA 和 S_{sip} 值变化的信息。事实上,一组数据含有的有用信息多少也有很大差别。第 3 章中讨论的分析式铁谱仪和在线可视铁谱仪,它们给出数据的基本原理没有很大不同,由于前者给出的数据中含机器磨损状态的信息太少,所以才有了后者的发明。附加信息应该由数据提供方向数据消费方给出。如果不加说明,人们就不知道这些数据说的是什么,更不知道上述四个图的不同说明什么问题,这些数据就没有任何意义。说明是否认真、诚信,最终决定了一组数据的价值。前面讲的火箭不能从挂钩上解挂,是由于设计中误用了不准确的摩擦系数,就是一个提供数据缺乏认真的不完整性说明的案例。

知识是什么? 知识是一个问题的答案,对于设计而言是一个设计问题的答案。正因为什么人都可以在互联网上写他想写的东西,所以互联网传递的是信息而不是知识,互联网可以传递含有知识的信息,也可以传达不含知识的信息,甚至是含有伪造的知识。通常说的知识在互联网上流动,准确地理解应该是内含知识的信息在互联网上的流动。事实上互联网上流动的信息并不都能够满足这个条件,往往并不显示是什么问题的答案,甚至是企图将人们诱导到错误道路上的错误问题的错误答案。

　　信息变成能够支持设计的知识,需要有包括此前讨论过的约定以及一些更为复杂的过程。首先,设计知识不是广而告之的宣传,是专指一个特定需求,即必须是含有某特定问题答案的信息,也就是提供方先要知道消费方的问题,针对问题启动相应的服务流程。例如,第 4 章中介绍的,为得到含有某发动机活塞组件摩擦损失是多少的答案的信息,需要在发动机连杆上安装图 4.14 所示的装置和布置图 4.11 所示的系统,然后装置和系统才能不断给出含有信息的数据。没有这些装置和系统,就没有数据,也就没有任何信息可言。其次,要通过包含各种约定的数据模型或者叫作应用程序来解读数据里的信息,由不同的数据模型给出的信息,其中包含的知识有差异。例如,第 4 章中提到的在线可视铁谱仪给出的数据可以是图 4.18~图 4.21 的 IPCA、WIPCA、AIPCA 或者 S_{sip},这是在不断研究基础上由相同数据解读出内容不同的信息,因而得到关于机器磨损状态的知识其完整性也不同,提供方要就此给出说明。再次,还要能够说明所提供知识的可信性。设计知识不完整性定律说的是在有限的时间中,人的认识总是不完整的,但是消费方在消费服务的时候,必须对发送来的知识的完整程度和可信程度有一个估计,以便在以后发生新的问题时能够对问题做比较准确的分析。事实上,从数据得到知识并不是容易的事。图 4.18~图 4.21,就显示了用不同数据模型解读得到不同的结果,而且这种解读的研究仍旧在不断改进之中。数据中有非目的输出产生的干扰,是客观上不可避免的,各种对于数据模型改进的努力就包括想方设法过滤掉这些干扰。更可能有因追逐不法利益而给出含有伪造的信息,甚至是出于政治上的恶意发送扰乱视听的谣言,这些伪造由于是出自人为的故意,更不容易辨别和去除。高质量的服务,应该在发送问题答案时,也发送关于答案的完整性和可信性以及服务提供方的责任和保证的信息,同时还需要有第三方对这些信息审查结论的信息。最后,接收方也要对这些责任、保证、审查等的信息进行辨别和判断,决定这些信息是否能够成为可以信任的知识,是否可以作为问题答案被采用并集成到自己的设计中。

　　这些就是为什么说数据不等于信息,信息不等于知识的思考。

　　设计知识具有拥有者的特性,提供知识需要成本和服务价值的回报,它从提供方传递到消费方手里,需要构成一种服务关系。这种服务关系,不仅要遵循技术规则,还要遵循社会规则。如果拥有者不愿意提供,或者消费者对于使用没有信心,那么服务关系就不能成立。所以,这些都不是仅仅靠 ICT 所能够解决的问题。设计知识还具有消费方使用能力不同而效果不同的特性,服务提供方要使自己提供的知识让不同使用能力的人都能够成功使用,还要对使用方法做尽可能详尽的说明,或者说需要对消费方进行培训。

　　在分布式资源环境中,提供设计知识服务和消费设计知识服务不是个别人和个别人之间的关系,也不是个别企业与个别企业之间的关系,它是一种群体现象,是一种社会现象。如果能够通过互联网传递包含设计知识的信息,那么在互联网上实现设计服务单元对设计服务单元之间的设计知识服务,设计知识资源的运行就能够达到更高的效率,更有力地支持设计竞争力的提高和创新在广泛的范围中展开。图 5.2 所示的主导设计完成的企业,也是一类设计服务单元,这在第 9 章将有进一步讨论。当一个人有了好的创意,不必具备构建整个方案设想和评价认可的所有知识和资源,而可以大部分甚至全部通过消费知识服务而精准、快速、低成本地实现有竞争力的创新。而创意本身,也可以通过设计知识服务得到启发而使想象更为丰富。设计知识服务在同一时刻,并不必须是一对一的,可以是一对多和多对一。高水平的优质服务可以通过竞争发挥更大作用。所以,互联网不仅要能够传递设计知识,而且要能够有效地控制流动,使得流动能够规范地进行,解决不规范运行产生的种种问题,这比一般的电子商务要复杂得多。设计中如果弄错一个小数点,就会造成严重生命、财产损失。为了有效控制,首先要了解设计过程中知识流动的基本情况。

5.3.2 分布式资源环境中的四类知识流

根据对企业在分布式资源环境中设计进程的研究,设计中的知识流大致可以分为图 5.6 所示的四类,现在分别讨论如下[31,32]。这里讲的企业当然可以是设计物质产品的企业、设计精神产品的企业或者设计社会产品的企业,也就是说是广义的企业。

第一类知识流,如图 5.2 和图 5.3 所示,是知识在主导设计的企业内部的流动。当企业有了一个创意,并且认为这个创意如果变成创新将具有竞争力,立意使它成为可以实施并参与市场竞争的设计,那么它就是在主导一个设计。从事将创意变成设计全过程的一方称为设计主导方,或者称为系统集成方。一个产品设计往往,然而也不一定,以行业分类,所以有时也称为行业系统集成。当然创意也可能来自企业外,是一个系统集成企业,提供将消费方的创意变成创新的服务,承担了设计主导方的业务。这个主导方当然要集成一切可能从内部和外部得到的最有利于竞争取胜的知识来使创意成为成功的创新,是设计知识的主要集成者,也是设计知识服务的主要消费者。第一类知识流是知识在这类企业内部的流动,主要进行图 5.3 所示的活动,即知识在集成和竞争中的流动。流动的不仅是逐步趋于完成的设计知识集,跟随一起流动的还有所有设计进程的知识,包括成功和失败的记录,这些记录要由企业内的知识处理系统自动将信息处理成为知识。图 5.3 表明,决策进程有两个任务:决定取舍和提出问题。第一类知识流的流量比较大,因为是在企业内部局域网上流动,不易发生流动阻塞问题。这个集成的活动将在后面章节中更深入讨论。当一个设计的集成决策节点接受了集成结果,提出新的需要回答的问题,这时第一类流动就暂时停止,并同时触发第二类知识流的流动,执行如图 5.4 所示的任务。

第二类知识流是传递搜索、匹配、提供、消费服务的信息,执行服务搜索、服务匹配、服务链接和服务传递的任务。图 5.5 详细说明了第二类知识流中的各项活动。当服务关系建立以后,往往还担负着传递知识的任务,即服务提供方提供的知识集和服务的控制信息。这个过程因为涉及很多独立经营的单元,需要管理。所谓管理,就是控制加服务。控制要体现在一个公众可以浏览的网页上,服务提供方和服务消费方都可以按照规范登录网页发布提供服务和消费服务的信息,包括登录规范的制定、执行和监督上。控制也体现在开发各种链接双方所需要的应用程序,也就是组件,并制定链接的规范,使双方在开发和运用自己的知识资源时,遵守组件的握手规则。但是控制最重要和最复杂的任务是对服务的监管。所谓监管,是对服务提供方发布的关于答案完整性和可信性以及责任和保证信息的真实性进行第三方审查和承担责任。此前说过,提供的设计知识,如果有任何不实之词,对消费方可能造成巨大损失。而且对提供方也不利,如果互联网上提供的关于知识服务完整性和可信性的信息不诚信,不仅会使该服务单元丧失用户,影响它今后的业务发展,更严重的是将会使人们丧失依靠分布式资源环境中的知识服务进行设计的信心,使分布式资源环境的发展停滞不前。

关于设计知识服务提供的答案的完整性和可信性,分布式资源环境设置了三重保障:第一重保障是服务提供方提供的答案的完整性和可信性信息以及服务提供方的责任和保证信息,这是提供方需要承担的任务;第二重保障是第三方对上述信息的审查、发布审查结果信息和承担责任,这是第二类知识流的运营管理方的任务;第三重保障是接收方对前两重保障信息的检验,这是消费方的任务。其中,第二重保障是关键,也是用户对分布式资源环境建立信任的关键,这比支付宝实行的第三方支付保证还要复杂,第三方支付是服务后的保障,而第三方审查则是服务前的保障。没有这个保障,没有人愿意在互联网上消费知识服务。知识服务的可信性是关系分布式资源环境中设计知识服务生死存亡的问题,没有人会贪图网上便利而甘冒设计失败的风险。

运营管理服务可以由一个设计知识服务平台承担,也可以由多个平台参与知识服务市场的竞争。竞争的关键是平台所组织的审查是否严格和专业,是否是真正的第三方,是否切实承担责任,是否能由此取得用户的信任。这是运营管理服务中最困难,但是却关系分布式资源环境发展存亡的任务。第二类知识流的流量不大,主要是服务信息、控制信息和服务提供的知识集,图 5.6 中的虚线说明一旦服务关系建立以后,知识流可以也可以不必经过知识服务平台,取决于服务链接是如何建立的。

第三类知识流是在非主导的设计知识服务单元内部的流动,其内容是为服务消费方提出的细分和专业化的问题寻求答案。关于设计知识服务单元分类及各自的特征将在第9 章讨论。第三类知识流与第一类知识流有相似之处,不过在细分和专业化原则下,第三类知识流中的服务只涉及专业范围内的问题解答,不承担从创意到产品设计的集成任务,或者只承担一个子部分的集成任务。其规模和工作要简单得多,可以有如下几种:一是对设计进程中设想的一个或者若干个相互耦合的学科行为进行分析。例如,对一个齿轮箱体进行有限元的强度分析,对一个患者血液常规或者非常规的化验,对股票市场走势的预测,等等。二是提供一个子部分的设计服务,或者说是提供一个零部件的设计服务,而更大规模产品的设计则是由这些服务提供的知识集的集成。

子系统或者零部件的设计可以分布地进行,利用分布的设计知识服务来完成设计,为提高设计竞争力,不必将所有设计工作都自己做。这可能是一个继承性设计,也有可能是一个已有产品的供应服务,但是也完全可以是一个创新,需要创意和设想,需要评价认可。

创新更多是产生在点上，只有子系统的创新，才能推动真正意义上大系统的创新。不管怎样，与更大的系统设计相比，由于细分和专业化，涉及范围较小，不存在很大的不可预见性，承担的风险要小一点，提供服务的时间周期也比较短。

服务通常有提供和消费同时进行和当即完成的特征，当然也不是绝对的，例如，洗衣服务就是在送衣后延时提供服务。知识服务也不能要求完全符合这个特征，有些服务需要较长时间才能够完成提供和消费。不过设计知识服务与接受研发项目有根本的不同，不仅是时间上的差别，更重要的是研发项目总带有不可预见性，而服务则没有这个特点，需要已经有充分准备而能够即插即用。

第四类知识流是其他所有不具有上述三类知识服务特征的知识流，包括阅读公开发表的文献、参加培训、学术会议上的讨论和完成各种委托项目等。这些流动可以通过互联网或者不通过互联网，通过设计知识服务平台或者不通过设计知识服务平台。不论在什么时候，人类传统取得知识的途径总是存在并起着重要作用。图5.6中的第一类流动，没有表现来自第四类流动的知识的图示，是强调设计的主导方要优先考虑通过第二类知识流从第三类知识流获取知识。而来自第四类流动的知识则尽可能让第三类知识流去集成，这是分布式资源环境成熟的标志。在细分和专业化的前提下设计主导方优先考虑通过第二类知识流从第三流知识流取得知识和获取新知识，将能够更为精准、快速和低成本地得到答案。

5.4 设计知识流动和设计竞争力

在竞争性设计中，知识的无序流动和有序流动，知识的平凡流动和竞争流动，对设计知识的高效运用起着决定性作用。设计的竞争性、知识的具有拥有者的特性和知识有使用能力不同的特性的研究有助于理解这种决定性作用。

与工业社会大部分时间知识资源以一种垂直结构存在于企业内的状态相反，在工业社会的后期，有人提出了知识社会的概念。其核心是人人都能够共享社会拥有的知识和运用社会上所有的知识资源。在这个基础上，引申出人人都创新的所谓创新2.0。提出这种想法是看到ICT高速发展，认为从Web 1.0的以数据为中心到Web 2.0的以人为出发点，人人都可以找到他需要的知识和知识资源。举出的最有力的例子是维基百科。结论是人人都能够运用社会的知识资源参与创新。人人参与创新，就想到人人参与设计，于是一种所谓"众包"的设计模式也模仿维基百科的模式在网上悄然而生。

首先要说明的是设计不等同于创新。创新包括设计和实施两个部分，人人参与创新，不等同于人人参与设计。关于创新和设计的关系，此前已经在多处讨论过，这里只讨论人人参与设计这样一个问题。

知识社会是一种理想，有点像20世纪在世界上流行的共产主义。一个根本的问题是社会的发展是否存在竞争，用什么来竞争以及竞争在社会发展中起什么作用。

万物在竞争中发展,这是公认的法则,人类社会也不例外。创新可以是个人的爱好或者兴趣,但是创新更多是为了在社会上竞争取胜。如果没有竞争,仅仅是满足个人的爱好或者兴趣,那么社会是否能够由个人爱好或者兴趣推动发展呢？不可否认,有一部分事、物是靠个人爱好或者兴趣推动发展的,作为客观规律的探索或者科学研究,某个文学或者艺术的作品,某个新技术的产生或者新事物的创成,也可以是个人爱好或者兴趣的产物。如果成功,则为社会知识宝库增添了新的元素,如果不成功,对社会也无伤大雅。但是,企业的产品设计虽然可以吸收个人爱好或者兴趣中的精华来提高自己的竞争力,却不能将企业的命运放在这些兴趣和爱好上,整个社会也不是由个人爱好或者兴趣推动发展,而是由竞争来推动和发展的。总体上说,竞争成功者将得以发展,竞争失败者则将不复存在。历史上是这样,现在是这样,将来也将是这样。

人人都设计,人人都会设计,但是如果是为创新竞争取胜而做的设计,那么就要考虑设计的竞争力问题。人人都会设计,人人的设计竞争力是不是有所不同？不论是竞争性设计,还是继承性设计,都有一个竞争力的问题。如果创新竞争失败,那么为创新而做的设计也就没有意义。所谓知识社会中人人参与创新,如果延伸到人人参与设计,那么这些人的设计之间是不是没有竞争呢？如果有竞争,那么他们又是依靠什么来竞争？

既然设计是围绕知识进行的一种活动,那么知识就应该是竞争的资本。设计是以已有知识为基础定律和设计是以新知识获取为中心定律告诉人们,设计的竞争力就包含知识和知识资源的拥有以及是否能够高效率地使用知识或者运行拥有的知识资源。先讲拥有,如果人人都能够同等地使用社会已有知识积累,那么在这一点上,人人在竞争力上的得分是相同的。但是,在一个依靠已有知识积累竞争的社会中,这可能吗？很多人用维基百科举例,这是一个假象。因为维基百科收集的都是本来就已经公开发表的、可以共享的知识条。只是它们原来是分散在不同的书刊、媒体或者人脑中,维基百科给人们带来的便利是不必到处去寻找,只要通过互联网在维基百科中检索就可以找到。没有维基百科,只要花时间,也可以在其他的百科全书、专业书籍、刊物、媒体中找到。传统的教育,实际上就是通过教师面对面的传授来得到这些知识。到了知识爆炸时代,在校时间又不能无限延长,这种教育正处在尴尬局面之中,本书第 10 章将讨论这个问题。对于设计竞争力更有影响的不是这种已经公开发表的知识,而是那些获取不久,非常专业,与当前热点难题相关的知识。这些知识都是在从事这方面工作的人手里,或者是这方面事业的投资人手里,他们是拥有者。这种拥有,或者叫作知识产权,是一个需要通过有偿提供来解决的问题,和人人可以使用社会上的知识不是一回事。姑且不论还有其他社会原因所造成的限制,如政治原因。

由于知识在具有拥有者特性之外,还具有使用能力不同的特性,有一些知识并不是知道了就会使用,还要经过刻苦练习,才能够使用,而且使用的熟练程度也会有不同。例如,知道存在有限元分析并且了解它的基本概念是一回事,能够使用 ANSYS 软件做有限元分析是另一回事,而在某一个领域的问题中熟练使用 ANSYS 则是完全不同的事。本书作者曾经向 ANSYS 中国代理的一位负责人请教：既然你们能够为用户解答使用该软件中的问题，对使用该软件做有限元分析很熟悉，为什么不能用这个工具为需要分析但是又无力或者没有必要拥有这一套设备的企业提供分析服务呢？这位负责人的答复是，真正要为某一个专业领域的问题做有限元分析服务，还需要知道这个专业领域的许多专业知识，如边界条件等，而这是他们所不具备的。就是维基百科，其中的条目，对于绝大部分读者只能学习，却不可能去编辑，因为缺乏相关的知识。在百科全书中编一个条目，通常需要这个条目相关专业领域非常资深的专家。例如，斯普林格出版社（Springer）出版的 *Encyclopedia of Tribology* [86]，其中"部分弹性流体动力润滑"这个条目的作者，就是提出这个理论的学者的传承人。维基百科虽然对各个条目都有审查，不过对于每一个条目的审查人的资质是否都能够达到这个标准，尚不得而知。

以上讲的是已有知识的掌握，至于新知识获取则更是资源依赖的。新知识获取资源包括有资质的人、软硬件设备、经验和资金。没有这些资源，设计中设想的评价认可就不能进行，设计也不能完成。而这些资源，都包含巨大的人力、物力、财力投入。5.1.2 节举过的全尺寸汽轮发电机组轴承试验台的例子还不算是太大投入，而要得到大飞机适航许可的试验，航天火箭发动机的试验，新药生产许可需要经过的试验，这些资源是否将来会有人人都能够进入和使用的一天，恐怕没有人能够回答。至于所谓的"开发创造实验室（fab lab）"[87]和"智能家居生活实验室（living lab）"[88]（中文译名似乎具有在中国推广这些概念的人意愿的烙印）中的那些设备，对于设计的评价只能提供非常有限的支持，与设计方案评价认可需要的设计知识资源不可同日而语。以为有了 3D 打印机就无所不能，这是不懂设计。在第 4 章里已经讨论过这个问题。

从设计的竞争特性，设计中已有知识具有拥有者的特性，设计中已有知识具有使用能力不同的特性以及新知识获取的资源依赖性和资源需要有运行者的特性这 4 个方面，可以看到泛泛地讨论人人可以使用社会知识来参加设计，是不切实际的。

人人可以有创意。如第 3 章中所讨论过的，一个人的有竞争力的创意只能产生在与他关系密切的问题上，也就是与其有亲密接触、对其有相当程度的了解，不然不可能激发出直觉和灵感，这就是创意产生的实践性特征。从这个角度看，用户对于与自己相处的事、物，感觉到问题甚至问题的关键难点并提出改变事、物设计的想象是符合实际情况的。例如，一件上衣究竟做成什么式样，椅子靠背的角度和形状，等等，这就是"用户参与设计"论的出发点。而用什么有竞争力的办法解决这个关键难点，则取决于他在与问题相关领域可以使用的已有知识水池里水的多少。当然有一些知识可以共享，他必须去搜索、学习、掌握和熟练运用。要构建上衣形状的有竞争力的设想，他必须了解剪裁，了解材料和知道当前流行式样的信息。而不能共享的知识，他就要和别人合作。椅子靠背角度和形状的设计，既与美学、人体工程学有关也与靠背的材料、实施（制造）工艺和成本有关。例如，什么材料用什么工艺制造、成本多少就不是可以共享的知识，显然只有细分和专业化的部门才能够积累和提供这些知识，因而需要相关部门的合作。这种合作是有代价的，换一个说法，就是需要请求别人的服务和消费别人的服务，然后他才能构建一个有竞争力的设想。其实,即使在创意层次上的用户参与设计,也不是人人都具有竞争力。

"设计众包"的想法是让所有愿意参加的人都提供创意,不管有竞争力或者没有竞争力,兼收并蓄。然后由发包单位在这里面筛选,找到比较好的就采纳并给以奖励。其实,他们是在寻求对自己灵感的启发,充分利用创意的随机特性,经过再加工变成自己的创意。构建整个方案的设想需要更多的专业领域知识,只有在细分和专业化条件下经过长期训练的人才能够熟练地使用这些知识。

这就是说,人人可以设计,但是人人设计不能不讲知识流,更不能不讲知识的竞争性流动。无视知识流的人人设计,是没有竞争力的。

5.5　设计知识流动的驱动力和阻力

讲到知识流动,不仅仅是在水平知识资源结构企业的设计中,也包括在垂直知识资源结构企业的设计中,都有流动的驱动力和阻力问题。正是由于驱动力和阻力的不同,才推动设计的资源结构向分布式资源环境发展。驱动力和阻力最终将影响知识流动的流量,影响知识资源运行的效率,从而影响设计的竞争力和设计取得成功的机会。为了研究设计中知识流动的驱动力和阻力,上海交通大学现代设计研究所的团队曾经在相关问题上做过广泛的社会调查,并且在以一个大型国有企业为中心的相关行业中和一个位居制造业 500 强的民营企业内部做过多年的实验研究[84,85]。

在设计的垂直知识资源结构企业中,通常只有图 5.6 所示的第一类知识流和第四类知识流,也就是说主要依靠图 5.1 所示的企业内的知识资源进行设计。计划经济下的国有企业大多是这种情况。当然,设计不可能没有与外界的知识交流,那就是第四类知识流。在这种情况下,企业的拥有者就是企业内知识和知识资源的拥有者,在知识产权处理上比较简单,也就是企业的管理层能够根据需要随时调用自己所拥有的知识和知识资源。不过企业知识资源中一个首要的因素——有资质的人,其个人的知识特别是隐性知识的产权则处于一个灰色地带,并不是企业的管理层能够随意调用,其流出或者流入存在与参与者相关的驱动力和阻力问题。另外,第四类知识流,除掉与外界的项目转让以外(将在下面和第 9 章中讨论),无论是阅读文献、参加培训、会议上的学术交流还是企业内的知识社区活动,其流动的控制也存在一个灰色地带,都有与参与者相关的驱动力和阻力问题。因此在垂直知识资源结构的企业中,为了使设计有竞争力,企业不得不用高昂代价广招人才,而当人才在企业中时,又不得不想方设法让他们的知识能够流到设计竞争力中。此前曾经以日本企业的全尺寸轴承试验台为例说明把软硬件设施收藏在企业的围墙里相互竞争给企业造成的困境,其实把有资质的人尽可能搜罗在企业内同样也有许多相似的问题。对于不能熟练运用知识和缺乏运行知识资源能力的人固然谈不上知识流动,能够熟练运用知识和具备运行知识资源能力的人是否愿意和能够贡献他们的能力于知识流动,也不是企业管理层容易控制的。已有知识积累和软硬件设施是知识资源的一个方面,运用已有知识积累和运行软硬件设施的人是知识资源的另一个方面,而且是更不可捉摸但是更能够左右局面的方面。如果知识资源的运行者不是知识资源的拥有着,如果他们之间的利益存在不一致的地方,那么流动的驱动力就会削弱,流动的阻力就会增加。在考虑影响驱动力和阻力的因素时,如果说决定有无已有知识积累和软、硬件设施的是有没有资金、有没有时间的问题,那么决定是否让知识流动的则是运用已有知识积累和运行软、硬件设施的人,他们愿不愿意和能不能的问题。实现知识流动,涉及3个方面,流出方、流入方和通道。对于第一类知识流,流入方和流出方的人都在企业内为企业工作,职责范围内的流动是由企业的管理层控制,以企业利益最大化为目标。通道不是重要的影响因素,企业管理层如果觉得需要,会采取一切措施使通道畅通,只有当企业觉得流动伤害自己的利益时才会阻断通道。影响流动驱动力和阻力的因素,主要是直接运用知识和运行知识资源的人愿意不愿意和能不能让知识流动。

表5.1是一个对垂直资源结构企业相关人员调查问卷答案的描述性分类统计结果[84]。所谓描述性分类,是一种基于问卷起草人对问题认知的分类。从五花八门的问题答案看,显然可以将运用知识和运行知识资源的人对知识流动阻力影响的因素分为愿不愿意和能不能两个大的方面进行分析。

表 5.1　第一类知识流阻力问卷答案统计

序号	知识流阻力因素	均值	标准差	中位数	极大值	极小值
1	个人不愿意共享	2.83	1.328	3	5	1
2	团队/组织氛围不好	3.13	1.610	3	5	1
3	缺少信任基础	2.70	1.200	3	5	1
4	组织结构不合理	3.22	1.330	3	5	1
5	供应方的知识不完整	3.25	1.174	3	5	1
6	缺少消化吸收能力	2.73	1.046	3	5	1
7	知识自身特征造成的障碍	2.77	0.792	3	5	1
8	思维惯性排斥新知识	2.50	1.441	2	5	1
9	不知组织有哪些显性知识	2.88	1.430	3	5	1
10	不知道哪些成员有何特长	3.00	1.000	3	5	1
11	不知道组织中哪些人需要自己提供知识	2.78	1.090	3	5	1
12	缺少激励制度	3.60	1.400	4	5	1
13	缺少沟通技巧	3.28	0.990	3.5	5	1
14	需求方对知识需求表述不明确	2.87	1.100	3	5	1
15	缺少软件工具支持	2.67	1.107	3	5	1
16	学科知识障碍	2.95	1.269	3	5	1

影响愿不愿意让知识流动的因素有:相关人员的利益,这是最基本的因素;相关人员的情商,这是第二位的因素,取决于文化、道德和企业内知识共享的氛围。在垂直知识资

源结构企业中,一般对于运用知识和运行知识资源的人的报酬是按照职位而不是按照知识流量确定的,在满足职责规定要流动以外的知识流动,其驱动力就不可能很强劲,相关人员甚至有知识流出会影响自己职位晋升竞争力的考虑。一些企业采用给相关人员持有股份,希望持股后能够因对企业的盈亏更加关心而参与知识流动。不过个人知识流动与股票升值之间的联系太弱,难以有很大的驱动力。也有企业采用给予额外名利奖励来鼓励流动,不过奖励的幅度不可能很大,不可能形成很大的驱动力。更有企业定期组织企业内的集体文化、娱乐活动以提高员工之间合作的氛围。对于有较高情商的人员,认识到流动有利于个人的相互提高和企业总体竞争力增加,愿意投身于职责以外的知识流动,不过其积极性往往由于管理体制上的限制只能在第四类知识流中发挥,在第一类知识流中难起作用。而对于情商不高的职工,则认为职责以外的知识流动是额外负担而不愿意参加。第四类知识流中属于委托项目一类的流动,受管理权限的制约也不能任意发生职责外的流动。

　　影响能不能流动的关键是企业内、外有没有对企业有用的知识可供流动,这是第一位的因素;流动渠道是否畅通,包括是否能够及时找到流动的方向和路径,是第二位的因素。前者与一个国家或者地区对知识的认知和教育政策、教育水平有密切关系,后者在垂直资源结构的企业里则取决于企业内部知识管理状态以及对企业外知识和知识资源存在状态信息的掌握。这个问题在第 9 和第 10 章中要分别详细讨论,这里先讲一些基本观点。本书第 1 章中分析过的中国企业存在忽视设计竞争,满足于打工仔地位的倾向,固然是问题的一个方面,而在同样思想支配下的高等教育,使得从学校毕业到企业工作的学生并不拥有多少对企业有用的知识,企业也缺乏自己完备的人才培养体系,因而企业内部个人自身拥有的知识非常有限。企业只重视生产资源的扩张,忽视知识资源的建设,导致大多数企业内部的知识资源极其匮乏。除技术引进(包括从外国企业引进和从国内大学或者研究机构在"产学研"口号下的引进)和消化引进技术,企业内部几乎没有多少其他能够支持设计竞争的可以流动的知识。在流动渠道畅通方面,工业社会物质产品规模竞争占优势的时候,为了规模生产顺利进行,企业对于设计的严格管理体制是规模竞争最重要的保证,工作流的概念就是在这种环境中发展起来的,不允许任何工作流程规定以外的知识流动,哪怕是为了创新。在知识产权没有充分保证的情况下,企业为防止自己拥有的知识外泄,设置了各种各样的防范措施,谁如果想进行规定范围以外的知识流动,要经过层层审批,十分困难。许多企业是将创新的探索放在另外一个小循环中进行,中国大多数企业事实上连这个小循环也不具备。结果作为企业内各部门之间知识流动的第一类知识流是受到严格控制的流动。同样,由于以上原因,除以项目形式引进技术的第四类知识流也非常之弱,而以项目形式引进技术使得成本提高,利润空间狭小和技术上受制于人而根本没有竞争力。由于成本很高,除国有大企业,中、小、微企业很难有引进技术的实力,以致在设计的知识资源上完全依赖大企业,自己没有为创新而设计的知识资源,实际上很难发生第四类知识流。

  设计的水平资源结构与垂直资源结构的最大不同点是存在充分发展的第二类知识流,也就是存在一个分布式设计知识资源环境。第二类知识流是按照市场竞争模式驱动的流动,也就是说在知识服务提供方即知识流出方和知识服务消费方即知识流入方利益平衡的基础上的流动。这种资源结构的另一个特征是知识和知识资源的拥有者或者经营者和运行者在最大限度上统一,这种拥有者或者经营者和运行者统一决定了知识资源结构将是细分和专业化的,也就是由细分和专业化的资源单元组成一个分布式的资源环境。当然也不排除如图 5.2 所示的,一个设计知识服务单元有若干种不同的知识资源,不同的知识资源由不同的团队运行的情况。这种情况下作为拥有者的设计知识服务单元应该更多扮演一个投资者的角色而不必去扮演经营者的角色,让那些直接运行知识资源从事知识服务的人员有自己就是拥有者的感觉。

  这种情况下,运用知识资源从事知识服务的人是以服务的多少得到服务的报酬,简单地也可以说是按照知识流量计算报酬,服务的多少直接与报酬挂钩。在服务存在竞争的情况下,服务多少又与服务水平和服务质量正相关。主导设计的企业,由于不必拥有、维护和管理并不必须或者不经常使用的知识资源而可以大幅度减少成本,既不必耗资建设、维护软硬件设备和为之积累经验,又不必为留住运行这些设备的人员和调动他们的积极性付出高额报酬,但却可以通过市场竞争规律,得到优质知识资源的服务。这就是知识流的驱动力。当然在这种环境下,要完成一个设计,使用企业外的知识资源,即搜索、匹配、请求和消费分布式资源环境中的知识服务,就成为设计进程中一个重要任务。于是第二类知识流成了设计中非常重要的知识流动的组成部分。

  不过对于第二类知识流也存在阻力。表 5.2 给出了关于第二类知识流阻力调查问卷答案描述性分类的统计结果[85]。表 5.3~表 5.5 给出了按照行业、答卷人工作年限和答卷人所在企业类型分类的统计结果[84]。需要指出的是所有这些都是在垂直资源结构企业以物质产品生产占绝对优势的环境中调查的结果,当时分布式资源环境实际上并不存在。虽然这些结果并不完全代表分布式资源环境中第二类知识流可能的阻力,但是在推动分布式资源环境发展的过程中要注意和研究如何解决这些问题。

表 5.2　第二类知识流阻力问卷答案统计

序号	知识流阻力因素	均值	标准差	中位数	极大值	极小值
1	知识产权障碍	4.18	1.017	4.5	5	1
2	服务提供方技术能力	3.30	0.944	4	5	1
3	信用问题	3.27	1.056	3	5	1
4	企业任务很重,无多余精力提供服务	3.08	1.210	3	5	1
5	存在同行业竞争	3.97	1.008	4	5	1
6	不能实现合作收益	3.50	1.036	3.5	5	1
7	不知道找谁提供服务	2.47	0.999	2	5	1
8	知识服务需求表达不明确	3.30	1.154	3	5	1

表 5.3　第二类知识流阻力问卷答案的行业分类统计

序号	知识流阻力因素	样本评分平均值					
		机械	汽车	软件	信息电子	技术服务	总体
1	知识产权障碍	4.048	4.087	4.500	5.000	4.167	4.18
2	服务提供方技术能力	2.905	3.348	3.333	4.000	4.000	3.30
3	信用问题	2.905	3.391	3.833	3.500	3.333	3.27
4	企业任务很重,无多余精力提供服务	3.286	3.000	2.667	2.750	3.333	3.08
5	存在同行业竞争	3.952	4.000	3.500	4.250	4.167	3.97
6	不能实现合作收益	3.429	3.435	3.833	4.000	3.333	3.50
7	不知道找谁提供服务	2.238	2.739	1.667	2.750	2.833	2.47
8	知识服务需求表达不明确	3.333	2.750	4.200	2.905	3.920	3.29

表 5.4　第二类知识流阻力问卷答案的工作年限分类统计

序号	知识流阻力因素	样本评分平均值					
		2 年以下	2~5 年	5~10 年	10~15 年	15 年以上	总体
1	知识产权障碍	3.909	4.292	4.211	2.000	4.600	4.18
2	服务提供方技术能力	3.455	3.250	3.158	2.000	3.600	3.30
3	信用问题	3.182	3.083	3.368	4.000	4.200	3.27
4	企业任务很重,无多余精力提供服务	3.364	3.125	2.895	2.000	2.600	3.08
5	存在同行业竞争	4.000	3.875	4.052	5.000	4.200	3.97
6	不能实现合作收益	3.273	3.375	3.789	4.000	3.800	3.50
7	不知道找谁提供服务	2.727	2.583	2.316	2.000	2.000	2.47
8	知识服务需求表达不明确	2.000	2.952	3.620	4.000	4.200	3.29

表 5.5　第二类知识流阻力问卷答案的企业分类统计

序号	知识流阻力因素	样本评分平均值				
		国有企业	民营企业	合资企业	外方独资企业	总体
1	知识产权障碍	4.150	4.636	3.923	4.125	4.18
2	服务提供方技术能力	3.550	3.545	2.923	3.125	3.30
3	信用问题	3.500	3.909	2.461	3.187	3.27
4	企业任务很重,无多余精力提供服务	3.100	3.182	2.769	3.250	3.08
5	存在同行业竞争	4.200	4.000	3.538	4.000	3.97
6	不能实现合作收益	3.600	3.909	3.154	3.375	3.50
7	不知道找谁提供服务	2.400	2.455	2.077	2.875	2.47
8	知识服务需求表达不明确	3.230	3.471	3.154	3.444	3.29

在垂直资源结构企业占绝对优势的环境中,这些问卷的设计者认为知识流动阻力基本上可以归纳为两大类:知识服务的发现因素和知识服务的交易成本因素[84]。对于第二类知识流,同样有 3 个方面:消费方、提供方和流动的通道。所谓交易成本,可以归入愿不愿意使用第二类知识流即分布式资源环境中提供的知识服务。不过这时已经不仅是运行知识资源的人,也包括企业本身,是企业管理层要考虑的问题。作为消费方的企业,建设、维

护、运行、发展自己的知识资源固然需要巨大的资金投入,从成本上考虑,对竞争不利。然而要利用企业外的资源,就存在是否有高水平知识资源和高质量知识服务的问题。这与知识服务提供方发布的服务信息的可信性密切相关。前面已经讨论过,当设计在第一类知识流中集成了一个哪怕是存在很小错误的知识集,甚至是错误的知识条,即使其他所有的步骤都完全正确,其最终结果就可能是错误的,因而前功尽弃。更危险的是如果在评价认可中没有发现这个错误,而设计得以付诸实施并到了用户手里,就有可能导致严重的生命财产损失。在提供方提供的知识其完整性和可信性缺乏信息的情况下,第二类知识流中消费知识服务的意愿将大大降低,甚至消失。任何服务的不可信案例都将增加流动的阻力。所以设计知识服务的可信性是分布式资源环境的生命。其次,企业的管理层还会考虑到,既然是企业外的知识,竞争对手当然也可以使用,这种情况下如何能够竞争取胜? 此时,可以看到创意在竞争中的重要性。创意引领设计,不同的创意,虽然采用并集成了某些相同的知识,竞争力仍旧完全不可同日而语。在这个问题上,服务提供方必须给出不向第三方泄漏任何关于服务消费方信息的保证,以免竞争对手由之推断出创意的内容和竞争策略。这也要求服务提供方在保守服务信息机密方面有高度的信誉,是服务质量的重要组成部分。

在分布式资源环境中,愿不愿意通过第二类知识流的知识服务来提高企业的竞争力,企业的管理层而不是运行知识资源的人起主要作用。中国的物质产品生产企业,因为长期跟随工业发达国家企业的技术生产,缺乏以产生创意来竞争的意识和经验。主导设计的企业为了提高自己的竞争力,也投入大量资金于零部件设计知识资源的建设、维护、运行和发展,当希望得到的结果能够通过零部件供应企业的设计和实施流入自己需要的零部件产品时,又害怕零部件供应商用同样的结果去为自己的竞争对手生产零部件,不愿意与零部件供应企业在知识资源上彻底的共享,结果就形成了一个尴尬局面。这就是第二类知识流的阻力。

国家长期不重视零部件性能的提高,满足于能够表现具有整机生产能力的光环。结果对零部件技术提高的投入很少,而且大多也是以整机开发为目标通过主导设计的企业投入,经过主导设计企业的七折八扣,使得零部件供应企业缺乏自己建设、维护、运行和发展零部件设计知识资源的能力,在设计竞争力上不得不依赖主导设计的企业。价格竞争使得主导设计的企业不断给零部件供应企业压价,零部件生产的利润越来越薄,更削弱了零部件设计和供应企业的设计竞争力。而零部件性能低下实际上是中国产品整机性能不佳、缺乏竞争力的重要原因。

在分布式资源环境中,当主导设计的企业不必为零部件设计竞争投入资金时,也就不会有害怕因为自己的投入变成竞争对手的竞争力而进退两难的尴尬,可以将主要精力放在创新竞争所必需的创意产生和知识集成上,同时还可以低成本地借助知识服务完成设想构建和评价认可。利益平衡的变化成为主导设计的企业愿意使用第二类知识流知识服务的驱动力,这是流入方的意愿。

而对于知识流出方,作为知识服务提供方的零部件供应企业,不仅可以提供零部件产品本身,也包括提供零部件设计中的产生创意、构建设想和评价认可的服务,后者还包括专门从事学科行为分析的知识服务提供方,在细分和专业化的基础上,能够得到更多服务再生产的回报,也就是建设、维护、运行和发展自己知识资源的资金回报,并且能够由于服务水平以及服务质量和由服务竞争决定的服务数量的增加,多劳多得,当然会有强烈的知识流动也就是服务意愿。

一个不争的事实是,大量具有相对优质知识资源的物质产品企业,在传统观念,也就是规模竞争观念支配下,只认为生产出物质产品的竞争是竞争,看不到在创新竞争中的知识竞争占有日益重要的地位。虽然制造业要向服务业发展的口号一再被强调,不过都将注意力放在产品的下游,即产品的送达、维护、使用技术的培训等,始终离不开产品。为什么不能把注意力放到产品的上游? 即用自己相对优质的知识资源从事知识服务,将注意力从产品转移到知识。例如,白色家电制造企业成千上万,大家为十分微薄的利润在市场上拼得你死我活。如果有一部分企业不去生产产品,转而用自己相对优质知识资源为另外的企业提供知识服务,使得后者能够以更快的速度、更低的成本取得更有竞争力的知识来提高自己产品的设计和创新竞争力,这不仅关系到整机性能的提高,更关系到作为整机性能基础的零部件性能的提高。而且还可以使得相对优质的知识资源发展得更为优质,同时释放一部分设计知识资源从事产生创意,提高制造业整体的创新能力,这又何乐而不为? 中国由于工业生产长期落后,物质匮乏,重物而不重知识成为人们观念中的一种顽疾。买一个茶杯可以报销,而买一条知识,则认为没有付款的理由。很少有拥有相对优质知识资源的制造企业愿意将经营重点从物质产品生产转向知识服务。另外一些也拥有相对优质知识资源的研究院、所和大专学校,他们追求的目标是学术论文和科技奖励,凡此种种,都成为由于提供方驱动力不足形成的流动阻力。

能不能的问题其实也完全可以从相同的方向进行分析。上述所谓拥有相对优质资源的企业或者研究院、所和大专学校,其资源多数是从国外引进的。整天忙于产品、论文和报奖,哪有精力用于知识资源的建设、维护、运行和发展? 相对优质很快就会变成不再优质。本来,建设、维护、运行和发展设计知识资源,其重心应该在企业,是企业的中心任务。当企业主要关注的是产品生产时,知识资源运行者的资质就普遍存在缺陷。而大学和研究院、所由于忙于企业应该做而做不了的开发项目和论文、奖项,不能集中力量于人才培养和科学活动,导致不能向企业提供充分有资质的能够承担知识资源建设、维护、运行、发展和研发项目任务的人员和高水平的知识积累,这样就形成了一个恶性循环,在后面的章节中我们还要讨论这个问题。没有绝对优质的知识资源,也就不可能提供有竞争力的知识服务,除从国外引进技术的第四类知识流,就没有可以运用第二类知识流动的驱动力。在分布式资源环境中,细分和专业化使得各方都能够集中精力于一个专门的领域,减少了管理上的复杂性,在驱动力的驱使下,设计知识服务单元在建设、维护、运行和发展自己的知识资源的积极性和持续性以及已有知识积累和新知识获取能力的提高是可以期望的。设计主导企业可以在产生创意和集成知识上下工夫,研究院、所可以集中精力探索科学规律,而学校则应当为企业培养知识资源建设、维护、运行和发展中最重要的要素——有资质的人,全力以赴。

通道问题也就是匹配窗问题,在第二类知识流中成为驱动力和阻力的关键,实现流入和流出的匹配功能,其中特别重要的是建立信任。表 5.1~表 5.5 的设计者提出的知识发现因素也是属于通道的问题。这些的重要性此前已经讨论,更详细的讨论将在第 9 章中进行。

第6章 系统集成中的设计知识

6.1 设计中的系统集成

6.1.1 系统

第 2 章讲到设计中的系统,事实上无论一个什么事、物,都是一个一般意义上的系统,所以谈到设计什么事、物,都可以说是设计一个系统。什么是系统? 在不同的场合,有许多不同的说法。例如,从事系统工程工作者,认为:"系统是由若干其他事物构成的事物,这些事物为了一个目标相互作用"[55]。从事生命系统研究者则认为:"系统是一组具有相互关系且相互作用着的单元""生命系统存在于空间,由物质和能量构成并由信息组织在一起"[56]。也有人认为:"一个系统就是一个集成人、产品和过程的合成物,具有满足确定需求或者目标的性能"[57]。或者认为:"① 系统是共同产生满足一种需求功能的诸元素的组合,这些元素包括为达到这个目标所需要的全部硬件、软件、装置、设施、人员、过程和步骤。② 终极产品(能实现当即可使用的功能)和使能产品(对终极产品提供全生命周期服务支持)构成一个系统"[58]。

本书在第 1 章已经给出了关于设计的定义。设计是人类有目的活动的第一步,目的是要让某些需求得到满足。从设计的角度看,可以认为系统是人们为满足某些需求所规划的一组相互作用的元素集合的模型,具有规范化、无歧义表达的功能、行为和结构,这些需求是其中部分元素所不能满足的。这里面的元素可以是较小的系统,但是并不必须是设计意义上的系统,即在设计的大部分进程中由于不必赋予局部以独立的功能而不需要进一步分割成更小的系统,可以看成是一个组分或者个体。自然界中许多事、物,如天然森林中的一群树木,海滩上的一堆沙子,等等。这些不是人类有目的活动的产物,可以统称为自然系统。它们不是设计意义上的系统,却可以是所设计系统的环境、元素或者输入。系统这个词,在日常生活中频繁使用,它所代表的事、物也是多种多样的。用自然语言描述的系统,往往由于主观理解上的不同而有很多歧义和不确定性。不同语言描述的系统,需要经过翻译才能够知道它是怎样的一个系统。即使是同一种语言,具有不同经验、受过不同程度教育的人,对于自然语言描述的系统也会有许多很不相同的理解。为了不发生歧义,设计时要对所设计的对象建立系统模型,就是说要用无歧义的、确定的、规范化的方式描述系统。具体说,就是要规范化地表达系统模型的功能、行为和结构,并在系统模型上进行设计,以求能够无歧义地实施和实施后得到无歧义、确定的系统结构、行为和功能。这个工作,称为系统建模。不过,从以后的讨论可以看到,即使是系统本身,由于客观世界的复杂性和发展性,虽然很多研究在这方面做了巨大努力,绝对规范化的要求依然是不现实的。人需要不断学习,规范也需要随着客观世界变化而修改和扩展。另外,许多属于主观世界的意愿,也很难转换为完全无歧义的、明确的表达。一些著作里,将规范化称为结构化,为避免与系统结构的概念发生混淆,本书不予采用。

6.1.2　系统集成

系统是由系统建模知识描述的。设计中,无论是产生创意、构建设想或者是评价认可,都是丰富一个设计知识集的过程,设计是一个知识集成的过程。前面说过,创意的产生是搜索那些有可能被用来构成难题答案的已有知识片段,并尝试将它们拼接和重组成一个想象可行的难题的解。这些已有知识片段是知识条或较小的知识集,甚至是知识条的碎片。围绕创意构建整个解决方案的设想,更多是继承性设计,则往往更依赖于集成已有的知识条和知识集以达到设计的精准、快速和低成本,这就是设计以已有知识为基础定律所阐述的。每经过一次集成,就形成一个新的设计知识集。评价认可,是通过数字仿真、物理仿真或者社会调查等手段对解决方案的设想给出是、非、优、劣的比较,这些比较的理由和结论,是设计过程中获取的新知识,也要加入到这个知识集中,成为新设计知识集的重要组成部分,是设计进入下一个进程,必要的步骤。如果创意和设想本身并不具有被认可的条件就进入下一个进程,将有可能使后续设计的努力付诸东流,造成人力、物力特别是时间的浪费。这就是设计以新知识获取为中心定律告诉人们的。从创意产生到新设计知识集被认可,是一个设计的整个过程,也是一个知识流动、竞争、集成和进化的过程。

事实上,从设计开始,就存在一个知识集,它包括对设计任务最初的理解。许多情况下,设计师起初对设计的要求并不会很清晰,尤其是在竞争性设计中,只有一个对愿望的描述。对需求和约束形成确定而无歧义的认识是设计任务的一个组成部分。最初的知识集,其中的知识通常不具备规范化表达系统设计任务的条件,属于非系统知识。随着设计的进展,知识集的内涵不断增加,设计任务逐步清晰起来,对所设计的系统的功能、行为和结构的描述也逐步完整和规范化。其中除已经规范化表述的系统知识以外,还包括不能成为系统知识的,例如关于约束的知识和这些系统和非系统知识形成过程的纪录。于是这个知识集中就有系统知识和非系统知识两个部分。

前面许多地方提到集成这个概念,讲的都是知识集成。所谓知识集成就是使若干知识条或者知识集根据一定的逻辑关系合并成为一个知识集,这个知识集要能够回答集成前提出的问题,内容之间协调一致,并包括由评价予以认可的知识。从系统的视角看,如果合并的一方或者双方是规范化的关于系统的知识,集成后形成新的系统,就意味着是系统的集成,即几个系统合并成为一个系统,各自成为新系统的元素。不能规范化表达为系统功能、行为、结构的知识条或知识集,则作为非系统知识跟随系统知识向前传递。图 6.1 给出设计知识集成的图解,图中显示:有些非系统知识($M1$)可以依附系统元素集成到系统中,如上面讲到的对元素约束的知识,例如,对各元素的重量限制;有些非系统知识($M2$)不需要也不能依附系统元素集成到系统中,如上面讲到的评价认可结论和新知识获取过程纪录等,只能以与系统知识并存的方式在设计知识集中向前传递。图 6.1 中设计知识集 A 包括系统知识集 J 和非系统知识集 L,当与系统知识集 I 和非系统知识集 M 集成后就进化为设计知识集 B,后者包括系统知识集 K 和非系统知识集 N。设计知识集内涵变化是集成的结果,同时也意味着系统的变化,系统集成是设计知识集成的核心。所谓系统集成,就是系统模型知识的集成,所以设计中的知识流动、竞争和进化,是在系统集成过程中进行的。系统集成如图 5.4 所示,是设计中不断依次发生的进程的核心。

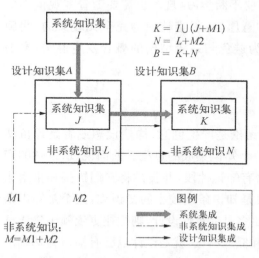

$$K = I \cup (J+M1)$$
$$N = L+M2$$
$$B = K+N$$

图 6.1 设计知识集成图解

系统模型是一个关于系统规范化表达的知识集,因为采用规范化表达,设计师可以无歧义地在分布式资源环境中搜索和消费关于系统的设计知识服务:获取所需要的知识,集成所需要的知识,理解设计,进行设计,以及运用计算机工具来辅助设计。非系统知识比较复杂,有时只能由自然语言表达。在设计知识集成中,系统知识是设计要面对的核心内容。

人们又常常将复杂和需要多方面参与的事称为系统工程。所谓工程,就是最终要通过实施来实现的规模较大的事,往往并不限于做出一个物品来。既然是比较复杂而又有许多不同利益方参与,那么对于这件事从开始筹划到最终实现,全局管理显然极为重要。有人认为,系统工程的关注重点是系统实现过程的控制,而不是设计、实施甚至管理的具体内容。无怪有人说,系统工程师需要精通复杂系统中关系平衡和技术交叉的艺术和科学[58]。其实,系统工程的精髓就是建立系统模型,使人们能够在系统模型上无歧义地处理各种工程和社会问题。对于设计而言,系统工程的意义在于要尽早形成设计对象的系统模型,以便能够纵观全局地、规范化地处理设计面对的复杂问题,虽然这个模型在此后的设计中还需要不断完善。系统工程包含对设计的控制,但是系统工程的模型也是设计出来的。设计是构思尚未存在的事、物,不能设想某一个系统工程模型可以不加思考地用于其他系统工程。

一个系统有 3 方面基本特征,即系统的功能、系统的行为和系统的结构。系统结构是系统的固有特征。有了结构才有行为,有了行为才有功能,没有结构就谈不上功能。后面会讨论一些情况,即虽然没有行为,仅仅由系统结构仍然可以对环境中的受体产生激励或者阻止的功能。例如,路边贴了一张告示:"禁止通行!"这是一个由 4 个汉字和 1 个惊叹号构成的系统。这个有 5 个位置相对确定的特选符号构成的结构,是一个满足社会需求的产品。前面 4 个字输出一个信息,即这条路关闭了,后面的惊叹号输出警示的信息。其功能是阻止认识汉字的所有行人和驾驶交通工具的人前进。可以看到,这一个告示在实现其功能时并没有任何行为,也没有任何输入。这就是说,如果仅仅是输出使得系统具有某种功能,也必须是由结构使系统产生输出。设计是构思尚不存在的事、物,其最终目的总是得到功能,而功能,又总是与系统结构联系在一起。设计以已有知识为基础定律说明一个事实,设计中的创意和设想,即所寻求的功能解是来自若干已有子功能的拼接和重组,那么采用某子功能的想法大多来自脑海中已经存在的关于系统的知识。上面讲的这个告示,如果换掉其中的某些符号,也就是改变结构,其功能就可能完全不同。当然,功能的实现也必然有其所依据的工作原理(working principle)[6,9],但是一个功能的实现可能依据多个工作原理,例如,自行车的运行要依赖机械传动原理使脚的运动变成车轮的转动,车轮与地面的滚动摩擦原理推动车子前行,车轮的转动惯性原理使得车子不会倒下,仅仅是粗粒度的划分就有 3 方面的原理。不过人们在拼接和重组知识碎片时,首先想到的往往是某些结构知识而不是原理知识。分开来看,脚能够让轮子转动,轮子滚动能够前进和轮子转动时不会倾倒是首先会在脑海中出现的知识碎片。不懂机械传动原理、摩擦学原理和转动惯性原理的人,也能够在脑海中构思出自行车。所以将功能与系统知识(首先表现为某些结构知识)结对比较,较之将功能与工作原理知识(结构、输入、行为、输出之间关系的知识)结对比较更为直观和明确。如果已经实现功能集成,就意味着已经有了一个具有所需要功能的子系统(功能单元)集合,也就可以进一步得到其所依托的子系统的其他方面知识的集合。

机械工程领域一些设计理论认为在概念设计阶段要寻求原理解(principle solution)[9],这是想象中的设计理论,不符合实际。社会发展到今天这个程度,人们的需求层出不穷,而满足需求的产品更是千变万化,同时满足物质需求、精神需求和社会需求的同一化设计的解,涉及许多不同领域的知识,不可能从一个数学公式里或者某个领域的原理(如力学中的牛顿定律)去想象功能,而总是从实际存在的能够实现某些功能的事、物片段中去搜索和组织功能解,也就是从已经存在的系统中寻求功能解。而仅仅从某个领域的原理出发,恰恰是今天许多设计失败的根源。

功能独立原理[35],意味着在概念设计时要从功能需求出发搜索功能知识片段去组织功能解,而不是从已有产品中求解。因为与创意对应的产品在多数情况下是不存在的,即使可以找到,那么这个创意也就不成其为创意,设计就成为继承性设计,没有多少竞争力。但是这不等于功能知识是抽象的,一般功能都有实现这个功能的具体的事、物背景,当面对找不到能够具有所需要的功能的事、物时,创意的产生则来源于粒度更小的具有实体背景的功能知识片段的拼接和重组,也就是集成。这在第 7 章中将进一步讨论。

因此,当功能集成完成时,功能集中的功能单元或者子系统都是已知,它们的行为和结构当然也都是已知(也许并不存在某些功能单元实体,但是已经有它们的经过评价认可的设计)。后续的设计工作就是使这些子系统的行为和结构在集成后的系统中协调一致,满足功能保持性的要求和约束条件,包括修改与上述要求冲突的行为和结构,添加缺少的行为和结构,并经过评价予以认可或者否决。所以在设计中做集成时,需要将顺序颠倒过来。先做系统的功能知识集成,然后做系统的行为知识集成和系统的结构知识集成。没有功能知识集成的行为知识集成和结构知识集成就没有取向,也没有意义。既然功能知识集成在设计中有如此重要和先导的作用,要将自然语言描述的对功能的愿望进行规范化处理,而这一处理又十分复杂也就不言而喻了。当然系统行为和系统结构知识的表达也需要规范化处理,不过它们的规范化与功能知识规范化处理相比,较为容易,因为这些知识基本上是在专业人员中流动。需要指出的是,系统知识全局规范化问题的解决与专业领域关系密切,所以更多是设计技术需要处理的问题,这里只就规范化的原则进行讨论。

6.1.3 集成中知识的表达

前面讲到需要无歧义的、确定的或者称为规范化的功能、行为和结构知识的表达,现在来进一步讨论。

知识在设计中被定义为一个问题的答案。问题可大可小,当然答案也有大有小。在第 2 章里曾经将设计知识的某个部分定义为知识条和知识集。知识条是关于一个能够独立存在最小问题的答案。知识集则是若干知识条和较小知识集的集合,有一个表明问题答案的标题,其中的知识条和较小知识集都与这个问题的答案有关。将具有相同特征或者应用的知识条或者知识集归于一类,就成为一个知识簇。

知识、知识条和知识集可以用自然语言表达,并可见于文字、符号或者图画的记载。记有文字、符号或者图画的纸或者由这些纸装订成的书册就是记载知识的载体。根据约定用其他人不可解读的符号也可以记载知识,其载体也可以是非纸质的,如磁存储器或者半导体存储器等。当然,语音和影像表达的知识也可以记载并存储在上述存储器里。

通常,一个完成了的物质产品设计由设计说明书和图纸集记载有关这个设计的知识,这些说明书和图纸集是设计知识的载体,称为设计知识集。当然,现在这些记载都可以有电子版的,也可以包括声学和影视的记载。这个设计知识集从设计一开始就是存在的,不过它的内容和设计完成时不一样。经过设计,这个设计知识集一步一步变得完整起来,成为一个实施方案和路径的清晰描述。所以,设计说明书和图纸集是设计完成后的设计知识载体。

这里要使用一个在第 2 章中说过的概念:一个已经存在的事、物,可以看成是一个记载设计知识的载体,称为物化了的设计知识集。例如,面前的一个茶杯,是一个设计知识的载体。这个载体记载的设计知识,有的一目了然:它是塑料做的,透明的,没有颜色。也有一些设计知识,是不能直接用肉眼看到的,但是在采取某些措施后,就能够知道。用秤称一下,就知道设计规定杯子的重量,用尺量一量,就知道设计规定杯子的高度和在高度上直径的变化,以及杯子的壁在各个位置上的厚度。这些可以从设计说明书和图纸集的记载上知道,也可以从放在面前经过实施实现的茶杯上得到。当然后者包含实施的影响,即生产出来的产品与设计方案之间的偏差。当然,有一些设计知识,即使采取措施也很难从物化载体上得到。例如,某企业曾经想仿造一台从国外进口的热处理炉,其中有一块保障安全的金属板,当温度升高达到某个值时就会自动爆破,保障炉子不会损坏。而这块板,虽然用理化分析知道了它的成分,但是做不出过热能自动爆破的性质,因为它的处理工艺只能在设计说明书中看到。

茶杯的设计说明书和图纸集以及茶杯本身,都记载了茶杯的设计知识。但是茶杯是物化了的设计知识集。茶杯甚至还记载了一些设计时不知道的知识,例如,实施过程造成产品与设计规定之间偏差的知识。虽然设计时对偏差有所估计,但是实施中产生的偏差只有在茶杯做出来以后才能够准确确定,这些称为后设计知识。也有一些知识,甚至在茶杯已经做出来也还不知道,这就是设计知识不完整性定律所阐述的。例如,虽然在设计时已经避免采用已知对人有害的塑料材料,但是当前采用的材料是不是会在其所盛的水里或者某种饮料里释放对人体有害的物质,或者在什么条件下会释放有害物质,设计师并不一定能够完全了解。有时甚至连释放的什么物质对人体有什么危害也要在很久以后才能够逐渐由医学进步而发现。后设计知识是设计知识集的一个组成部分,所以设计知识集不仅在设计过程中,包括在设计完成以后,甚至实施以后,仍旧在不断的完整化之中。后设计知识大多存在于物化了的设计知识集中,而不可能出现在设计说明书和图纸集中或者只能后来添加到设计说明书和图纸集的补集里。

精神产品也是这样。第 1 章提到过的小品《卖拐》,演出脚本是小品的设计,设计还包括排练,引起观众笑的数目是对设计的评价参照物或者准则。排练时对笑的数目有一个统计,如果数目不理想就要修改设计。演出是设计的实施,实施所传递的信息刺激观众的精神系统,激发观众通过自身大脑的行为产生某种情绪上的变化,包括引起笑和其他情感效果,是小品的功能,这在后面还要讨论。演出本身和演出的实况录像是物化了的设计知识集。演出时是否真正引起这么多的笑则是后设计知识,演出的观众反映记录、录像与脚本一起成为更加完整的设计知识集,至于对社会文化和道德产生何种影响也是后设计知识,这些则往往需要更长的时间才能够被人认识而添加到设计知识集里。

又有一类社会产品,例如,被人为炒出来的“光棍节”,或者叫作购物节。作为从外界推测(当然现在还不会向外界公布)的设计知识,包括如何吸引商家上网并进行折扣大战,如何在媒体上制造“光棍节”与购物之间关联的幻觉,对能够掀起的购物热潮做出估计以及在信息流、资金流、物流上的准备工作。这些知识是设计知识集的组成部分。然而在这个购物热潮里各个群体之间,包括生产商、经销商、支付宝、银行、快递企业、快递人员、购物的顾客等,实际上是怎么互动的,则要在此后经过考察才能够厘清。可以采用大数据等技术来认识这些关系以及从关系的变化,也就是系统行为,来得到后设计知识。例如,

2013 年的"光棍节"全国交易额达到 300 多亿元人民币,2014 年达到 500 多亿元人民币,这些则是后设计知识,它可以让设计师认识设计和实施结果之间的差别和产生差别的原因。至于这个产品("光棍节"即购物节)的长远功能,给人们追求共同美好生活的愿望带来什么好的影响和什么坏的影响,则不容易被认识,存在很多争议。正如改革开放以后,中国被设计成为世界制造车间,当时曾寄以美好期望,也得到经济快速发展的效果,而造成严重雾霾、难以治理的环境污染和人们核心价值观变化的实施结果,则是后设计知识。关于这些社会现象的记录,是后设计知识的记载,构成不断被完整地认识的设计知识集。2013 年和 2014 年"光棍节"后的现实和今天社会的现实是物化了的"光棍节"的后设计知识集和改革开放的后设计知识集。

这些都是设计已经得到实施,产生了实际存在的事、物,从已经存在的事、物及其与周边关系表现中能够得到不同阶段的后设计知识。还没有实施而已经完成的设计,也是设计知识的载体。在设计中规划的实施结果面貌和实施路径都应当由文字构成的设计说明书和由图纸集或者影像构成的设计图集记载在案。设计进程中失败和成功的详情也是设计知识的组成部分,如创意产生、设想构建和评价认可所采用的方法、经过和结果以及决策的理由。

但是,不论是自然语言描述记载在各种载体上的设计知识,或者是由设计说明书和设计图集本身或者设计实施以后由实际存在事、物记载的物化知识,都很难直接用来集成,因为自然语言千差万别,不同民族有不同的语言,就是同一种语言,不同经验、受过不同教育的人,对语言的理解也不同,描述也会不同。不可能将两个在理解上带有歧义和不确定性的知识集进行集成。当然更不能将实际存在的事、物当成知识集去集成,因为其含有的知识不是显式存在的,不经过一定的措施就不能知道,也就无法集成。所以系统建模,一个很重要的任务就是用规范化的方法来表达系统。系统知识集是设计知识集的一个组成部分,也是其最为核心的部分。如果没有规范的、无歧义的、统一的系统的规范化表达,就不可能做到规范的、无歧义的、成功的系统集成。

关于系统各主要方面的定义,已经在第 2 章中做过概括介绍,而关于系统知识的集成,包括系统的功能知识集成、行为知识集成、结构知识集成将在第 7～第 9 章中详细讨论。下面将就系统的功能知识、行为知识和结构知识的规范化表达进行研究。

6.2 系统的功能知识

6.2.1 功能需求和功能

系统的功能知识及功能知识表达是设计师在设计中首先关注的问题。

虽然很多设计理论和方法的书籍都做了关于功能的讨论,但是并没有产生一个关于功能的统一定义。特别是没有给出系统功能与要得到的功能的愿望之间的区分,前者是设计中要操作的对象,后者则是整个设计的出发点。

在物质产品设计领域里广为流传的质量功能配置(quality function deployment, QFD)方法[89],其"质量(quality)"说的实际上是本书第 2 章定义的性能,即功能与质量的总和;QFD 方法里的"功能(function)",在一些著作中翻译为"机能",指的是生产企业中相关部门的"职能";而"配置(deployment)"如果翻译成"部署",也许更容易符合中国人的习惯。也有的作者,用"过程(process)"来表示功能[56],认为系统动作的过程就包含功能的实现。

关于"质量"的用法之不相同,更表现在以自然语言泛泛讨论而不是在建模的场合。例如,认为"产品质量是产品能够满足使用要求所具备的属性,一般包括性能、寿命、可靠性、安全性、经济性,有时还有可维修性及表面状况(外形、美学、造型、装潢、款式、色彩、粗糙程度、包装等)等"[90]。这里讲的"性能",实际上仅仅包含"功能"的内容。这种对质量的描述,既包含了物质需求,又包含了精神需求和社会需求;既包含了对功能的描述,又包含了对功能保持性的描述。实际上这是一种用自然语言描述的对设计要达到的目标的"愿望"。

还有作者提出一个"广义质量"的概念,虽然书中并没有明确对质量本身给出定义,却认为产品的"设计质量"与产品质量有不同的含义,设计质量包括"产品全部功能和性能的质量要求",并称这些质量要求为产品的"广义质量"[91]。从这些表述可以看出,自然语言描述的事、物往往可以从不同的角度去理解,得出不同的结论。当什么是质量没有给出定义时,就定义了广义质量,没有深究功能和性能有什么不同时,就使它们处于并列的地位。这些似乎都是遵循一种认为自然语言表达不需要解释的习惯,在这个基础上最终产生了广义质量,也就是包括对产品全部功能和性能要求的定义。这些自然语言表达的质量,将功能和性能也包括在内的设计质量,如果用另外一种方式表达,就是用"好、坏"来表达,也许更不需要解释,更不容易产生争议。即使如此,由于好、坏是一种希望设计能够达到的目标的愿望,它既可以是全部愿望的综合表达,也可以是各方面好、坏愿望平衡后的表达,更可以是对这个设计的某一个方面的愿望的表达。而且不同的人的愿望也可能是不同的。当然可以将所有的愿望都交给设计师去处理,但是从来都没有免费的午餐,不仅存在设计成本和时间的限制,而且有许多愿望往往相互矛盾。又要马儿好,又要马儿不吃草的愿望常常会有,解决这些矛盾只能等待新技术的出现。因此即使用自然语言来理解广义质量的内涵,也是有歧义的。

《公理设计——发展与应用》一书的作者称这种愿望的描述为"顾客需要(custom needs)"或者"顾客属性(custom attributes,CA)"[35]。这位作者将规范化的功能表达称为"功能需求(function requirements,FR)"。不过,人们要做的事、物,并不都是要拿到市场上出售。一切与顾客捆绑在一起的思维是受了物质产品设计领域有限设计需求和规模竞争的影响,并不全面。另外,书中也没有讨论如何使顾客需要的描述规范化的问题,即如何将 CA 变成 FR。前面说过这是设计开始时一个不可或缺的步骤,往往是创意萌生的前奏。

另外《设计，无处不在》(*Design*：*A Very Short Introduction*)[92]一书，书名虽然用了"无所不在"的修饰词，但是讲的还是日用品中与艺术相关的设计。该书作者将功能分成两个部分：实用性(utility)和重要性(significance)。按照现在社会上流行的说法，其实应该将"重要性"翻译成"显示度"。这也仅仅是从顾客愿望出发对功能的诠释，实用性是满足物质需求，显示度是满足精神需求。例如，一个人要出去旅行，需要一个能够将旅行必需品都装进去的包，这就是实用性。如果一个人挎一个 LV 包，她就是为了显摆。不过一个有竞争力的设计，不仅要考虑物质需求、精神需求，还需要考虑社会需求。

文献报道用"目的功能"表示要达到的"愿望"，而用"动作功能"表示系统行为的结果，也就是系统的"功能"[93,94]。不过这个文献的研究仅限于物质产品中的机械系统，仅限于表达一种转变类型的功能，并且仍旧需要引用一个称为"流(flow)"的概念。关于流的问题，下面还将进一步讨论。如果将设计涉及的范围扩大，就会发现许多功能并不是由系统的行为实现的，这样流和动作都会离开自然语言描述的愿望太远。

设计是人类一切有目的活动的第一步，设计是为人类有目的活动规划实施结果的面貌和实施的路径，所以设计是有目的的。设计的目的是以设计实施以后得到的系统的结构或者行为满足自己、他人或者社会的某些需求。需要强调一点，对于一个新的设计，在诸多诉求中，关于功能的诉求总是要首先解决。所谓对功能的诉求，就是能够从系统的结构或者行为得到什么(即系统输出)，以及为得到而要给予系统什么(即系统输入)。当然，得到什么是第一位的。举一些日常事例来说明这个问题，有时人们对某一事、物的愿望是希望能够便宜得到，但是首要的是从系统得到什么，如果不能得到，不论怎样便宜，也不会愿意掏钱。有人希望产品能够耐用，但是其前提是有用，如果没有用，也就不存在耐用不耐用的问题。人们希望汽车能够降低排放，因为需要汽车的运载功能，即将某物由一处转移到另一处的功能，如果汽车没有运载功能，也就不需要为它降低排放了。这就是设计不能简单地从任意一个自然语言表达的愿望开始，在要满足的诉求中，存在哪一个居首的问题。设计首先要考虑的是关于功能的愿望，也就是对功能的需求。

因此，本书将上述 FR 的用法颠倒过来，用功能需求(FR)来称呼自然语言描述的对功能的愿望，而将这种愿望规范化作为系统建模时的表达，称为功能(F)。这样既符合系统建模的需要，又比较容易与通常的用法和理解一致，是一种更为合理的规范化处理。于是就产生了第 2 章中与系统相关的一系列的定义。人们做任何事或者构造任何物，其核心都是为了得到它的功能，系统功能是设计的出发点。功能往往会随时间变化，人们总是希望在一个时间区间(设计对象的生命周期)内功能变化不要超过某一个范围，也就是设计要能够满足功能保持性的要求，这种性质称为质量。质量也是对系统的要求，也是设计要实现的另一个基本目标，不过质量要求是依附于功能的，没有功能就无所谓质量。系统的功能连同系统的质量，统称为系统的性能[32]。更全面地说，人们需要任何事、物，都是需要它的性能，即功能和功能的保持性——质量。为什么要用"功能需求"而不是"需求"来描述设计要达到的愿望，是因为功能需求虽然与功能在规范化程度上有区别，但是它们之间是一一对应的，而设计总是首先从满足对功能的诉求出发。设计中还有许多其他方面的需求,这些要求只有在系统功能得到实现的前提下才有意义。为不使对功能的需求与其他方面需求混淆,在功能需求上有功能两个字是必要的。

自然语言描述的功能需求虽然具有歧义和不确定性,但是自然语言描述的愿望是设计最初的出发点,也是最真实的需求的描述,虽然有的方面是不清晰的,甚至是矛盾的,它反映了人的认识和思维中的不清晰和矛盾,这也是最宝贵的真实性的所在,是设计需要考虑和可以利用的。任何规范化都会丢失其真实性,包括不清晰和矛盾所代表的真实性。所以自然语言描述的需求绝对不能予以轻视,它需要在设计的全过程及设计后始终保持在设计知识集中,让设计师能够随时参照比较。

6.2.2　功能的规范化表达

自然语言描述的功能需求,需要在建模时由设计师根据自己的理解将它们转换成规范化表达的功能,或者说是翻译为功能。例如,此前举过一些著作中泛指好、坏的质量要求,工程师就要根据自己的理解从里面提取出关于功能的需求,并将其翻译成系统建模中规范化表达的功能和功能保持性。

不过规范化表达功能,是一个十分复杂的问题,既要遵循一个确定的、无歧义的规则,这个规则不能复杂到实际上不可能建立和即使建立了也不可持续生存,又要给予人类一切有目的活动中千变万化的功能需求留出充分空间以免设计师在转换时无所适从。为了使功能表达规范化,在物质产品设计中,已经发表过不少论述。比较流行的是用功能一词来表达预期的即设计要达到的系统输入/输出关系[95-98]。这种表达意味着所设计的系统要实现如下功能,即当一些事、物进入(输入)所设计的系统后,能够由于系统的行为导致其发生变化,然后由系统排出(输出)。在这种表达中,必须增加一个前面提到过的流的概念,即输入、输出的内容由流来规范化。流分为 3 类:物质、能量、信息。这就是说,如果设计师从自然语言描述的功能需求中识别出输入和输出,并且识别出输入和输出的流是物质、能量或者信息,就能够将功能需求的描述规范化为功能的表达。要说明的一点是,这里用了一般意义上而不是香农意义上的"信息"来代替原文中用的"信号(signal)",以求与本书其他地方的论述一致,信息比信号更能够在功能的表达中与功能需求的描述相呼应。显然仅仅区别流是物质、能量或者信息还不能具体表达要设计的某个系统的功能,还需要更详细的规范化描述,于是就产生了所谓的调和功能基(reconcile function basis,RFB)及其分类表(taxonomy)这样一个规范化方案。需要注意,系统与环境之间除有目的输入和输出,同时也有非目的输入和输出。这里及以后,除特别说明,讲到输入和输出,指的都是目的输入和输出。

用输入、输出定义功能,或者说用输入、输出规范化功能需求的表达,从原则上讲是完全合理的。任何人造事、物需要满足的功能需求,不可能无视关于它对某特定事、物(这个特定事、物可以称为受体,可以理解是环境的一部分)施加的影响。如果一个事、物对外界没有任何影响,也就没有功能可言,所以对外界影响的描述不可或缺,这就是输出。而为了产生对外界的影响,往往有从外界特定的事、物(这个特定事、物可以称为施体,也可以理解是环境的一部分)给予系统以影响的需要,这种影响的描述当然也必须是功能知识不可或缺的组成部分,这就是输入。此外,功能表达中可以不必包括其他内容,这样就可以使规范化变得确定和无歧义。

根据个人理解的规范化,当然不免带有主观性,但是具有极强的对各种变化的适应性。因为功能需求和对功能需求的描述千变万化,绝不是许多人期望编制如 RFB 一类的转换表格或者计算机程序算法所能够包容的,这是人的优势,在第 1 章里已经讨论过。当然也不能完全依靠个人漫无边际的想象去解释,设想如果建立一个引导规则,让设计师能够在合理的范围中思考和选择规范化的答案,对于复杂多变的客观和知识爆炸时代,就可以使个人理解的灵活性与尽可能减少主观随意性的要求相结合。这与许多固定的规范化表格或者计算机程序算法相比也许更符合构思一个尚不存在事、物的设计的需要。

1. 4 种类型的功能

这种当今流行的 RFB 及其分类表的局限性导致在应用上存在一些明显的问题。建立引导规则,先要认真研究和解决这些问题。首先,这个分类表仅仅适合规范化表达一种含有转变意义的功能需求,这在下面要详细讨论。其次,它仅仅适用于满足物质需求的转换,甚至仅仅适用于表达传统机电产品的功能需求,更不要说同一化设计中同时要考虑人们的精神需求和人们的社会需求。再次,流仅仅是物质、能量、信息这些事、物最基本组成要素运动的表述,没有区分它们是以什么形式运动。所谓输入,即事、物进入所设计的系统,总是以事、物存在的形式进入而不是仅仅以它的组成要素进入。对于输出也是如此。人进入学校接受培养,不能理解为细胞、皮肤、血液或者毛发进入学校接受培养,这是不同的进入。输出能量,输出的是电能还是机械能,就完全不同。最后,编制 RFB 及其分类表的工作,其性质相当于编一本词典。且不说编辑一本能够支持同一化设计的无所不包的词典其工作量之巨大,更为严重的是在这知识爆炸时代,每时每刻都有大量新的功能需求出现,需要有新的功能的规范化词汇与之适应,实时更新这本词典的工作同样极为艰巨但是又是绝对必要的,这就产生了谁来承担这个任务的问题。

现在来讨论功能的多样性。有一些功能需求,并不是由物质、能量或者信息经过所设计对象的内部得到满足,即不存在进入或者被排出的行为,而是由相关施体或者受体在系统外部,通过直接或者间接接触,对系统施加或者接受系统的作用得到满足。作用也有多种多样,在精神产品和社会产品中有许多作用完全不同于物质产品设计中对作用的理解。例如,一幅画作为一个信息系统对人的精神作用就不同于桥上行人对桥的力的作用。这一点以后还要进一步讨论。这就是说,RFB 的功能定义不能适合实际存在复杂的功能需求的规范化转换。

即使是物质产品的设计,许多并不是为了满足转变的功能需求。例如,图 6.2 上的一个支承重量的梁,当对其施加力 F 时,力严格说不能归入物质、能量或者信息,不过如果梁产生一个弹性变形 δ(δ 与功能需求并无关联),$F \times \delta$ 是力 F 做的功,可以认为是输入能量。忽略支承 A 和 B 受力后的移动,这个输入变成梁的变形能或内能,其对环境的作用是抵抗 F 的反作用力,也不能归入物质、能量或者信息的输出。不计支承 A 和 B 的位移,不计梁对 A 和 B 的力的作用产生位移做功,就没有能量意义上的输出。人们设计这个梁是为了满足一种支承的需求,即抵抗或者平衡施体对系统施加的作用以阻止某种趋势的发展,例如,平衡梁上砖瓦由于重量对梁施加的力而阻止砖瓦掉下。这里不能说它转变了什么,更不能因为没有排出而认为它没有功能。功能的规范化表达需要与对功能需求的描述相吻合。

　　于是看到了另外一种功能:支承功能。如图 6.2 所示的例子,虽然力 F 对梁做功,变成梁的内能,但是这不是人们对于梁的功能需求。对于梁的功能需求是当环境给予梁以力 F,梁在力作用点或者其他指定位置上的位移不超过 δ,即梁上的砖瓦不会掉下。这是由于梁在施体所施加的力的作用点上具有产生一个大小相同、方向相反的同质反作用——反力的功能,

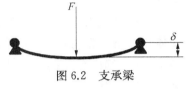

图 6.2　支承梁

反作用平衡了施体的作用而使反作用的受体的行为得到阻止,不再进一步发展。这里,梁是所设计的人造物,可以是结构非常复杂的系统。这个案例当然也可以包括 F 和 δ 按照给定规律分布作用在系统结构上的情况,但是都没有物质、信息或者能量进入系统和排出系统意义上的输入、输出。

　　图 6.2 中的支承系统在受到力 F 作用后,将所做的功变为系统内能,存储在系统内,一旦力 F 减小或者逐渐消失,这个内能将以对外做功的形式释放出来。但是这不是设计梁所要满足的功能需求。不过可以使人联想到有第 3 种功能:存储功能。如果图 6.2 所示的是一个为存储机械能而设计的弹簧,那么就会设计得让梁有较大的变形 δ,可以存储尽可能多的能量,这就是一个具有存储功能的系统。酒杯、磁盘、房屋、水库都是具有存储功能的系统,不过存储的内容不同而已:从存储机械能、葡萄酒、信息、居住者到水。存储系统有进入意义上的输入,也有离开意义上的输出,但是它们同样并不转变什么,输入、输出的是同质的事、物,这就是满足一种存储的功能需求。

　　人的精神需求与物质需求不同,它要得到的是一种对自己感官的刺激作用。当所设计的事、物已经存在,如一幅油画、一场音乐演奏或者一本小说,人的感官在特定环境中接受到它们的作用。这些情况都可以认为它们对人的作用是提供信息,这些信息自身并不能直接满足什么需求,而是当人接触它们时能够触发人的精神系统,产生情感上的响应。只有在相互匹配的条件下,需求才能够得到满足。于是可以认为这些系统具有一种激励功能。同样的施体,对不同受体产生的作用不同,是由受体系统的结构和行为支配,而与施体无关。有人很喜欢辣的菜肴,而有人则怕吃辣;有人喜欢古典音乐,另外的人则喜欢摇滚音乐。所以设计系统时,不能不顾及环境中受体的特征。一幅画、一场音乐演出、一本书、一种思想,在系统生成以后,有时并没有什么从系统排出进入受体意义上的输出,但是需要受体与之接触,更一般地说,接触可以理解为是一个相互传递作用的界面(广义),接触是必要条件。在一些情况下,为了系统能够生存和运行,需要从环境向系统提供一定

的物质、能量和信息,例如,向演奏艺术家提供工资,为演奏场所提供取暖和照明的电能,为乐队提供听众信息等。但是工资、电能、听众信息不是进入意义上的输入,因为表演输出的信息是由施体本身的结构,即艺术家团队、演奏计划和乐谱决定的,与工资、电能、听众信息无关。演奏有明显排出信息的特征,而绘画或者文学作品则没有明显的排出特征,只有当受体接触它时,受体才能够由受体的行为得到信息。激励功能存在有系统排出信息(相当于输出)行为和没有系统排出信息行为两种不同情况。也有一些情况,例如,受体要通过视觉接受激励,如果系统结构本身不发光,必须有光的照射,才能够反射出画的艺术激励,不同颜色的光,产生激励作用也不相同,因为画对光的照明有确定的要求。光不能被认为是输入,光中并不含有构成画的艺术信息的成分(不包括光是画的一个系统元素的情况)。光是视觉接受激励的条件,是受体的要求,是环境的组成部分。受体得到这些信息以后,会激发出精神上的变化和思想上的变化。受体是独立于画的系统,同一幅画对不同受体情感系统激发的反应不同。这种情况表明,满足一个欣赏绘画艺术的精神需求,实际上是 3 个系统共同作用的结果:由画的结构决定的能够满足欣赏需求的激励系统;受体感受激励需要的辅助系统,即发光系统;感受激励并使精神需求得到满足的受体系统。一个思想,如马克思主义,是一个信息系统。一旦形成以后,曾经激励过无数人为实现共产主义社会奋斗牺牲,这样的信息系统其功能并不需要什么输入。满足社会需求的产品也有相同情况,例如,教育系统是满足传承文明的需要。教育作用的对象是什么?是受教育的人,是教育的受体。并不是教育将文明程度比较低的人加工成文明程度较高的人,而是教育行为(展示人类文明)给学生以激励,由学生的精神系统内在行为产生学生的自我转变。不同的学生,对于接受教育的欲望不同,同样的课程,对不同学生的效果不一样。原则上,教育不完全是满足个人的精神需求,更重要的是满足社会需求。没有教育,文明就不能传承,人类就不能承前启后,就不能不断前进。有的年轻人不愿意接受教育,社会则要采取措施,保证每个人都能够受到教育。社会是一个更大的系统。

有一个文献,根据是否有输入、输出的区别将功能分为 4 类:① 原子功能——没有输入和输出;② 源功能——没有输入但是有输出;③ 阱功能——有输入而没有输出;④ 变换功能——有输入和输出。文献里的功能、输入、输出在意义上和本书在这里的论述虽然有少许不同,但是明显地支持了用输入、输出的差异对功能进行分类的思想。由于这位作者没有清晰地区分功能需求和功能,所采用的名称仅仅反映了输入、输出的形态特征,而没有如将功能类别分为转变、支承、存储、激励那样与设计的愿望密切联系,不利于对自然语言描述的功能需求规范化引导。

归纳上面的分析,可以认为存在有 4 种基本类型的功能:转变、支承、存储和激励。重要的一点是将输入有区别地理解为有进入系统或者由施体通过某种意义上的接触作用于系统,以及输出有区别地理解为有从系统排出或者通过某种意义上的接触作用于受体。于是与 RFB 及其分类表只考虑转变一种功能不同,可以写出有 4 种功能的功能分类,如表 6.1 所示。

表 6.1　4 种功能的功能分类

	功　能　类　型	
转变	输入——进入系统	系统将输入的事、物转变成与输入不同质的事、物并输出
	输出——排出系统,排出的不同于进入的	
支承	输入——由施体作用于系统	系统输出反作用平衡输入,阻止与输入相关的某些行为的发展
	输出——由系统作用于受体(即施体)	
存储	输入——进入系统	系统接受输入的事、物并保存,在需要时输出同质的事、物
	输出——排出系统,排出的同进入的	
激励	输入——不确定	由系统的行为或者结构产生输出,激励受体产生某些行为
	输出——系统作用于受体	

功能的分类,对于引导将自然语言描述的功能需求规范化为不同的功能表达,在尽可能使个人理解能够具有灵活性与减少主观随意性的要求相结合上,有重要意义。在这个基础上,可以考虑制定一个规范化引导规则,这个规则要设计得尽可能让个人理解灵活性与减少主观随意性之间有一个平衡。但是表 6.1 的分类还不够细致,没有关于输入和输出内容的任何描述。也就是说对于功能知识的表达还十分不完整,对满足功能需求设计的进行没帮助。为了功能的表达能够与功能需求的描述一一对应,还需要规范如何来表达输入的是什么,输出的是什么。进一步分类的工作逐步趋近专业领域所要解决的问题,不过参考 RFB 及其分类表的制定,也可以考虑是否能够从设计科学的角度提出一些原则。因为 RFB 及其分类表要包含的仅仅是物质产品中的机电产品,而设计科学和同一化设计要解决的问题不仅限于满足物质需求,还包括要满足精神需求和社会需求。下面就来介绍本书在这方面为同一化设计中规范化表达输入、输出内容是什么所进行的考虑和尝试。

2. 生命系统的功能类型分析

有一本名为 *Living Systems*[56] 的书,将生命系统从简单到复杂分成 8 个级别:细胞、器官、生物体、群体、机构、社团、社会、超国家。高级别系统可以以低级别系统作为它的子系统。这项研究的特点是将人和由人构成的系统纳入系统研究范畴,这对满足精神需求和社会需求的产品的设计更具有参考价值。书中对每个级别的生命系统确认了 20 个关键子系统:复制器、边界、摄入器、分配器、变换器、产生器、物质-能量存储器、排出器、驱动器、支承、输入传感器、内部传感器、通道和网络、计时器、解码器、联想器、记忆器、决策器、编码器、输出传感器。书中列举了这些子系统的组成(具有该子系统功能的背景实体名称),例如,一艘邮轮上的通信班是一个群体级别的系统,其分配器子系统的组成是给通信班成员分发三明治的女服务员;其支承子系统的组成是船上无线电室的楼板、墙、天花板、家具。前面说过,该书没有采用功能这个词,而是用"过程"来表达类似的意思。

这一个对于生命系统的分级和分类,为观察生命系统(其中,较大的生命群体就是各类社会系统)中各级、各类系统的输入、输出关系提供了可供参考的原则和丰富的素材。通过以输入、输出表达的这些功能,来观察是否能够沿着 RFB 及其分类表的方向来描述输入、输出，或者来观察是否能够合理地将这些按照规范化要求表达的功能归入表 6.1 中不同的 4 种类型。用书中介绍的某邮轮通信班群体为例，由其 20 个组成承担的工作写出该系统的输入、输出，就得到表 6.2。

表 6.2　邮轮通信班群体各个组成所代表子系统的输入和输出及功能归类

子系统	输　入	输　出	说　明	归　类
复制器				
边界 通信室墙壁(人造物)	信息 物体位置	信息 该位置属边界内或边界外和与边界之间的距离	通常需要一个比较器的支持	转变
摄入器 取食品的女服务员	物质 走廊上的三明治	物质 通信室中的三明治	输入-输出之间发生位置转变	转变
分配器 分配食品的女服务员	物质 通信室中集中的三明治	物质 通信室人员手里的三明治	输入-输出之间发生位置和状态的转变	转变
变换器 做三明治的女服务员	物质 整块的面包、肉、奶酪	物质 切片叠好的面包、肉、奶酪	输入-输出之间发生状态的转变	转变
产生器 做三明治和咖啡的女服务员	物质 面包片、肉片、奶酪片、咖啡粉、热水	物质 三明治、咖啡	输入-输出之间发生状态和性质的转变	转变
物质-能量存储器 管理衣物的女服务员	物质 食品、通信室人员的衣帽、毛毯和枕头,工具和装备	物质 食品入冰箱,衣帽毛毯枕头入壁橱,工具装备入抽屉	输入-输出之间发生位置和状态的转变	转变
排出器 打扫卫生的女服务员	物质 通信室里用过的盘子、废纸、废物	物质 在通信室外的上述盘子、废纸、废物	输入-输出之间发生位置的转变	转变
驱动器				
支承 通信室地板、墙、天花板、家具(人造物)	作用 人员、物品、通信设备等对这些受体作用的力	作用 受体对施体的反作用	阻止在地球引力作用下的位置变化	支承
输入传感器 接电讯的电讯员	信息 外面来的电讯	信息 收到的电讯	输入-输出之间发生拥有者的转变	转变
内部传感器 当值领班	信息 当值期间人员工作情况	信息 给通信长的关于人员表现的报告	输入-输出之间发生形态的转变	转变
通道和网络 通过空气传播的语言	信息 某人员说出的思想	信息 其他人员听到的思想	输入-输出之间发生拥有者的转变	转变
计时器				
解码器 读电码的电信员	信息 摩斯电码	信息 英文	输入-输出之间发生形态的转变	转变

续　表

子系统	输　入	输　出	说　明	归　类
联想器				
记忆器 **保存收到资料的秘书**	信息 **资料**	信息 **资料**	**输入-输出不发生变换**	存储
决策器 **通信长**	信息 **任务和情况**	信息 **对人员的指令**	**输入-输出之间发生性 质转变**	转变
编码器 **翻译电码的电信员**	信息 **英文**	信息 **摩斯电码**	**输入-输出之间发生形 态的转变**	转变
输出传感器 **发电信的电信员**	信息 **要发出的电信**	信息 **发出去的电信**	**输入-输出之间发生拥 有者的转变**	转变

表 6.2 中,子系统栏单元格第一行是子系统名称,单元格第二行(加粗)是其组成;输入、输出栏的单元格第一行是按照 RFB 及其分类表的流对输入、输出的区分,单元格第二行(加粗)是按照 RFB 及其分类表的流的概念的自然语言描述,这些描述都是来自 *Living Systems* 一书,RFB 的分类表里没有这些内容;说明栏是本书设想的一个设计师对功能需求理解的说明;最后一栏是该设计师根据自己理解对各子系统按照表 6.1 给出的定义所做的功能类型分类。当然,这个设计师是虚拟的。

从表 6.2 可以看到,构成通信班群体组成的子系统多数是生命系统,也有边界和支承这些非生命系统,即人造物。对于一个系统,并不需要具备所有上述子系统,在通信班群体系统中,就缺少复制器、驱动器、计时器和联想器。还可以看到,除支承和记忆器,都应该归入表 6.1 中的转变功能类型。

分析表 6.2 的结果,可以看到这种归纳对不同人的不同主观理解有较大的依赖性,有很多地方都可以进一步推敲。例如,对于边界,可以有不同的理解。一种理解是空间的边界,那么边界就是墙壁。不过通信班的成员有可能走出通信室,这时的他或者她难道就不再是通信班的成员了吗? 所以群体的边界也可以是群体的属性。一个国家的驻外使节,一个跨国公司分布在世界各地的职员,一个家庭在不同城市工作的子女,都不能用空间界线系统作为边界,而要用属性系统作为边界,即用国籍系统、公司人员系统、血缘系统作为边界。根据这样的理解,边界是一个信息系统,其功能属于激励功能类型。而要为某事、物给出是否处在边界内和离开边界距离(广义)的信息,还需要边界与该事、物发生某种关联(广义接触)以得到其位置或者属性的信息,所以需要另外一个属于环境一部分的可以称为比较器的系统的支持。又如复制器在这里空缺,该书在其他地方常用制定规章的机构作为复制器子系统的组成。不过为什么规章本身不能够是复制器的组成? 一个新的系统总是根据规章复制得到与规章要求相同的系统,而不是由制定规章的机构临时决定要复制成什么样子。规章本身是一个信息系统,它对受体的作用是激励受体知道自己应当是什么样子。复制器如果仅仅涉及信息,那么应当属于表 6.1 中具有激励类型功能的系统。3D 打印机是一个完整的复制器系统,当输入原型信息、物质和能量就能够产生与原型相同的物品。在这里,原型信息从功能上看是首要的输入。3D打印机应该是具有表6.1中转变类型功能的系统。又如表6.2中关于物质-能量存储器、输入传感器、解码器、记忆器、编码器、输出传感器这些子系统组成的认定都存在相同问题,该书只认定其中的人。不过在这些子系统中,人造物的存在是功能实现所不可或缺的。如物质-能量存储器,如果认为其组成不仅是保管衣物的女服务员而且还包括壁橱等,那么这个子系统的组成就更为合理,属于表6.1中的一个具有存储类型功能的子系统。事实上衣物并没有存储在女服务员身体的任何部分,女服务员做的仅仅是移动这些衣物到壁橱等这些人造物里面而已。

对于该书的研究,从设计的角度还有一些问题需要说明:一是虽然人们在努力研究人造器官和人造生命,但是目前绝大多数从细胞、器官到生物体级别的系统,都还不是人造(各种不同程度改变生命体的活动,如外科手术,可以认为是人造物活动)的,而群体、机构、社团、社会、超国家这些级别的系统,都是人有目的组成的结构,可以称为人构系统以区别于人造系统,人构系统与人造系统一样也是设计科学要认真研究的范畴;二是存在其他非人造的生物体或非生物体系统,即自然系统,这些系统往往作为人造系统或者人构系统的环境、元素或者输入存在而在设计中必须予以关注,例如大气、水、矿石、林木、牲畜、昆虫、细菌等;三是输入、输出不能仅仅标明是物质、能量或者信息这些构成系统的最基本的要素,更重要的是要表明它们的不同存在形式,即是以什么样的系统结构输入或者输出,需要由如表6.2中的加粗字或者其他方式加以补充说明。

认识输入、输出在大多数情况下是系统而不是简单的物质、能量或者信息非常重要,它们在输入、输出中发生的作用完全不可同日而语。有别于仅仅表达是物质、能量、信息的输入或者输出,应该可以考虑将输入、输出的内容表达为:物质、能量、信息、自然系统、人、人造系统、人构系统。这些无论是物质产品、精神产品还是社会产品,都是系统设计中常见的输入、输出。

回到规范化引导规则的建立上来。从表6.2中的邮轮通信班群体可以看到,对各个组成所构成子系统的输入、输出的认定表明,用输入、输出翻译功能需求不仅适用于满足物质需求产品的设计,同样也能够适用于满足精神需求和社会需求产品的设计。因此,用认定功能需求中需要的输入、输出将功能需求规范化为系统的功能是可行的。这就是说,当得到由自然语言描述的功能需求时,设计师根据自己的理解认定满足功能需求需要的输入和输出后,就可以由输入/输出表达待设计系统的系统功能。

3.3 种类型的功能需求

同一化设计中,要同时考虑物质需求、精神需求和社会需求的满足,这时就会有多种功能需求。设计师要确定需求的优先次序:哪一个居首? 哪一个其次? 或者将功能需求分解为若干子功能需求以寻求各自对应的子功能。一般即使是很小的子系统,也会有多个输入和输出,设计师要按照一定的顺序,逐步认定所有的输入、输出以期系统具有满足全部功能需求的功能。这将在第7章中做更进一步的讨论。

　　在识别输入、输出时,还需要识别输入是进入或者是接受作用,以及输出是排出或者是施加作用,即功能是"转变为"还是"作用于"。还需要识别输入、输出的是物质、能量、信息、自然系统、人、人造系统还是人构系统。这样会有利于考虑在哪些知识簇中搜索已有知识片段并拼接和重组产生创意或者构建设想。仍旧用 3D 打印机作为例子来研究所需要的规范化的引导规则。开始有一个自然语言表达的功能需求:按照待复制品信息复制该物品。此时设计师理解需要满足的居首的是物质需求,即得到物品;然后理解输入居首的是信息,因为重点是复制,当然也会需要物质(材料)和能量(驱动和处理材料);输出的是人造系统(物品)。于是要设计的系统的功能应该表达为:信息(物质、能量)转变为人造系统,在这个功能表达中,括号外的内容是居首的,括号内的内容是其次的。表 6.3 描述了如何引导设计师处理这些关系。

表 6.3　将待设计对象的功能需求转换成功能举例

功能需求	需求类型	功能类型	输　入	输　出	功　能	背景事、物
按待复制品信息复制该物品	物质需求	转变	待复制品信息、材料物质、电能量	符合待复制品信息的人造系统	信息(物质、能量)转变为人造系统	3D 打印机

　　从表 6.3 的第六栏可以看到,这样的功能表达完全独立于任何具体的系统或者事、物,满足设计的功能独立公理[35]。

　　粒度更细的规范化,例如,要说明信息是几何信息、物理信息、心理信息还是社会信息? 物质是固体、液体还是气体? 能量是机械能、电能还是热能? 作用是物理作用、化学作用、生理作用还是心理作用? 等等。这些还需要有更详细的规范。前面说过的 RFB 及其分类表就力图解决这类问题。不过他们的努力仅仅是针对满足物质需求中的机电产品,而且科技飞速发展给机电产品带来的变化越来越大,需要规范化的范围离开 RFB 及其分类表所能够包括的范围越来越远。由此可以看到,沿着 RFB 及其分类表的方向为同一化设计中的输入、输出做出规范化表达的尝试,是很难成功的。有一点需要再一次强调,自然语言表达的功能需求虽然有许多不清晰和矛盾的方面,但是这正是人的思维特征的真实表现,而这种不清晰和矛盾恰恰给予人类自由思考以宽阔的空间。设计是构思尚不存在的事、物,这个自由思考的空间十分重要。系统功能的准确表达,需要在设计过程中通过产生创意、构建设想、评价认可这些进程逐步完成。包括后设计知识的积累,也会对系统功能的表达给以补充。如果在设计开始时,就将系统功能的表达规范化到非常细的粒度,就限制了人在巨大已有知识水池里产生有竞争力的创意和设想,这正是理性、系统化设计方法的局限性所在。这里讨论的是系统功能知识表达与建立规范化表达的引导规则之间的关系,具体如何建立规范化表达的引导规则需要联系到功能知识的搜索和功能知识的集成需要,因此将在第 7 章中进一步研究。

6.3 系统的行为知识

6.3.1 系统的行为

系统行为知识表达相对比较简单,这个知识集是一个设计的中间产物,主要在系统模型内部传递,较少发生用自然语言表达的需要。从设计开始,就可以用规范化的方式来表达行为。当然,规范化的原则在不同著作中也各有不同,不过,在这个方面更多是与专业领域的设计技术相关。

系统行为是系统结构变化的描述,在讨论系统行为知识时需要把系统结构、系统结构与环境、系统结构与行为的关系再梳理一下。

系统存在于环境之中,系统与环境之间由系统框分隔,系统框可以在几何空间上划定,也可以由系统的某些属性界定,系统是系统元素按照一定相对关系的集合。

系统与环境之间有输入和输出。环境对系统有输入,包括目的输入和非目的输入。前者是为使所设计的系统具有某种功能所需要的输入,后者虽然并非有目的但是不可避免存在的输入。输入包括有从环境进入设计对象的物质、能量、信息、自然系统、人、人造系统、人构系统等或者环境对系统的作用。系统对环境也有目的输出和非目的输出。目的输出是为了实现设计要实现的功能,非目的输出则是所设计系统行为产生的无法避免的对环境的影响。输出包括排出系统进入环境的物质、能量、信息、自然系统、人、人造系统、人构系统等或者系统对环境的作用。作用是指并不进入或者排出系统而存在的环境对系统或者系统对环境的影响。从前面的讨论可见,区分进入、排出系统和系统、环境之间的相互作用不仅对于物质产品有需要,对于精神产品和社会产品的设计更是必要的,因为在这些产品里,输入、输出往往并不具有如一些物质产品那样进入或者排出的性质,而仅仅是相互作用。例如,一部小说,是一个信息系统,一个人阅读小说时,并不存在什么进入小说或者从小说排出的行为,而是小说这个信息系统作用于此人的神经系统满足了他的精神需求。

系统行为是系统结构的变化。系统结构变化包括其元素的变化,各个元素性质的变化和元素之间相互关系的变化,结构变化有可恢复变化和不可恢复变化。例如,人的动作是可恢复变化,心脏不断跳动、血液循环流动、举手抬脚都是可恢复变化。但是人的衰老是不可恢复变化,各种退行性疾病往往是由于或者导致不可恢复变化。对于人造系统,除极少数情况,都希望能够长期使用因而需要重复实现它的功能,所以设计的主要目标着眼于保持其结构只发生可恢复变化,并在系统生命周期中避免或尽量少发生不可恢复变化,这就是前面讨论过的系统功能保持性或者质量。

有很多情况,输入进入系统以后,可以认为是与原来的系统集成为一个新的系统,输出被排出以后,系统也就恢复了原来的结构。在物质产品中,空转的机床是一个系统,夹持了工件以后,就成为另外一个系统。空载飞行的飞机是一个系统,载客的飞机又是一个不同的系统。这些属于结构元素的变化,是可恢复变化。文化产品中,一本书中如果增加一章或者抽掉一章,常常是作者反复推敲的结果,因为其对读者的激励效果将会不同。社会产品中,明朝皇帝统治的中国是一个由关内民族组成的系统,不断与北方其他民族包括满族交战。清军入关以后,统治了中国,成为一个新的系统,仍旧不断与北方(不包括满族)的其他民族交战,但是清朝皇帝统治的中国已经是另外一个系统。书稿的更新和民族的融合属于系统结构元素的不可恢复变化。对于结构元素的可恢复变化,由于输入或者排出通常是不确定和不连贯的,设计中将输入或者排出前、后的系统作为两个系统处理,比较方便。结构改变了,行为也就发生相应的变化。而对于结构元素性质的不可恢复变化,其处理比较复杂,将在第 8 章讨论。

所谓变化,都是相对时间维而言,系统结构变化也不例外。例如,此后将要讨论的,系统结构可以由一个参数集描述。这个参数集包括 4 个组成部分:元素子集、各个元素性质子集、元素之间关系子集和历史子集。元素之间关系参数子集描述系统的状态,这个子集在某一个时刻的取值描述系统当时的状态,其取值的变化描述系统状态的变化,是系统的某些行为或者系统结构中元素之间相对关系变化的度量。

6.3.2　可恢复变化与行为确定性

功能在许多情况下是由系统行为构成的,而行为则取决于结构。相同的输入,不同结构有不同的行为,结构变化的可恢复,说明同样的输入有可能得到同样的行为,即实现同样的功能。反之,结构变化的不能恢复,同样的输入将有不同的行为,功能也不能再现。由结构自身产生的输出,也是这样,一幅绘画是一个信息系统,作用于人们的视觉,有满足精神需求的可欣赏功能。但是在地宫墙上的壁画,年久发生不可恢复变化,画面破损,颜色消退,其对人的感官的作用也发生变化,欣赏功能也随之减少,代之以满足研究历史的精神需求的另一种功能。不过,这时不是系统结构中元素之间关系的变化,而是元素性质的变化,而且是不可恢复变化。人构系统的问题比较复杂,例如,每年春节都要发生交通大拥堵,这是可恢复变化;但是过去没有动车,没有高铁,现在有了,拥堵的情况不一样,以后还会有其他的交通方式出现,也就是系统结构中的元素有了变化,也是不可恢复变化。社会的每年的相同之中都会有少许不同。社会是向前发展的,现在有了互联网和手机,人们的生活发生了变化,因此观察社会问题,不能做“九斤老太”[99]。

对于机械产品,所设计系统其结构由目的输入导致的可恢复变化必须是确定性变化。所谓确定性变化,就是结构中任何部分的变化都必须与输入有确定的联系,必须与其他部分的变化有确定的联系。也就是各种行为包括元素性质的变化和元素之间关系的变化是确定的。因为可恢复变化都是与目的功能实现直接相关的,人们不能容忍不确定的功能。如果系统任何部分的行为是不确定的,那么这个部分就没有意义,它与需要实现的功能就没有关系。不过因为同时存在非目的输入,非目的输入常常是不可测和不可控的,由非目的输入导致的行为,不能保证是确定的。在物质产品设计中,必须对系统由目的输入产生的行为的确定性进行检验。而对于非目的输入,一方面要在设计中尽量避免或者减少,另一方面要设法抑制非目的输入对系统行为的影响。对于建筑也是一样,不能允许有任何一块砖随便放;如果有这样的砖,它就没有用,就与这个建筑系统没有关系。但是建筑外面的悬挂结构具有展示的功能,不过当飓风来临时,则需要设计坚固的连接以避免被风刮掉。虽然这些是设计技术研究的内容,为完整起见仍旧要在这里展示一些实例以阐述设计科学与设计竞争力之间的关系。

在机械产品中,通常用自由度数等于零来评价系统各部分行为的确定性。此时需要将对象抽象化为机构,也就是将所有无相对运动的组成部分都视为一个刚性构件,并由限制相对运动的运动副连接构件使机构的运动具有确定性。于是所设计的系统就成为构件和运动副的集合,称为机构。图 6.3 中发动机的连杆,由杆身、大端盖、连杆螺钉等零件组成,组装后由连杆螺钉将这些零件固定。它们之间没有相对运动,所有零件都做相同的运动,这样连杆就是机构中的一个构件。

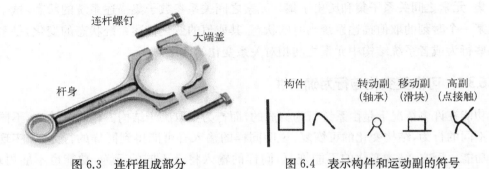

图 6.3　连杆组成部分　　　　　　图 6.4　表示构件和运动副的符号

连接两个构件,限制其只能做某种相对运动而不能做其他相对运动的结构称为运动副。图 6.4 给出机构学中表示平面运动机构构件与三种运动副的符号。只允许两构件相对转动的称为转动副,日常见到的滚动轴承就是一种转动副;只允许两个构件相对移动的称为移动副,限制电梯只能上下直线运动靠的就是移动副;允许同时移动和转动但需要保持接触的称为高副,在地上滚动的车轮是常见到的高副。

从刚体运动学知道,1 个独立的平面运动构件有 3 个自由度,一个连接 2 个构件的转动副或移动副抵消了它们所拥有的 2 个自由度,一个高副则抵消了它们所拥有的 1 个自由度。于是机构自由度数就可以用式(6-1)计算:

$$DOF = 3 \times N - 2 \times R - 2 \times T - P \qquad (6-1)$$

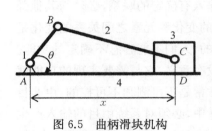

图 6.5　曲柄滑块机构

其中,DOF 为自由度数;N 为非固定构件数;R 为转动副数;T 为移动副数;P 为高副数。如图 6.5 所示的是一个发动机的曲柄连杆机构,共有构件 1～构件 4,转动副 A～转动副 C,移动副 D,其中构件 4 不运动,是称为机架的固定构件。其自由度数可以计算如下:

$$DOF = 3 \times 3 - 2 \times 3 - 2 \times 1 = 1 \qquad (6-2)$$

　　计算得到自由度数为 1,说明这样结构的系统,需要再给这个系统的运动 1 个限制,其运动才能够确定。显然,因为机械产品需要由运动来实现功能,这个限制必然是运动规律的限制,而不是使之不动的限制。现在给予图中称为曲柄的构件 1 一个速度为 $\dot{\theta}$(r/min) 的旋转,即一个旋转运动规律的限制,这个曲柄滑块机构其他部分的运动就完全确定,称为连杆的构件 2 和称为滑块的构件 3 它们的运动都可以由 $\dot{\theta}$(r/min) 推算出来。在这里,限制构件 1 的 $\dot{\theta}$(r/min) 就是描述曲柄滑块机构输入的一个参数。

　　参数 $\dot{\theta}$(r/min) 是目的输入,它决定了曲柄滑块机构的运动。对于这个机构还可能有非目的输入,例如,原来设计时认为是固定的构件 1,从地面接受到外界的干扰抖动,是一个非目的输入,引起机构各个部分由于抖动而发生的运动。这种运动的不确定性,设计时只能设法尽可能减少它们的影响。另外,所有构件都不可能是绝对刚性的,弹性变形就可能改变输入、结构与行为之间的关系,设计时要尽可能将这些影响予以考虑。

　　在精神产品和社会产品的设计中,由非目的输入引起的不确定行为需要予以更多注意,因为往往更难控制。人和人构系统的意愿变化非常复杂,要比物质产品中构件弹性引起的变化复杂得多。例如,引进国外好的技术和管理方法,固然推动经济发展,但是同时不可避免也输入不同的社会价值观,使人们的意愿和行为规律发生不可控制甚至不可预测的变化,而且这些变化往往是不可恢复的,对社会和谐和进步产生不协调行为。

　　结构的不可恢复变化更难控制。结构的变化有快速变化和相对其生命周期而言的缓慢变化。物质产品结构中各运动部件相对位置的周期性变化,一年中春夏秋冬四季的变化,属于快变变化,一般是可恢复变化;运动部件的磨损,地球上的气候变暖,则是慢变变化,往往是不可恢复变化。结构的慢变变化和不可恢复变化也是行为。设计时关心的首先是可恢复变化,这是因为当前的功能实现主要依赖可恢复变化;然后才关心不可恢复变化,它与功能的保持性或者所设计系统的质量相关。在设计中的行为知识集成时,首先检验结构的可恢复快变变化,以观察行为是否能够保证输入、输出也就是功能的实现。而在结构知识集成时,则同时处理可恢复变化和不可恢复的慢变变化,后者决定输入、输出关系或者功能的保持性。不可恢复变化之所以比较难控制,是因为影响的因素多种多样和需要长期观察。结构自身行为,会引起不可恢复的慢变变化,环境的非目的输入会引起不可恢复的慢变变化,结构包括其构成部分形成的历史,会影响不可恢复慢变变化的进程。物质产品如机械结构中运动副的磨损,钻井平台结构在海水中的腐蚀;精神产品中和社会产品中如思想意识的变化,技术进步带来生活方式或者社会结构的改变,都是慢变变化。维修和新陈代谢可以延缓衰老,但是不能阻止生命周期的终止。设计知识不完整性定律正是基于这一类情况而被认识的,后设计知识的重要性也与这类情况有关。

6.3.3　状态与状态向量

　　对一个系统状态也就是元素之间关系行为的量化,即使是很小很简单的系统,也需要非常多的参数。对于确定性变化,各个参数变化是不独立的,任何参数的变化都可以由其他参数的变化推算出来。所以设计时只需要根据观察需要,选择一组较少的参数组成一个参数集,即一个一维的向量来表达某个时刻的状态,称为状态向量,状态向量中的参数是描述系统元素之间关系的参数。如图 6.5 的曲柄滑块机构,图上显示的是这个时刻的结构。如果令构件 1 与构件 4 之间的夹角等于 θ,令 A、D 两点之间的距离为 x,则向量

$$[\theta, \dot{\theta}]^{\mathrm{T}} \tag{6-3}$$

和

$$[x, \dot{x}]^{\mathrm{T}} \tag{6-4}$$

都是这个机构的状态向量,都表示该系统两元素之间关系参数的量值及其变化的量值,任取其中之一都具有等价的效果。$\dot{\theta}$ 和 $\dot{x}$ 分别是 θ 和 x 的一阶时间导数,也就是角速度和速度。

对于精神产品和社会产品的设计,如果能够对产品系统结构各个部分参数量值的变化建立联系方程,并满足变化确定性的条件,则也可以用状态向量表示系统在某个时刻参数值的集合。例如,一个典型的美国宏观经济模型[100],可以在经济变量 C、P、W、M 之间建立如下关系(以美元为单位):

$$C(k) = \alpha_1 \cdot C(k-1) + \alpha_2 \cdot P(k-1) + \alpha_3 \cdot W(k-1) + \alpha_4 W(k-2)$$
$$P(k) = \beta_1 P(k-1) + \beta_2 W(k-1) + \beta_3 W(k-2) + \beta_4 M(k-1)$$
$$W(k) = \gamma_1 P(k-3) + \gamma C(k-1) \tag{6-5}$$

其中,C 为物品及服务的消费支出;P 为物品及服务的价格水平(考虑了通货膨胀);W 为工资水平;M 货币供应(由联邦储备局控制);k 为离散时间序列,间隔为一个季度。如果令

$$x_1(k) = C(k), \quad x_2 = P(k), \quad x_3 = W(k) \tag{6-6}$$

又令

$$x_4(k) = x_3(k-1), \quad x_5(k) = x_2(k-1), \quad x_6(k) = x_5(k-1) \tag{6-7}$$

如果式(6-6)是表示结构的参数,那么式(6-7)则是表示结构变化的参数。于是这个模型系统的状态可以用式(6-8)所示的状态变量表示:

$$[x_1, x_2, x_3, x_4, x_5, x_6]^{\mathrm{T}} \tag{6-8}$$

6.4 系统的结构知识

6.4.1 系统的固有特性

一个系统的结构是它的固有特性,系统的行为是由输入,包括目的输入和非目的输入,在结构上作用产生的。所谓设计决定实施结果的面貌和实施路径,这个面貌就是指所设计系统的结构,而实施就是生成所设计系统的结构。有了系统结构,才有系统行为,才能够得到系统功能和质量,即系统的性能。

在设计师的眼睛里,系统的结构就是为满足某个或者某些需求按照确定关系联系在

一起的元素的集合。所以,构成系统的结构,首先必须具有一个以上的构成元素;所谓联系在一起,就是指这些元素之间具有确定的相对关系,包含这些关系可以按照确定的规律变化;这些元素和它们之间的相对关系是为满足需求而不可或缺的;这些元素可以是较小的系统,但是并不必须是满足功能需求意义上的系统。在解决结构问题时,有很多原因需要考虑将所有可分割部分作为子系统处理。

所谓固有特性,是指特性独立于输入,与输入无关。固有并不是不变,系统及其构成部分在实施中本身就要经历许多变化的过程。生成以后,系统自身行为以及系统与环境的相互作用使得系统结构(系统元素、各个元素性质和元素之间关系)发生变化,这些变化通常有相对于系统生命周期而言的快速变化和缓慢变化的区别。

系统结构在实施中变化的历史对于系统性能和系统中元素的性质有很大影响,所以系统生成路径的选择是设计的重要命题,是设计知识的重要组成部分。对于物质产品,即使是系统的不可再分的一个部分,如一个零件,从其原料的产地,开采方式,热加工到冷加工,粗加工到精加工,以及装配的方式等都会影响系统生成以后系统结构变化的规律。例如,广泛应用的滚动轴承,其钢材是否来自真空冶炼一直是质量保证关注的焦点。即使采用了真空冶炼钢材,加工和测量精度控制也有很大影响。曾经有人买来一批噪声很大的滚动轴承,拆开仔细测量滚动体和座圈的尺寸,并按照公差范围不同分批重新组装,结果噪声立刻大幅降低并达到合格标准。不仅是加工和装配精度控制,清洗、涂油(防锈)和使用中的维护也不可忽视。有研究表明,如果润滑油中存在 $1\ \mu m$ 大小的硬质颗粒,滚动轴承寿命就要降低一个数量级。

系统结构生成的历史,对于系统结构生成以后变化规律既然如此重要,无疑应该是设计知识集的重要组成部分。这也从一个方面论证了规划实施结果面貌和规划实施路径之间不可分割的关系,没有路径的设计,也就谈不上系统结构的认定,更谈不上系统性能的认定。不仅是物质产品,包括精神产品和社会产品,构成系统的元素的历史和构成系统的历史对于产品功能和功能保持性都具有不可忽视的影响。例如,大学教育,学生此前接受不同的初等教育和中等教育、学生不同的社会背景特别是家庭背景都会使学生在大学里以及毕业以后有不同的行为,大学里不同的培养方式和培养过程当然也会使学生在大学里以及毕业以后有不同的行为。这些关于历史的知识在设计时大部分是已有知识,集成以后能够支持物理仿真或者数字仿真以获取各个元素以至系统整体行为在全生命周期中可能发生变化的新知识。设计知识不完整性定律指出,这样得到的知识仍旧是不完整的,但是设计师要设法去得到尽可能完整的知识以保证设计的精准。人们做任何事、物,都是要得到它的功能,除极少数不得已情况,总希望能够重复得到它的功能。如发射卫星的运载火箭,因为发射以后无法回收,都是一次性使用。即使航天飞机可以返回地球而得以多次使用,运载火箭到目前仍旧是一次性使用。但是人们也正在努力研究回收的办法,可能不久以后就会有能够重复使用的运载火箭。因为要重复使用,所以要求系统结构的变化是可恢复的,以期在相同条件下能够有多次相同的行为,得到同样的功能。不过环境对系统的输入和系统行为本身不可避免地要使结构发生不可恢复变化,物质结构的老化、塑变、蠕变、腐蚀、疲劳、磨损和病变都是不可恢复变化。老化是结构元素材料受到物理、化学、生理作用导致组织和性能随时间的变化;塑变是元素材料受到超过其屈服极限的力作用的结果;蠕变则是元素材料在高温和力作用下随时间发生的变化;腐蚀是流体环境对元素材料物理和化学作用的结果;疲劳是超过材料疲劳极限的动态力重复作用的结果;磨损是两表面和表面间材料相互作用相对运动的结果;病变则是某些物质或者生物体侵入系统导致的结果等。这些变化除塑变和病变,都是缓慢的过程。而塑变和病变则应该在设计中给出避免发生的条件。缓慢变化的变化速度都要与所设计系统生命衰退周期相适应。当变化的量值达到一定程度,以致系统行为的变化使得功能变化偏离设计规定的量值,或者功能变化超过设计允许范围时,系统的生命周期也就终了。当然,有些产品可以通过修理恢复其功能,延长其生命周期,部分元素可以通过再制造成为新的产品,人体器官移植后在另一个生命系统中工作,这都是另外的问题。

6.4.2　系统结构知识表达

系统的结构知识,较少用自然语言表达。在设计中总是用规范化的表达,当然规范化规则随着人们认识上的差异,仍旧会有一些不同。

系统结构由系统元素构成。系统结构可以由以下方式表达[59,101]:

$$S = \{E, P, R, H\} \qquad (6-9)$$

其中,S 为系统结构。

E 为系统中元素的集合:

$$E = \{e_1, e_2, \cdots, e_i, \cdots\} \qquad (6-10)$$

其中,e_i 为集合中的一个元素,$i = 1 \sim N$。元素 e_i 也可以是一个系统。

P 为系统中各元素性质的集合:

$$P = \{p_{e_1}, p_{e_2}, \cdots, p_{e_i}, \cdots\} \qquad (6-11)$$

其中,p_{e_i} 为元素 e_i 的性质,$i = 1 \sim N$。pe_i 本身也是一个集合,这个集合里包含很多内容,例如,对于物质产品,里面有表达物理性质的内容和表达几何性质的内容。即

$$p_{e_i} = \{p_{e_i}^{Geo}, p_{e_i}^{Phy}\} \qquad (6-12)$$

其中,$p_{e_i}^{Geo}$ 是元素 e_i 的几何性质;$p_{e_i}^{Phy}$ 是元素 e_i 的物理性质。对于精神产品和社会产品,将引入其他的性质表达,如心理性质 $p_{e_i}^{Psy}$、社会性质 $p_{e_i}^{Soc}$ 等。

R 为系统中各元素之间关系和元素与环境之间可能存在关系的集合:

$$R = \{r_{e_1 e_{j, j \neq 1}}, r_{e_2 e_{j, j \neq 2}}, \cdots, r_{e_i e_{j, j \neq i}}, \cdots, r_{e_1 e}, \cdots r_{e_i e}, \cdots\} \qquad (6-13)$$

其中,$r_{e_i e_j}$ 为元素 e_i 与元素 e_j 之间的关系,$r_{e_i e}$ 表示元素 e_i 与环境 e 的关系,$i = 1 \sim N$,$j = 1 \sim N$。

H 为系统的历史,包括系统自身和各元素的历史,

$$H = \{h_s, h_{e_1}, h_{e_2}, \cdots, h_{e_i}, \cdots\} \tag{6-14}$$

其中,h_s 为系统的历史;h_{e_i} 为元素 e_i 的历史,$i = 1 \sim N$。

本书作者曾经认为在 S 中不必含有 R,因为在当时讨论的是机械产品,通过物理性质和几何性质的描述,就可以得到机械系统各个元素之间的关系,含有 R 将导致冗余表达[59]。但是对于广义的产品,R 缺位则系统可能具有不确定性,需要具体分析。

式(6-9)中 E、P、R 是系统知识的集合,是元素知识的集合,各元素性质知识的集合和元素之间关系知识的集合。H 是非系统知识的集合,是系统和各元素所经历的历史的纪录。时间是系统的一个不可或缺的维度,没有这个维度,系统将会同样有不确定性[101]。在结构的表达式中用 H 而不用 t,是因为 H 不仅包含时间信息,还包含在各个时间节点上究竟发生了什么的知识,这往往具有更重要的意义。H 目前还只能由自然语言表达,收集在知识集中。不过当需要利用数学工具计算时,在函数中仍只能用 t 作为自变数,由特别构建的函数表达不同的历史。

6.4.3　结构时间关系的处理

设计中,对于结构随时间变化的关系,可以有 3 种假设:① 认为结构不随时间变化的理想假设;② 认为结构跟随状态变化、适用于系统短期行为观察的仅有可恢复变化假设;③ 考虑结构既跟随状态变化又跟随时间变化、适用于系统既有可恢复变化又有不可恢复变化全生命周期观察的假设。

对于不变化的结构,函数可以写成:

$$S = const. \tag{6-15}$$

如果取系统的状态向量为 X,则对于可恢复变化结构,可以用函数

$$S = S(X) \tag{6-16}$$

表达结构仅跟随状态变化的关系。这意味在一定的状态下,就有一定的结构,如果状态恢复到某一个值,结构也就恢复到对应的值。如果此时有相同的输入,那么系统就会有相同的行为,产生相同的功能。如果状态是周期性变化的,那么结构也就作周期性变化,并重复得到所需要的功能。

如果结构不仅随着状态变化,而且还随时间变化,可以用函数

$$S = S[X, H(t)] \cong S_1(X, t) \tag{6-17}$$

表达结构跟随状态和时间变化的关系。这就是不可恢复变化,这里时间 t 作为描述历史的自变量是顺序的和不可回复的,因此即使回到某一个状态,也不可能得到原来的结构。一般情况下,不可恢复变化都是缓慢变化。当需要利用数学工具计算时,在函数中仍只能用 t 作为自变数,此时需要特别构建一个结构与历史相关的时间函数 $H(t)$ 表达不同历史对结构变化的影响。

第7章 设计中的功能知识集成

7.1 设计知识的分层次集成

7.1.1 集成的层次

在第 7~9 章中,讨论的基本上是设计技术方面的问题。为了研究设计科学如何影响设计技术的发展,这些部分不可或缺。本书的宗旨不是研究设计技术,所以不追求完整,仅限于举一些案例以说明它们之间的联系。

此前的章节中说过,设计是一个系统集成的过程,也是一个知识集成的过程。设计中,设计知识集成需要按照系统集成一定的顺序进行,是有层次的。如在第 6 章中所讨论的,人们无论设计什么事、物,首先是为了满足人们对这个事、物功能的需求。只要看看每天电视上的广告,无论是卖药的、卖鞋的、卖化妆品的、卖车的、卖娱乐服务的,等等,无一不是首先宣传它们所能够满足的功能需求。早期的人造物(不包括事)是以形状体现功能,所以初期的 CAD 软件就是用形状作为设计知识唯一或者主要的描述方式。而进入机械化、电气化时代,特别是信息化时代,人们对物的需求已经远远超出形状所能够描述的范围,形状已经不是重要的标识。特别是同一化设计,不仅要考虑人们的物质需求,而且还要考虑精神需求和社会需求,不仅有物,还有事。所以,社会上流传的认为"设计就是画图",是一种十分陈旧和错误的观念。人们的需求多种多样,能够使这些需求得到满足的相关知识,更是浩如瀚海。不按照一定的顺序、一定的层次进行,集成将很难达到目标。

研究认为,设计进程至少可以分为 3 个大的层次:第一层称为概念层,在概念层上要进行的是功能知识的集成;第二层次为系统层,这个层次上要进行的是行为知识的集成;第三层称为组装层,在组装层上要进行的是结构知识的集成[102]。既然一般情况下,设计一个事、物都要满足功能需求,首先进行功能知识集成是理所当然的,没有一个满足功能需求的功能知识集成、行为知识集成和结构知识集成就没有根据和方向。在概念层上要得到的是一个由若干子系统按照一定顺序集成起来能够满足功能需求的概念系统,也就是由子功能知识集集成起来的功能知识集。概念系统要具有与功能需求相匹配的功能,同时还要大体上满足一些显而易见的约束条件。这些约束条件可能包括空间上、时间上、经济上、道德上、法律上的考虑，以及构成概念系统各个子系统输入、输出之间的协调等。如果集成后得到若干个这样的概念系统，那么就可以舍弃不能充分满足约束条件的概念系统和选择其中最优的或者若干个较优的概念系统，以进入下一个设计层次。

7.1.2　正确认识需求

设计科学中有一个需求驱动理论[31,32]，说的是设计的进程都是由需求驱动的，包括设计中知识的流动，这在第 5 章中已经讨论论过。所谓需求驱动，当然首先是功能需求驱动。不过社会上的需求现象十分复杂，并非一看就能够明白。对需求做一个大致的分类，可以分为现实需求、潜在需求和可诱导产生的需求。

现实需求比较清楚，人们每天要吃饭、睡觉，这就是现实需求。不过不同人群，特别是不同经济水平的人对吃饭、睡觉的要求实际上存在很大差别。例如吃饭，一个普通上班族的早餐花费不会超过人民币的个位数，而在一个星级酒店里的自助早餐费用往往要达到人民币的 3 位数，因此市场对于顾客的需求需要细分。可以看到，即使如吃饭这样一个日常的现实需求，也存在许多潜在的需求和可诱导产生的需求。

从创新的角度考虑，不仅要在现实的需求中竞争，更重要的是要看到潜在的需求。创新需要时间是不言而喻的，谁先看到别人还没有看到的现在不能满足的需求，谁先开始在这个目标上设计，也就是谁能够抓住先机，谁就可以竞争取胜。富人需要可口、低热量和能够显摆的食品，普通上班族则要求管饱、便宜和能够快速进食的食品。这些都可能是永无止境的潜在需求。又如，要利用大数据技术，首先就要采集到数据，就需要有能够感知各种各样信号的传感器。现实情况是，虽然大数据口号铺天盖地，但是不是所有制造企业对于开发各种有潜在需求的传感器都具有积极性。传感器不仅在数量上，更在品种上需要有极大的发展。试看一个人身体上有多少传感器，有多少种类的传感器？身体无论什么地方不正常，都会有不舒服的感觉。发展智能制造，没有数据怎么能够有信息？没有信息怎么能够有知识？没有知识怎么能够有智能？现在机器人身上的传感器与人比较，无论是数量还是种类，都还差得很远。看到这个需求的企业如果能提前开始创新的准备，就占了先机。

还有一种由诱导产生的需求。一些商品，用户原来并不会有这种需求，例如，一种名为脑黄金的营养品，一般健康人对吃营养品的兴趣不是太大。但是广告上每天宣传"送礼只送脑黄金"。送礼则是一个时期的社会风尚，广告诱导人们将脑黄金与送礼联系在一起，诱导产生对脑黄金的一种潜在的需求。这种用诱导产生需求的手段现在被漫无止境地运用，许多情况是并不存在什么潜在的需求，而是误导人们去追求不应该追求的事、物。前面说过，一片口香糖、一杯矿泉水，广告可以做得惊天动地，其实并不是那么一回事。社会浮躁风气是怎么形成的？就是大量这种诱导的综合产物。这类广告也是满足一种现实的需求和诱导潜在的需求。对于大规模生产但需求不足而殊死竞争中的产品，企业不愿意走那些艰难的道路，如为满足潜在需求而创新，或者启发人们认识还没有被认识的有意义的需求。这时就需要广告帮助他们去误导用户，这在对广告缺乏管理的社会里，是一条比较容易走的道路。有一些企业利用广告的误导实现了获利经营,这就启发了其他企业对广告的误导性的需求,于是广告业就大展宏图,创新了各种各样的误导手法。更有甚者,有些人根本就没有什么企业或者产品,利用广告的误导,可以空手套白狼,广告的功能,可谓大矣!这些都有目共睹,也就不必一一列举了。

提倡同一化设计,就是要求设计师仔细观察、认真分析和正确认识需求,在满足一方面需求时,不能损害其他方面的利益。设计师在考虑满足物质需求、精神需求的同时,一定不能忘记同时要满足社会需求,需要在道德的高度去满足需求,不能以打法律的擦边球得手而沾沾自喜。在概念层上做功能知识集成时,设计师应该时刻把握这样的原则。

7.2 概念层上的功能知识集成

7.2.1 可集成的功能单元

在第 3 章和第 6 章中已经讨论过设计的知识本质。如设计以已有知识为基础定律、设计以新知识获取为中心定律和设计知识竞争性定律所阐述的,设计过程是一个集成与竞争的组合。这个集成,是系统的集成,也是知识的集成,包括系统知识与系统知识、系统知识与非系统知识以及非系统知识与非系统知识的集成(图 6.1)。从知识的视角看集成,人不可能以他不知道的知识来集成。但是,设计面对的问题是此前人们所没有解决过的,"设计师力图塑造新结构的组成"[22],"设计方法是一种发明还不存在事物的行为模式,设计是构想性的"[24],"设计关心事物应该是什么样的"[25]。这些论述都认为,设计是规划一个尚不存在的事、物,但是又只能从已经存在的事、物出发,因此设计就只能是以已有事、物的知识的片段拼接和重组出一个过去未曾存在的、新的知识集合。同时,在这个过程中,又获取了许多此前不知道的新知识。此外,人们设计一个事、物,首先是为了满足功能需求,所以获取功能的解决方案总是设计的第一步。这样,就产生了以下的推论:一是设计是一个集成过程;二是当已经存在的较大事、物的功能知识不能集成到满足功能需求时,就要将较大事、物分解为较小的事、物,即取较大事、物功能知识的某些部分来集成;三是设计师搜索一个可能被集成的事、物的知识,首先是看它的功能知识,是看它能够满足什么功能需求;四是当一个比较复杂的功能需求不能通过集成予以满足时,可以将这个功能需求分解成若干较为简单的功能需求来集成。

在概念层上,设计要解决的问题是系统的功能,设计师要由较小已有事、物的功能知识作为片段拼接和重组一个过去未曾存在的、新的功能知识的集合,这时设计师关心的不是那些组成新事、物的较小已有事、物的全部知识,而主要是它们的功能知识和那些与功能相关的知识,目的是要使这些功能知识拼接和重组以后能够与功能需求匹配。之所以不必在此刻关心其他方面的知识,是因为如果功能知识集成失败,那么那些其他方面的知识对于当前的设计也就没有意义。如果功能知识集成成功,其他方面的知识将在设计的系统层和组装层上得到认真研究。于是,这些较小已有事、物在概念层上就被抽象成为一个个具有由输入、输出表达其功能的元素,称为功能单元。如在第 6 章中确定的,一个功能单元的功能知识等同于这个功能单元的输入、输出知识。当然,如果需要和可能,一个功能单元仍旧可以分成更小的功能单元,也就是说这些更小的功能单元都具有一定的功能,即特定的输入和输出。此前多次提到的,将较大事、物分解为较小事、物的意义可以从以下事实说明。例如,要设计一个制作月饼的系统,功能需求是将面粉、水、油、糖、其他馅料和添加剂等原料在电力驱动下根据给定的月饼规范(以上是系统的输入)变成月饼(系统的输出)。在概念层上做功能知识集成时,发现需要一个能将一种速度变成几种速度的功能,搜索得到汽车、机车或者飞机这样一些系统的知识,当然解决不了问题。如果将汽车这个较大的系统,分解成车身、底盘、变速箱、发动机、电气系统等子系统,就会发现变速箱子系统或许能够成为可供选择的功能单元。显然,功能越是细分,由拼接和重组产生创意也就更为容易,因为不需要进一步将它们打碎,当然构建设想也更为容易。这是为什么要将知识集分解成为知识条的一个理由,也是为什么要求设计知识服务细分和专业化的一个理由,后面这个理由将在第 9 章讨论。当然,若干功能单元也可以组合成较大的功能单元,这就是现在讨论的集成。

7.2.2　背景实体知识的应用

　　功能单元虽然是功能的抽象,但是一般情况下有它实际事、物的背景,包括已经存在的事、物或者是它们的设计甚至仅仅是设计的创意或者设想,称为背景实体。在现实世界里,一个功能单元可能具有若干个背景实体,它们可以有不同的行为和结构,也可能有相近甚至相同的行为但是不同的结构,这给予设计师以通过竞争来选择的空间。虽然功能是首要的,但是还有许多前面提到过的约束条件需要满足。例如,在物质产品设计中,往往需要满足空间尺寸条件、结构重量条件、交货期条件、生产成本条件、环境保护条件、操作安全条件、各个功能单元输入、输出之间的可传递条件、可行为条件等。在精神产品和社会产品的设计中,需要满足法律法规、道德操守、民族文化、历史传统等的约束。此前讲到的小品《卖拐》就违反了道德操守的约束条件。欧美一些作家,强调言论自由,创作一些其中具有伤害宗教人士感情功能的作品,引起社会骚乱。社会是一个由不同群体构成的系统,各个群体有自己的物质、精神和社会需求,如果一个群体为满足自己的需求而妨碍其他群体需求的满足,就不可能和谐共处,如果因此发生骚乱甚至战争,共同美好生活也就化为泡影,这就是为什么要提倡同一化设计的理由。在设计的功能集成阶段,虽然不能进行行为和结构方面较为完整的评价,但是由各个功能单元相关背景实物的特征参数,已经可以进行初步的筛选。在物质产品设计中,如果集成后全体功能单元对应的背景实体占有空间太大,或者成本太高,在精神产品和社会产品的设计中,如果含有越过社会道德底线、伤害民族感情的内容或者可能导致不公结果,就不能采用。所以在概念层上做功能知识集成的同时,需要和可能根据约束条件在众多能够实现相同输入、输出的功能单元簇中根据相关特征参数集成的结果与约束条件进行比较,通过粗粒度的评价进行初步筛选。这就是设计知识集成中概念层上要完成的任务。

7.3 支持搜索和集成的引导规则

在第 6 章里已经讨论过引导规则的问题,现在再做进一步研究。

功能,或者功能单元的知识,在什么地方?设计师如何得到它们和运用它们进行功能知识集成?这些方面有很多不同意见。

当然,知识首先是在设计师的头脑里,这是最基本的。设计师的头脑里好像有一个已有知识的水池[4],设计师头脑中的已有知识就好比水池里的水,当遇到问题时,就到这个水池里去寻找答案。设计师从学校里教师的传授和学校外自己的学习中,给头脑里注入许多知识。人们如何在头脑中整理、存储和在需要时找到知识和运用知识,各不相同。受过关于设计能力培养的人往往会注意到记忆中的事、物在满足功能需求方面的知识,而有坚实系统论基础的设计师则会记住一些事、物的功能、行为和结构之间关系的知识。经验丰富的设计师他的水池里的水当然会比较多,善于学习的设计师的水池里的水则能够不断更新。当然,这个水池也包括个人在头脑以外其他私人的存储设备。不过,无论如何个人的水池总是有限的,比较大的设计需要在团队中进行,这时团队成员个人的水池加在一起就成为团队的水池。团队合作效率将决定团队水池里的水多于或者少于全体成员个人水池里水的总和。团队成员之间的交流合作,一般情况下是通过自然语言进行的,如果能够采用规范化的表达,合作效率也许可以高些。传统上,大企业集中成千上万的技术人员,本应该可以在企业内部解决大多数已有知识的问题,但是许多情况下的结果并非如此。如第 5 章所提到的许多理由,垂直知识资源结构正在被水平知识资源结构所取代。另外,第 2 章讨论过的知识处理问题,即为了便于在拼接和重组中使用,设计知识需要处理成为知识条、较小的知识集和知识簇,在第 6 章中曾经详细研究过的如何将自然语言描述的功能需求规范化表达成为符合建模要求的系统功能,也是知识处理的重要内容。知识更新速度越来越快和设计需要的知识其内容和范围越来越庞大,都使得知识处理变得越来越困难和越来越需要细分和专业化。细分和专业化同样要求知识资源向水平结构转化。所谓知识资源的水平结构就是一个分布式的设计知识资源环境,由知识服务和服务的竞争实现知识在这个环境中的流动、竞争、集成和进化。由互联网连接起来的有组织的知识服务,使得全世界的知识都放在一个超大的水池里供设计师随时使用。这些问题将在第 9 章中进一步研究。

因此在更多情况下,功能或者功能单元的知识,要到分布式资源环境中去找(图 5.5),要通过设计知识服务(图 5.2)得到。为了提高设计竞争力,代替在学校里给设计师头脑里装尽可能多的已有知识的传统教育模式,教师的任务应该转变成为培养设计师到分布式资源环境中去寻找知识的能力和运用找来的知识进行设计的能力,所谓运用知识的能力就是分解、拼接、重组得到的知识,并由直觉和灵感产生创意、构建解决方案设想,以及借助新知识获取资源进行评价认可以获取新知识的能力。教育的任务要从"教书、育人"中的"教书"为主转变为以"育人"为中心。这个问题将在第 10 章中讨论。对于功能知识也不例外,设计知识服务中有许多服务就是提供能够给消费方拼接和重组的功能知识(输入、输出的知识),这些功能可能同时有背景实体提供,在物质产品设计中称为零部件供应。但是也不必一定存在背景实体,因为在功能单元被接受以后,功能知识服务提供方可以继之以提供功能单元背景实体的设计和实施服务。有的著作强调在寻求满足功能需求的解决方案时,不允许考虑功能的背景实体结构[35],这在产生创意中是很重要的。因为要满足现在未能满足的需求一般是没有现成解决方案的,需要采用此前未曾用过的知识。如果有现成的解决方案,也就不需要什么创意,需求也早已得到满足了。即使存在相近的背景实体结构,也会由于知识产权问题不能采用、存在一定的缺陷或者如果采用了就失去采用新知识使产品更具有竞争力的机会。不过这个功能独立原则不能绝对化,特别是不适用于构建设想。从精准、快速、低成本考虑,继承性设计要完成的主要是以创意为核心的整个方案设想的其余部分,就要采用很多已经存在实体的功能知识,不能完全脱离实体去想象功能。所以服务提供方在提供功能单元的功能知识时,也往往被要求提供相关背景实体的信息,即使这个背景实体不能完全适应消费方的需求或者甚至除了概念还不存在实体。

　　问题回到在分布式资源环境中,通过互联网应该如何以及在什么地方发布一个服务所能够提供的功能和功能单元知识? 也就是消费方在互联网上如何以及在什么地方能够得到与自己需要相匹配的功能和功能单元知识?

　　在第 6 章里确定了用输入、输出来规范化表达功能,并且将功能需求划分为物质需求、精神需求和社会需求,将功能归入表 6.1 所列举的 4 种基本类型,如此的功能知识归类,就为各种不同的功能知识应该放在什么不同的地方,各种不同的设计知识服务应该发布在什么不同的地方,消费方应该到什么不同的地方去找自己需要的功能知识确定了原则。但是输入、输出的表达仍旧很复杂。在这个问题上,服务方是主导方,消费方只能根据服务方的发布搜索与自己需求匹配的服务。但是消费方的感受也不能忽视,顾客就是上帝,发布的信息越是准确、容易被找到和理解,服务的效率就越高,服务方就能够在竞争中得到更多服务请求,而消费方设计的成功率和效率也会越高,分布式资源环境的优势就更为凸显。但是准确、容易被找到和理解,与表达的复杂程度即发布和搜索效率又是矛盾的,这是因为设计知识服务的内容和范围实在太庞大了,用天文数字也许还不足以描述这些内容之间的差异。下面举一个过去发表的输入、输出表达方法的研究[102],并从发布和搜索准确和效率两方面要求的平衡上加以比较,以期最终找到可以采用的规则。

　1. 用关键词表达输入、输出

　　本书作者曾经参与一个建立在第 6 章提到的 RFB 及其分类表基础上的研究[102],RFB 及其分类表的影响十分广泛,是否能够采用需要慎重对待。这个基于 RFB 及其分类表的研究,将功能解(principle solution,PS)看作是能量(energy)、物料(material)、信号(signal)、流(flow)的转换系统,也就是一种采用输入、输出流表达、分类发布和搜索功能知识的原则。虽然在研究中对功能解用了"原理解"的英文名,实际上该文已经背离了 PS 的原意,不仅在中文中称为"功能解",其每一个解的名称都采用了对应背景实体的自然语言名字,如"无刷直流电机"、"太阳能电池"等,参见附录1。这些都并不涉及什么"原理"。该文采用了 RFB 及其分类表以输入流、输出流的流类型归类的方法,并将具有相同输入流类型和相同输出流类型的功能解组织成功能解簇,保存在功能解知识库中,以供搜索和使用。研究表明,仅仅物质产品中的机电产品,其功能表达就已经有 4 个层次。例如,交流发电机属于 e.m.k.r(能量、机械能、动能、转动)类型。按照流类型将功能归类的局限性,在第 6 章中已经进行了充分的讨论,扩大到满足精神需求和社会需求的同一化设计,如果再考虑输入、输出一般并不是以事、物的基本组成而是以其存在状态进行的,需要将 RFB 及其分类表中的能量、物料、信号扩展为物料、能量、信号、自然系统、人、人造系统、人构系统等,那么这张表就会十分庞大。这个研究最后不得不与大多数同类研究一样,其方法只能在自己建立的一个很小的知识库中使用,只能进行十分有限类型物质产品的设计,也就是机电产品的设计。要想为分布式资源环境制定一个如 RFB 及其分类表一样的规则以适应物质产品、精神产品和社会产品的功能知识分类需要,是没有希望的。研究表明,去掉"流"这个概念,对于输入、输出知识的规范化表达是不可回避的选择。

怎样的功能知识分类才更能够适应分布式资源环境的需要?

考虑到满足物质需求、精神需求和社会需求其输入、输出的知识有很大差异,需要先对输入、输出知识有一个粒度更粗的分类。功能需求类型被列在分类的优先位置,是由于这些需求类型,涉的输入、输出知识来自具有差异性很大的专业知识领域。如果说满足物质需求的功能知识主要来自物理(广义)科学知识领域,那么满足精神需求的功能知识主要来自心理科学知识领域,而满足社会需求的功能知识则主要来自社会科学知识领域。

接下来就是功能知识在功能类型上的分类。可以将表 6.1 的内容,用文字写成如下定义。

转变功能:所设计系统的功能是将输入在系统内部变为输出。输入和输出具有进入和排出所设计系统的特征,满足设计所期望达到的使输入的事、物产生变化的功能需求。

支承功能:所设计系统的功能是阻止某种变化。输出是输入作用的反作用,不具有进入和排出的特征,满足设计所期望达到的阻止事、物由输入导致变化或者变化发展的功能需求。

存储功能:所设计系统的功能是将输入保存在系统内,并可原样输出。输出量不必等于输入量,但不能超过当前保存量。满足设计所期望达到的使某事、物保持原样并能够在需要时提供的功能需求。

激励功能:所设计系统的功能是对受体施加某种作用。作用来自系统的行为或者结构而不是输入,满足设计所期望达到的驱使受体产生变化或者变化趋势的功能需求。

　　按照这个思路,要表达一个功能,放在第一位的是功能需求类型,放在第二位的是功能类型。前者区分物质需求、精神需求和社会需求,后者区分输入、输出关系是转变、支承、存储或者是激励。

　　表 7.1 描述按照上述归类原则表达的一条发布和搜索功能单元结果的情况,并列举了这些功能可能对应的背景实体。

表 7.1　用抽象的概念词表达功能知识

需求类型	功能类型	输　入	输　出	背景实体举例
物质需求	支承	作用	反作用 (阻止由输入导致的变化或者变化的发展)	房梁 道路 堤坝 桌子 毛毯 幕布 声屏障 绝缘子 防腐剂 β受体阻滞剂 人梯下面的人

　　一个满足物质需求、实现支承功能类型的功能,用它的输入是"作用",输出是"反作用"来表达,找到的功能知识就会满足完全不同的功能需求和对应许多完全不同的背景实体。施体和受体可能是固体、流体、气体、自然系统、人、人造系统、人构系统,作用可能是力作用、热作用、光作用、声作用、电作用、化学作用、生物作用、精神作用等。如果服务方像这样来发布其可以提供的功能知识,几乎就没有什么特色可言。而消费方搜索时,就会有成千上万的这样的功能知识被搜索到,也将无所适从,不知道如何采用。

　　曾经研究在表 7.1 的输入和输出后面各加一个特征的参数描述,如特征名,特征值,特征值单位,输入、输出的界面等[102]。不过这样又将陷入 RFB 及其分类表同样的窘境,因为需要为特征名、特征值等制定描述的规范,也就是要编一本词典。同时发现消费方如果要在这样复杂的特征描述中找到能够与自己需求匹配的功能知识,搜索速度将十分慢,而提供方也将很难确定自己的服务应该发布在什么地方。

　　于是放弃为输入、输出制定规范化表达的思路,回到用关键词来表达输入、输出。这样做有以下优点,对于出现的问题也找到了解决的办法。

　　(1)关键词虽然不是绝对的规范化,但是一般都能够最贴近地、最概括地表达输入或者输出的内容。前面说过,在知识爆炸时代,绝对规范化是不现实的。

　　(2)用关键词表达输入或者输出,非常简捷,搜索的速度非常快。一个输入或者输出允许由多于一个关键词组合成的关键词组来表达,意思就更为明确。不过关键词组中关键词的数目需要加以限制,例如,不能超过2～3个。于是表7.1就变成了表7.2的形式。

表7.2 用关键词表达功能知识

需求类型	功能类型	输　入	输　出	背景实体举例
物质需求	支承功能	砖瓦重力	支承力	房梁
		车辆重力	支承力	道路
		水压力	平衡力	堤坝
		文具重力	支承力	桌子
		人体热	热阻	毛毯
		日光	光阻	幕布
		噪声	声阻	声屏障
		电压	电阻	绝缘子
		腐蚀	阻止作用	防锈漆
		β受体激动	拮抗作用	β受体阻滞剂
		人重力	人的支承力	人梯下面的人

(3) 用关键词表达输入或者输出,给服务发布方和消费方提供比较大的想象空间,不受一个固定的规范化词典约束,而且当事、物发展到新的阶段,出现了许多新的功能需求和功能知识时,也不需要去做更新。

(4) 如果发布者觉得一种关键词组不能充分表达其关于输入或者输出的内涵,或者不容易被另外的消费方群体所理解,可以同时用另外一个关键词组表达的输入或者输出重复发布,一个功能可以用不同的关键词组做多个发布。

(5) 因为已经有了需求类型和功能类型规则的限制,关键词组所留下的想象范围不至于扩大到产生不可收拾误解的程度。

从表7.2看到,如果在一个输入、输出表达中允许有两个关键词的词组,表达的意思已经比较明确,而且也十分接近功能需求描述的愿望。在支承功能中,输入是主要的,词组一般需要两个关键词;输出是被动的,往往一个关键词就够了。也有不同的情况,例如,表7.2最下面的一条,输入没有明显的特征,而输出的关键词组中,如果没有"人"这个关键词,那么找到的功能知识可能很多,当有了"人",范围就比较明确了。

用关键词表达输入、输出取代RFB及其分类表,其优势来自充分利用了社会教育使所有人拥有的知识而不必依赖专业领域的力量去编一本词典,不必另起炉灶再去焖一锅饭,也来自为提供方和消费方的发布和搜索给出了比较大的思考空间。

对表7.2所采用的规则做一个比较广泛的考察,选择了包括物质需求、精神需求、社会需求不同需求类型中具有转变功能、支承功能、存储功能、激励功能这些功能类型的功能,以及其具有代表性的背景实体作为考察对象,于是得到了表7.3。

表 7.3　更多功能知识表达举例

需求类型	功能类型	输　入	输　出	背景实体举例及说明
物质需求	转变	物信息（原料、电能）	复制物	3D 打印机，需要从待复制品得到结构信息，原料是特殊材料，融化原料需要热
	支承	人重力	水上支承力	桥、船，阻止人掉到水里的趋势
	存储	河水（物质）	河水（物质）	水库，不改变输入输出，如果没有"河"字，就会有很多解
	激励	无	时间	时钟，对受体产生时间信息激励，认为时间信息由结构产生，与输入的能量无关
精神需求	转变	党员行为（信息）	是否违禁（信息）	中国共产党中央纪律检查委员会的 8 项禁令，识别一个元素是在边界内还是在边界外及与边界的距离
	支承	患者表现（信息）	心理治疗（信息）	心理治疗，输入、输出都是信息，治疗产生平衡反作用，阻止病患趋势
	存储	展品（信息）	展品（信息）	博物馆，产品在这里不是物质，而是信息，由受体系统解读并在受体内作用
	激励	无	音乐（信息）	音乐演出，音乐由乐队结构决定，输出由受体系统解读在受体内产生精神享受
社会需求	转变	患者	正常人	医院，包括医生、护士、医疗设施、建筑以及操作、管理人员，对疾病进行治疗
	支承	火灾信息	灭火剂	消防队，系统结构包括消防员、消防设备和消防信息系统，阻止火灾发展
	存储	故事（信息）	故事（信息）	小说，输出信息为受体系统接受，由受体系统解读并在受体内作用
	激励	无（已经存在）	社会和个体的行为指针	社会主义核心价值观，输出信息为受体系统接受，由受体系统解读并在受体内作用

从表 7.3 看到，用这样的关键词组来发布和搜索可提供功能即输入、输出的知识，是可行的。同时还可以看到，用关键词表达有比较大的想象空间。例如，在第 6 章中曾经说过，并不是教育将文明程度比较低的人加工成文明程度较高的人，而是教育行为展示人类文明，给学生以激励，由学生的精神系统内在行为产生学生的自我转变。不过由教师和教学设施构成的学校则常常被理解为具有将新学生转变为毕业生的功能，至于学生在学校内部究竟是什么机制让学生转变，则是另一个层次的问题。所以可以将教育的功能理解为属于激励功能类型，而学校则可以被理解为能够满足使新学生变成毕业生的功能需求而将其功能归入转变功能类型。这样的处理原则，使得可以在激励功能和转变功能两个类型中发布和搜索教育和学校这两个系统的功能知识而不必做任何定义或者解释。还需要说明的是，通常对一个所设计的系统，往往有多种功能需求、有多个输入或者多个输出，可以采用根据设计师理解最重要的输入、输出其关键词在表达中居首的原则，使得规范化时更加容易认定。例如，表 7.3 中的第 1 条，在规范化转换一个满足"按待复制品信息复制该物品"的愿望

即功能需求时,设计师可以理解要实现的系统功能是使物信息(原料、电能)转变为复制物。其中认定信息应该居输入之首是因为功能需求的关键是"按待复制品信息复制",是由信息决定的。有了信息才能够确定输入什么物质,确定需要多少能量,所以信息是决定性的。另外,用"复制物"表达输出以区别于"事"的复制,不至于在精神需求类型中去找到"演员"。

2. 功能单元的补充描述

如前所说,系统元素的功能知识等同于一个功能单元的输入、输出知识。

不过用关键词组表达输入、输出,还存在一个问题。关键词通常只有性质的描述,几乎没有量的描述,用关键词组发布和搜索得到相应的功能单元后,对这个功能单元还不能说已经有了必要的了解。例如,曾经有如表 7.4 中文字说明所描述的设计要满足的愿望也就是功能需求[31]。

表 7.4　一个比较详细的功能需求描述

文 字 说 明	功能参数(（ ）中是工作条件的参数)	参 数 表
沿同一轴线将一端的旋转机械能传递到另一端(转变功能,居首)	$\omega_2 \{\omega_1, M\} = \omega_1$	ω_1——1 端的角速度(r/min),输入 ω_2——2 端的角速度(r/min),输出 M——扭矩(Nm)
在给定负荷作用下各运动部件轴向位置不变(支承功能,不居首)	$z_i \{W_i \leqslant W_{i\,\text{given}}\} = k_i$	z_i——轴第 i 个位置上的径向位置(m) W_i——作用在轴第 i 个位置上的负荷(N) $W_{i\,\text{given}}$——对应于 W_i 的给定值(N) k_i——常数,$i=1, \cdots, n$ n——给定的位置数目

表 7.4 中,需求类型是物质需求,功能类型是转变。如果允许用不多于 3 个关键词表达输入或者输出,居首的输入就可以用关键词"转动"表达,输出需要另外加 2 个关键词"异地"、"同轴线"。不过还有一些非常重要的特征没有包括在其中。如构成旋转的量值:转速 ω_1、ω_2 和转矩 M 以及它们的单位等。这些由于关键词数目限制都不可能进入输入、输出的关键词组中。

这个问题不难解决。在概念层做功能知识集成时,除输入、输出这些系统知识,还有其他非系统知识,这些非系统知识在集成中也非常重要。此前讲到过的功能单元的背景实体的价格、体积、重量、面积、高度、输入或者输出界面、是否有法律禁止的非目的输出等,这些关于输入、输出特征更详尽的内容完全可以合并在一起,成为一个功能单元的特征知识集。为了提高发布和搜索效率,这个知识集并不需要在发布和搜索的早期出现。在发布和搜索的早期,关心的是粗粒度输入、输出是否能够匹配。当消费方搜索得到若干个功能单元集(例如图 3.11 中的 Set B 或者 Set C),如果它们都能够满足功能需求,就可以向服务方请求提供功能单元集中每个功能单元更为详尽甚至是背景实体的特征知识集,以便集成后作为与设计的约束条件进行比较的依据。需要再一次强调,功能知识的集成是首要的,如果拼接、重组得到的概念系统其各个子系统的功能知识不能得到确认,其他知识就没有任何意义。

根据这样的原则,表 7.4 可以改写成为下面的表 7.5 和表 7.6,在设计的概念层上不同的集成阶段,根据设计知识服务消费方的要求发布。先发布表 7.5,表 7.6 则在消费方提出请求后提供。

表 7.5　功能知识表达

需求类型	功能类型	输　入	输　出
物质	转变	转动	异地同轴线转动

表 7.6　功能单元特征知识集（由服务提供方给出）

序号	特　征		
	特征名	值	单位
1	同一旋转轴线	Null	Null
2	最大输入转速	ω_1	r/min
3	输出转速	ω_1	r/min
4	最大输入端转矩	M_1	Nm
5	输入界面	联轴器	Null
6	输出界面	联轴器	Null
7	输入、输出距离	$L_1 \leqslant L \leqslant L_2$	m
8	材料（可约定）	40 Mn	Null
9	估计重量	W	kg/m/Nm
10	估计价格	P	Yuan/m/Nm

　　表 7.6 由服务提供方根据功能单元可能的背景实体具体情况编制，这是一个传动轴的特征知识集。如果消费方还需要另外一些特征，服务方可以根据服务的承诺补充给出。这样就形成了一个不论是发布还是搜索功能单元知识比较完整的但是十分简明的输入、输出知识表达引导规则。规则共有以下四条。

　　（1）表达功能需求的类型，属于物质需求、精神需求还是社会需求。

　　（2）表达功能类型，属于转变功能、支承功能、存储功能还是激励功能。

　　（3）以不多于 3 个关键词的词组表达输入和输出。

　　（4）根据请求和可能备有表达其他与功能相关的特征知识集。

　　最后建议在选择关键词时，尽量考虑用词，尽量与物质、能量、信息、自然系统、人、人造系统、人构系统这些输入和输出的存在状态相匹配。在这个问题上，由于还缺乏足够的研究，没有写入引导规则。

7.4　功能知识的集成

7.4.1　一个搜索和集成模型

　　已经说过，当面对一个新的功能需求时，由于没有现成的事、物能够满足这个需求，于是需要为一个还不存在事、物的实现制定实施目标和路径，这就是设计。而在所有目标中，最重要的是其实现功能的目标，即要能够满足功能需求的目标。设计在概念层上要完成的任务是要得到若干个（至少一个）概念系统，其功能与要满足的功能需求匹配，如果不能得到，则任务失败。第 3 章的图 3.11 分析了如何可以从已有知识片段拼接和重组产生创意的过程。这是一个粗略的模型，因为人脑的活动要比这复杂得多。但是可以用这个模型，开发一个在分布式资源环境中搜索设计知识服务、用服务提供的功能（输入、输出）知识拼接和重组的算法，也就是集成产生概念系统的算法，以辅助人脑的工作。分布式资源环境中的设计知识服务无边无际，所能够提供的功能单元各种各样，都要由人来搜索和拼接重组，那效率就太低了。注意，这些知识不是由哪一个机构宣称要建设的无所不包的数据库或者知识库所能够提供的，因为事实上是不可能实现的。这些功能知识只能来自无数设计知识服务单元的服务，它们不仅在数量上不是前者所能够比拟，更重要的是每一个服务都是动态的、发展的、由细分和专业化的服务提供方根据自己能力在竞争中不断更新的。不过产生概念系统的过程却仍旧可以由计算机帮助人脑来解决，也就是搜索、集成和评价，这是计算机的强项。概念层要解决的是功能问题，涉及的知识是功能知识，设计在概念层上需要的知识片段就是细分和专业化的系统功能知识，即由规范化分类组织起来的功能单元的知识。问题归结到如何从分布式资源环境中无数设计知识服务单元提供的服务中，找到能够与功能需求匹配的功能单元集，集成出满足功能需求的概念系统，即它们的输入、输出能够与功能需求匹配。

现在将图 3.11 复制在这里成为图 7.1，不过其中的 Set 改用 G 代替以作为功能单元的符号、名称和表示功能量值的参数。下面将在这个模型上研究如何仿照人脑在分布式资源环境中搜索、拼接和重组，帮助设计师产生创意和概念系统，也就是研究如何采用所提出的功能知识表达引导规则找到功能知识集。搜索算法不是本书研究的范围，可以参阅相关文献[103]。

基本策略是：当设计师面对一个要满足的功能需求时，首先要根据自己的理解将功能需求转换成功能，并考虑这些功能是否需要进一步分解。一般讲，越是细分的功能，越容易产生创意，越有利于创新，因为创新总是首先出现在点上。其次，对分解后的子功能，逐一按照功能知识表达引导规则在它们的类型归属范围中寻找是否能够从分布式资源环境中的设计知识服务得到需要的功能知识。是什么需求类型？是什么功能类型？然后由关键词组表达的输入、输出搜索可用以拼接和重组的功能知识片段，也就是较小的功能单元。例如，要集成得到一个属于物质需求类型和转变功能类型具有给定输入、输出的功能，即图 7.1(a) 中由关键词组表达的输入 I 和输出 O。如果在分布式资源环境中找不到所需要的功能单元，即找不到功能单元 GA，于是就寻求通过拼接和重组来解决问题的途径，寻找可以拼接、重组的输入、输出知识。先找到一簇具有相同输入 I 但是不同输出的功能知识簇 1 和另一簇具有相同输出 O 但是不同输入的功能知识簇 2[图 7.1(b)]，通过逐一比较寻求这些不同输出和不同输入之间是否有匹配的可能。

先从左边知识簇 1 向知识簇 2 搜索，这是前向搜索策略。第 1 个 $G1$ 的输出是 L，就

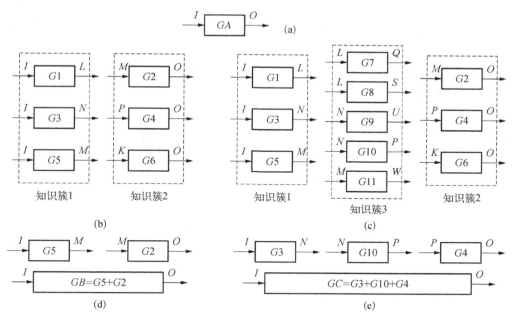

图 7.1　功能知识集成的模拟图

到右边知识簇 2 中找其输入是 L 的,结果失败;接着看第 2 个 G3,到右边知识簇 2 中找其输入能够与输出 N 匹配的,结果也失败;然后看第 3 个 G5,在知识簇 2 中找其输入能够与输出 M 匹配的,结果在知识簇 2 中找到了 G2,它的输入正好是 M,于是匹配成功,即找到知识簇 1 中的 G5 和知识簇 2 中的 G2 能够拼接重组成概念系统 GB[图 7.1(d)],具有期望的 GA 的将输入 I 转变为输出 O 的功能,构成了解决方案的一个想象。也可以采用后向搜索策略,即从知识簇 2 向知识簇 1 搜索。如果匹配不成功,还可以再由知识簇 1 中各个功能单元的输出作为输入寻找一个功能知识簇 3[图 7.1(c)],例如,由 G1 的输出 L 搜索具有相同输入的功能单元,由 G3 的输出 N 搜索具有相同输入的功能单元,由 G5 的输出 M 搜索具有相同输入的功能单元,并由所有这些找到的功能单元组成知识簇 3,然后用前向搜索策略逐一比较知识簇 3 中功能单元的输出,找到能够与知识簇 2 中某功能单元输入匹配的功能单元,组合成为概念系统 GC[图 7.1(e)],具有期望的 GA 将输入 I 转变为输出 O 的功能。当然也可以采用后向搜索策略从知识簇 2 得到知识簇 3,并寻求与知识簇 1 的匹配。这是混合搜索策略的基本思想[2,102]。

7.4.2　方块图表达

在图 7.1 中,功能单元都是用一个一个方块表示的,这意味着一个功能单元就是一个系统。方块的边界是系统框,功能单元的输入、输出就是该系统的输入、输出,这种表示方法称为方块图。方块图和信号流图是控制工程中控制系统功能和结构的基本表示方法,这里借用它们来表示功能知识集成中的输入、输出知识之间的关系,就得到了图 7.1 中的那些功能单元和功能知识簇。当然,借用时需要做适当的修改和补充,这将在后面讨论。

图 7.2 表示的是一个简单串联概念系统。由居首输入、输出拼接和重组成的概念系统，就是这样的一种系统。图 7.1 中的 GB 和 GC 都是简单串联概念系统。方块图中间的字符是这个功能单元的功能，即输出/输入，也称为传递函数。图 7.1 中的 GB、GC，图 7.2 中的 $G1$、$G2$、$G3$ 都表示各该功能单元的传递函数，同时也用作功能单元的名称。由居首的输入、输出知识拼接和重组而成的概念系统，只在单输入、单输出上进行了匹配。但是不少情况下会有多个输入或者输出，所以输入、输出需要用向量表示。规定用向量 $X_k^I=[x_{k1}^I,\ x_{k2}^I,\ \cdots,\ x_{km}^I]^{\mathrm{T}}$ 和 $X_k^O=[x_{k1}^O,\ x_{k2}^O,\ \cdots,\ x_{kn}^O]^{\mathrm{T}}$ 分别表示功能单元 Gk 的输入和输出向量，向量中各个元素的上标是属于输入或者输出的标志，下标是所从属的功能单元标志和向量元素的序号，m 和 n 分别为该功能单元输入和输出向量中元素的个数。根据定义，可以得到[104]：

$$X_k^O=Gk\cdot X_k^I,\quad i=1,\ \cdots,\ m;\ j=1,\ \cdots,\ n \tag{7-1}$$

其中

$$Gk=\begin{bmatrix} gk_{11} & \cdots & gk_{1m} \\ \vdots & gk_{ji} & \vdots \\ gk_{n1} & \cdots & gk_{nm} \end{bmatrix}=\begin{bmatrix} \dfrac{\partial x_{k1}^O}{\partial x_{k1}^I} & \cdots & \dfrac{\partial x_{k1}^O}{\partial x_{km}^I} \\ \vdots & \dfrac{\partial x_{kj}^O}{\partial x_{ki}^I} & \vdots \\ \dfrac{\partial x_{kn}^O}{\partial x_{k1}^I} & \cdots & \dfrac{\partial x_{kn}^O}{\partial x_{km}^I} \end{bmatrix} \tag{7-2}$$

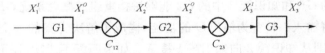

X_1^I
X_1^O
X_2^I
X_2^O
X_3^I
X_3^O
G1
G2
G3
C_{12}
C_{23}
图 7.2 简单串联概念系统

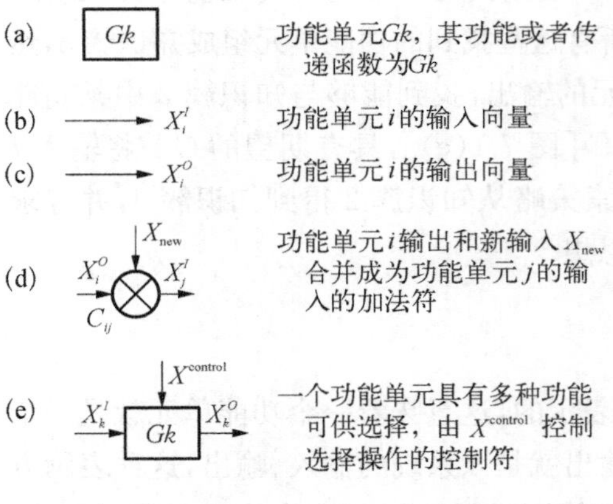

(a)
Gk
功能单元Gk，其功能或者传递函数为Gk
(b)
X_i^I
功能单元 i 的输入向量
(c)
X_i^O
功能单元 i 的输出向量
(d)
X_{new}
X_i^O
X_j^I
C_{ij}
功能单元 i 输出和新输入 X_{new} 合并成为功能单元 j 的输入的加法符
(e)
X^{control}
X_k^I
X_k^O
Gk
一个功能单元具有多种功能可供选择，由 X^{control} 控制选择操作的控制符
(f)
X_i
X_i
C_i
在输入、输出向量上分流的分支符
图 7.3 功能集成中用的符号

当前、后两个功能单元被连接在一起时，由于最初匹配的仅仅是居首的输入、输出元素，不能说前面功能单元输出向量中的元素都能与后面功能单元输入向量中的元素都能够一一对应，还需要进行匹配。图 7.3 是功能知识集成时，常用的表示输入、输出关系的符号。

(1) 图 7.3(a)表示一个名称为 Gk 的功能单元，具有功能或者传递函数 Gk。

(2) 图 7.3(b)及图 7.3(c)表示功能单元 i 的输入及输出向量。X_i^I、X_i^O 的上标用大写 I、O 区别输入或者输出，下标用与功能单元名称对应的符号表示其从属关系。

（3）图 7.3(d)表示两个输入向量通过一个称为加法符的符号集成为一个向量。用大写的 C_{ij} 作为加法符所在节点名称,在节点上要处理各种匹配问题。加法符集成是一种简单的合并,满足:

$$X_j^I = X_i^O \bigcup X_{\text{new}} = [x_{i1}^O,\ x_{i2}^O,\ \cdots,\ x_{\text{new1}},\ x_{\text{new2}},\ \cdots]^T \tag{7-3}$$

其中,符号"$\bigcup$"表示集成。

（4）图 7.3(e)表示两个输入不能用简单合并而需要以相乘进行集成,通常用于对功能中的子功能进行多选一或其他控制(如改变比例)需要的操作,所以称为控制符。例如:

当 $G = [G_1, G_2, \cdots, G_n]$ 时,需要由操作不同的输入控制其仅执行某一个子功能,如 G_2,则输入 $X^{\text{control}} = [0, 1, \cdots, 0]^T$ 这样的控制指令使得

$$X^O = G \cdot X^{\text{control}} \cdot X^I = G_2 \cdot X^I \tag{7-4}$$

（5）图 7.3(f)表示输入向量或者输出向量中的某些元素要同时进入多个功能单元的分支符。可以由分支矩阵控制其需要进入另一个功能单元的元素。具有关系:

$$X_2 = BM_{c_i} \cdot X_1 \tag{7-5}$$

其中,BM_{c_i} 称为 C_i 分支点上的分支矩阵。

7.4.3　输入、输出的匹配

1. 相关向量个数上的匹配[104]

（1）如果在连接前后相继两功能单元 Gi 和 Gj 的节点 C_{ij} 上,X_i^I 中各个元素都能够与 X_i^O 中的元素一一对应,则不存在个数匹配问题。这是功能单元 Gj 能够工作所必需的。

（2）如果在节点 C_{ij} 上,X_j^I 中的元素不能在 X_i^O 找到对应的元素,为实现功能 Gj,需要增加输入 X_{new},使 X_i^O 与 X_{new} 用简单合并方法集成后,X_j^I 中的元素都能够在其中得到对应,同时也许需要新的功能单元 $G\text{new}$ 和输入 X_{new}^I,如图 7.4 所示;也可以不需要新的输入而只需要新的传递函数,如图 7.5 所示是前馈的情况,当然也可以是反馈。X_{new}^O 中的元素需要根据缺少的情况决定。

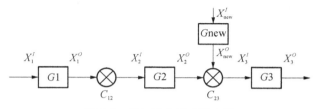

图 7.4　增加输入元素的个数

遇到不能简单合并的情况,则可以将多个输入相乘或者用其他方法集成后进入功能单元。

（3）如果在节点 C_{ij} 上,X_i^O 中元素与 X_j^I 中元素对应后还有多余,则放弃 X_i^O 中的多

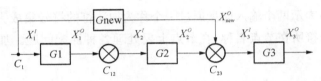

图 7.5 增加新的传递函数(前馈)

余部分,将其视为非目的输出。

2. 属性上的匹配

(1) 所谓节点 C_{ij} 上 X_j^I 中的一个元素能够与 X_i^O 中的一个元素对应,必须满足二者是物理学、心理学或者社会科学中相同的参数,且满足各自取值范围能够相互接受的条件。这一点称为属性上的匹配。

(2) 在做个数匹配时,属性不匹配的元素需要放弃,不参与个数上的匹配。

(3) 如果个数匹配和属性匹配不能满足要求,则要放弃其中一个功能单元的选择。

图 7.6 是一个功能知识集成中表示概念系统的方块图举例。

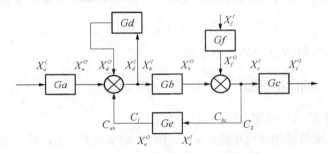

图 7.6 概念系统方块图示例

7.4.4 输入、输出量值评价

如果已经由集成得到一个如图 7.6 所示的概念系统,并已经知道各个功能单元的传递函数值,接下来就可以了解,当给出概念系统输入的量值,是否能够得到概念系统输出需要的量值,以及中间各个功能单元的输入、输出在量值上是否合理。可以按照式(7-1)和加法符、分支符、控制符定义的操作分别写出各个功能单元输入、输出之间的关系。于是得到传递函数方程式(7-6)。

$$X_a^O = Ga \cdot X_a^I$$
$$X_b^O = Gb \cdot X_b^I$$
$$X_c^O = Gc \cdot X_c^I$$
$$X_d^O = Gd \cdot X_d^I$$
$$X_e^O = Ge \cdot X_e^I$$
$$X_f^O = Gf \cdot X_f^I$$
$$X_b^I = Ga \cdot X_a^I + Gd \cdot X_d^I + Ge \cdot X_e^I$$

$$X_c^I = X_b^O + X_f^O$$
$$X_d^I = X_b^I$$
$$X_e^I = X_c^I \qquad\qquad (7-6)$$

其中前 6 个方程由传递函数的定义产生,后 4 个方程则由加法符和分支符定义的操作产生。注意到所有的传递函数已知,解这含有 12 个未知数的 10 个方程,可以由任意输入 X_a^I 和 X_f^I 计算各个功能单元输入、输出的量值,并考察其是否合理。关于量值的计算,属于行为知识集成,将在第 8 章中进一步讨论。

7.4.5　功能知识集成其他评价

功能集成中的其他评价,如成本、重量、占据的空间、交货期等,都可以用更简单的方法计算得到,并与输入、输出量值的初步计算一起,对功能集成的结果进行评价和筛选。这里不再讨论。

7.5　功能知识集成案例

这里举的是几个满足物质需求,实现转变、支承或者激励功能类型的例子。

案例 1　变速系统

为了便于解释,先将一个可能的背景实体示于图 7.7。

变速系统是一个很好的例子,它引入了控制环节。功能需求是将一个转动根据控制指令转变为一个较高速度的转动或者一个较低速度的转动。设计师理解要实现的居首的功能是传递函数 $G=i_1$ 或者 $G=i_2$,用运动学的词汇说就是实现可切换的传动比 i_1 或者 i_2,也就是图 7.8(a) 中要实现的传递函数 $G=i_1=\omega_2/\omega_1 \sim G=i_2=\omega_3/\omega_1$。"$\sim$"号是"或者"的意思,非此即彼。当找不到这样的功能单元时,就要进行功能分解,使得要实现的功能分别是由子功能 $G1=i_1$ 和 $G2=i_2$ 完成,而这两个子功能在 $G=[G1, G2]$ 里面是二取一的。如图 7.8(b) 所示,输入一个控制向量 $X^{control}=[a, b]^T$,以便将功能在两个不同的传递函数之间切换。这个输入不能与 ω_1 简单合并,只能以相乘方式集成实现控制功能。

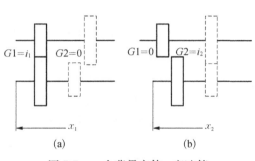

图 7.7　一个背景实体：变速箱

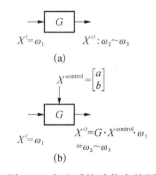

图 7.8　变速系统功能方块图

当输入控制向量 X^{control} 后,可以得到方程:

$$X^O = G \cdot X^{\text{control}} \cdot \omega_1 = [i_1, \ i_2] \cdot \begin{bmatrix} a \\ b \end{bmatrix} \cdot \omega_1 \qquad\qquad (7-7)$$

因此,当 $X^{\text{control}} = [a, \ b]^{\text{T}}$ 取值 $[1, \ 0]^{\text{T}}$ 时,输出 $X^O = i_1 \cdot \omega_1 = \omega_2$;当 $X^{\text{control}} = [a, \ b]^{\text{T}}$ 取值 $[0, \ 1]^{\text{T}}$ 时,输出 $X^O = i_2 \cdot \omega_1 = \omega_3$。

功能单元 $G1$、$G2$ 可以在分布式资源环境中找到相应的零部件设计知识服务并由他们来提供,这在第 9 章中还将进一步讨论。$G1$、$G2$ 的背景实体可以有很多选择,不过能够集成在一起并接受二取一向量 X^{control} 控制的还需要一些附加结构,如图 7.7 所示的系统。在选择了由齿轮副实现 $G1$、$G2$ 时,需要让其中一个安装齿轮的轴能够接受输入 X^{control} 控制,使得轴能够在轴向移动并停留在确定的位置 $[1, \ 0]^{\text{T}}$ 或者 $[0, \ 1]^{\text{T}}$ 上。图 7.7(a) 相当于 $X^{\text{control}} = [1, \ 0]^{\text{T}}$ 时系统的状态,下齿轮轴移动到 x_1 的位置;图 7.7(b) 相当于 $X^{\text{control}} = [0, \ 1]^{\text{T}}$ 时系统的状态,下齿轮轴移动到 x_2 的位置。

以上讨论的是居首的功能,为保证居首功能实现和满足相关的约束条件,还需要许多辅助功能。例如,驱动齿轮轴移动的功能,支承齿轮轴在确定中心线上旋转的功能(表7.5、表 7.6),将 X^I 和 X^O 传递到齿轮轴上和传递出去的功能,维持齿轮正常工作的润滑功能,阻止异物进入齿轮和润滑剂污染环境的保护功能以及给环境一个优美影响的视觉激励功能等,这些或者由相关的零部件设计知识服务提供方集成在所提供的概念系统中,或者由设计师在此后设计的系统层上行为知识集成和设计的组装层上结构知识集成中考虑。

案例 2　摩擦磨损试验机

这是引用的一个案例[104],引用时进行了适当的改造。当要进行两个表面的摩擦磨损试验时,根据摩擦学原理[59],两表面要在给定的环境中具有相对运动和相互(力)作用,并需要对试验中由这些作用使得表面上产生的摩擦力和表面的磨损量进行测量。以上是简单概括的功能需求 FR。

设计师根据自己理解将这个功能需求转换为相匹配的 F。这样的 F 可以在市场上找到很多背景实体,即相似的商品试验机。不过用户对已有商品试验机的性能不满意,希望试验机能够有更好的性能,特别是更大的对试验参数选择的余地,要求专门进行新的设计。虽然功能需求在粗粒度上并没有差异,为了能够对若干细节在设计上做出改进,设计师第一步要做的工作仍旧是在系统建模基础上进行功能知识的集成。首先要将 FR 分解成更小的子功能需求,并将这些子功能需求翻译成子功能,以便由 7.4.1 节讨论的策略搜索能够实现子功能的功能单元簇,然后在这个基础上做新的设计。于是根据功能需求产生了表 7.7。

设计师通常是这样理解各个子功能需求的:首先要有相对运动和相互(力)作用,于是确认了表中的 $F1$、$F2$。用户对试验环境即高于常温的温度有一定要求,于是有了 $F3$,用户没有其他环境要求。磨损测量通常是与试验机分离的另外的设备,设计中不予考虑,试验机只需要有测量摩擦力的功能,就是 $F4$。所有试验相关的参数其量值需要数字显示和纪录,也就是说需要 $F5$。当然运动、载荷、温度的量值都应该是由指令可控的。

表 7.7　摩擦磨损试验机系统的功能

功能	输入/输出关键词		输入/输出符号		特　征		
			向量	元素	名称	量值	单位
F1	输入	交流电	X_1^I	x_1^I	电压	220	V
	输出	往复运动	X_1^O	x_{1-1}^O	频率	0～20	Hz
				x_{1-2}^O	行程	2.5～50	mm
F2	输入	交流电	X_2^I	x_2^I	电压	220	V
	输出	法向载荷	X_2^O	x_2^O	力	0～300	N
F3	输入	交流电	X_3^I	x_{3-1}^I	电压	220	V
		期望温度		x_{3-2}^I	温度	20～200	℃
	输出	热	X_3^O	x_3^O	热	0～1 000	W
F4	输入	作用力	X_4^I	x_4^I	力	0～600	N
	输出	摩擦力	X_4^O	x_4^O	力	0～600	N
F5	输入	往复运动	X_5^I	x_{51-1}^I	频率	0～20	Hz
				x_{51-2}^I	行程	2.5～50	mm
		法向载荷		x_{52}^I	力	0～300	N
		当前温度		x_{53}^I	温度	20～200	℃
		摩擦力		x_{54}^I	力	0～600	N
	输出	往复运动信息	X_5^O	x_{51-1}^O	频率	0～20	Hz
				x_{51-2}^O	行程	2.5～50	mm
		法向载荷信息		x_{52}^O	力	0～300	N
		当前温度信息		x_{53}^O	温度	20～200	℃
		摩擦力信息		x_{54}^O	摩擦系数	0～2	Null

采用 3.1 节讨论的搜索策略,分别得到表 7.8～表 7.12 列举的 G1、G2、G3、G4、G5 串联功能单元集,或者称为概念系统,表中的输入、输出仅仅列出居首的功能或者比较重要的功能,不是全部功能。

表 7.8　往复移动子系统的功能

功能	输入/输出关键词		输入/输出符号		特　征		
			向量	元素	名称	量值	单位
G11	输入	交流电	X_{11}^I	x_{11}^I	电压	220	V
		速度控制指令	$X_{11}^{control}$	$x_{11}^{control}$	转速	0～1 000	r/min
	输出	转动	X_{11}^O	x_{11}^O	转速	0～1 000	r/min
G12	输入	转动	X_{12}^I	x_{12}^I	转速	0～1 000	r/min
		行程控制指令	$X_{12}^{control}$	$x_{12}^{control}$	行程	2.5～50	mm
	输出	往复运动	X_{12}^O	x_{12-1}^O	频率	0～20	Hz
				x_{12-2}^O	行程	2.5～50	mm

表 7.9　法向加载子系统的功能

功能	输入/输出关键词		输入/输出符号		特　征		
			向量	元素	名称	量值	单位
$G21$	输入	交流电	X_{21}^I	x_{21}^I	电压	220	V
		载荷控制指令	$X_{21}^{control}$	$x_{21}^{control}$	力	$0 \sim 300$	N
	输出	角位移	X_{21}^O	x_{21}^O	角度	$\theta_1 \sim \theta_2$	rad
$G22$	输入	角位移	X_{22}^I	x_{22}^I	角度	$\theta_1 \sim \theta_2$	rad
	输出	线位移	X_{22}^O	x_{22}^O	长度	$\delta_1 \sim \delta_2$	mm
$G23$	输入	线位移	X_{23}^I	x_{23}^I	长度	$\delta_1 \sim \delta_2$	mm
	输出	法向载荷	X_{23}^O	x_{23}^O	力	$0 \sim 300$	N

表 7.10　加热子系统的功能

功能	输入/输出关键词		输入/输出符号		特　征		
			向量	元素	名称	量值	单位
$G31$	输入	交流电	X_{31}^I	x_{31}^I	电压	220	V
		加热启停指令		$x_{31}^{control}$	脉冲	0 或者 1	Null
	输出	热	X_{31}^O	x_{31-1}^O	热	$0 \sim 1\,000$	W
		当前温度		x_{31-2}^O	温度	$20 \sim 200$	℃
$G32$	输入	交流电	X_{32}^I	x_{32-1}^I	电压	220	V
		当前温度		x_{32-2}^I	温度	$20 \sim 200$	℃
		期望温度	$X_{32}^{control}$	$x_{32}^{control}$	温度	$20 \sim 200$	℃
	输出	加热启停指令	X_{32}^O	x_{32}^O	脉冲	0 或者 1	Null

表 7.11　摩擦副子系统的功能

功能	输入/输出关键词		输入/输出符号		特　征		
			向量	元素	名称	量值	单位
$G4$	输入	作用力	X_4^I	x_4^I	力	$0 \sim 600$	N
	输出	摩擦力	X_4^O	x_4^O	力	$0 \sim 600$	N

表 7.12　显示子系统的功能

功能	输入/输出关键词		输入/输出符号		特　征		
			向量	元素	名称	量值	单位
$G5$	输入	往复运动	X_{51}^I	x_{51-1}^I	频率	$0 \sim 20$	Hz
				x_{51-2}^I	行程	$2.5 \sim 50$	mm
		法向载荷	X_{52}^I	x_{52}^I	力	$0 \sim 300$	N
		当前温度	X_{53}^I	x_{53}^I	温度	$20 \sim 200$	℃
		摩擦力	X_{54}^I	x_{54}^I	力	$0 \sim 600$	N

续　表

功能	输入/输出关键词	输入/输出符号		特　征		
		向量	元素	名称	量值	单位
G5	往复运动值	X_{51}^O	x_{51-1}^O	频率数字	2	位
			x_{51-2}^O	行程数字	3	位
	法向载荷值	X_{52}^O	x_{52}^O	力数字	4	位
	当前温度值	X_{53}^O	x_{53}^O	温度数字	3	位
	摩擦系数值	X_{54}^O	x_{54}^O	系数数字	4	位

（表第二列"输入"对应 G5 的"输出"行）

这些功能单元集的方块图，除 $G5$ 外分别画在图 7.9 中。接下来进行输入、输出元素个数上和属性上的匹配。图 7.9(a) 中，$G11$ 上有一个控制输入 X_{11}^{control}，这是输入元素个数匹配所需要的，也是相对运动速度能够按照指令改变提出的要求。图 7.9(a) 的 $G12$ 上也有一个控制输入 X_{12}^{control}，这也是输入元素个数匹配所需要的，更是相对运动幅值能够按照指令改变提出的要求。图 7.9(b) 中 $G21$ 上的控制输入 X_{21}^{control} 则是为了相互作用（力）能够按照指令改变提出的要求。

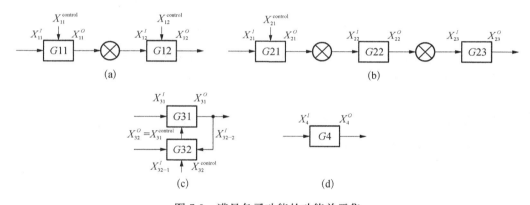

图 7.9　满足各子功能的功能单元集

图 7.9(c) 中的 $G31$ 是一个加热器，为了保持试验环境温度稳定，需要在当前温度低于期望温度时加热，等于或者高于期望温度时停止加热，于是需要一个能够在当前温度和期望温度之间进行比较，然后发出加热启停指令的功能。所以，$G32$ 需要 3 个输入：交流电用于提供工作能量，期望温度值和当前温度值用于比较，期望温度值由用户输入。图 7.9(d) 中的 $G4$ 是一个孤立的功能单元，设计师不同的理解可以有不同转换的结果。一种理解是认为被试验的两表面不是试验机系统的子系统，属于环境的一部分。当一个表面在法向力作用下相对另一个表面运动时，为保持另一个表面不运动，需要由试验机给以支承，同时需要测量这个支承作用的量值并传递到显示功能单元和纪录功能单元，以便试验时读取和存储其量值。$G4$ 居首的功能属于支承功能类型。$G5$ 是由 4 个独立的子功能组成，情况与图 7.10 中的 $G1$ 相似，其各自的输入、输出见表 7.12，记录子功能的缺省和没

有将方块图分别画出是出于图面清晰的考虑。记录子功能属于存储功能类型,其输入与显示子功能相同,在需要时输出存储的信息。

图 7.10 是根据这种理解转换的全部子功能集成在一起的概念系统的方块图,输入向量、输出向量中元素的个数和属性都已经匹配。量值范围的匹配将在行为知识集成和结构知识集成中解决。

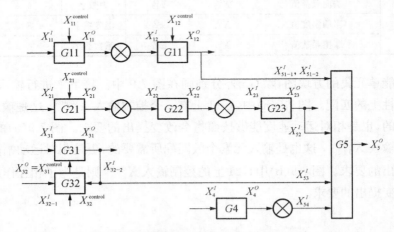

图 7.10　摩擦磨损试验机功能集成方块图

也可以有另一种理解,即认为两被试验表面是试验机系统的子系统,于是相对运动、相互作用、当前温度共同输入 $G4$,两表面输出摩擦力,表 7.9 变成了表 7.13,$G4$ 属于激励功能类型。这一种理解产生的概念系统方块图示于图 7.11。这个案例显示,对于同样一个功能需求,设计师可以有自己的想象空间,不同的理解,就有不同的功能知识集成的结果,产生不同的概念系统,不过最终都要满足功能需求 FR。

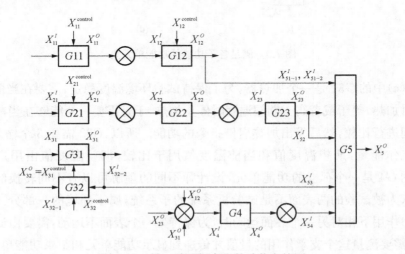

图 7.11　另一种理解产生的功能方块图

表 7.13

功能	输入/输出关键词		输入/输出符号		特　征		
			向量	元素	名称	量值	单位
$G4$	输入	往复运动	X_4^I	$x_{41-1}^I = x_{12-1}^O$	频率	$0 \sim 20$	Hz
				$x_{41-2}^I = x_{12-2}^O$	行程	$2.5 \sim 50$	mm
		法向载荷		$x_{42}^I = x_{23}^O$	力	$0 \sim 300$	N
		热		$x_{43}^I = x_{31}^O$	热	$0 \sim 100$	W
	输出	摩擦力	X_4^O	x_4^I	力	$0 \sim 600$	N

第8章 行为知识和结构知识的集成

8.1 设计的系统层和组装层

8.1.1 集成中的迭代

在第 2 章中曾经说过,系统结构是系统的固有特征,即结构的性质是自身决定的。固有不是不变,是其变化取决于自身的性质。关于固有特征,需要再多说几句。所谓固有,是指对于确定的结构,其行为规律将是确定的。在不同环境中,将会有不同的由结构决定的确定的行为。人们设计一个事、物,往往就是利用其结构或者结构的变化也就是行为来实现所期望的功能。当然也有仅仅利用其结构而不希望结构变化的,例如,对于实现支承功能的事、物,虽然不可能没有变化。系统结构变化有可恢复变化和不可恢复变化,有快变变化和缓慢变化的区别。对于一个事、物,一般情况下总要多次使用,就拿运载火箭来说,以前都是一次使用,现在也在想方设法发射以后回收,以便能够再次使用。既然要重复使用,自然需要每次使用都能够有相同的功能。状态是系统元素之间相互关系参数的一个集合,那么状态变化就是这种相互关系变化的轨迹。也就是当环境不变,系统状态取某一个量值时,系统结构取相应的量值,即具有式(6-16)所表达的 $S = S(X)$ 的性质,其中, S 为结构; X 为状态。因而系统将会重复行为,状态变化走相同的轨迹。从式(6-9)所描述的结构知识集合看,结构仅跟随状态变化意味着元素集合不变和元素性质是状态的函数。固有特征变化,也就是元素集合或者较多情况下是元素性质集合发生随时间的不可恢复变化,因而结构发生不可恢复变化,即不仅是状态的函数,还是时间的函数,具有式(6-17)所表达的 $S = S(X,t)$ 的性质。状态可以恢复,时间却不能恢复,即使元素集合能够恢复,元素性质集合的历史是不能重演的。这种情况下不同时刻,不可能有相同的结构,状态变化将不能走相同的轨迹。设计要规划的是,在规定使用期限内,固有特征不会发生超出设计允许范围的显著变化,因而系统可以多次使用。固有特征只允许有缓慢变化,以便所设计的系统能够根据寿命要求在使用期限中保持设计所期望的功能。从以上分析看,所设计系统的行为与结构之间有着复杂的相互依赖关系,从而导致系统层上的行为知识集成和组装层上的结构知识集成需要交替迭代进行,不能在一个完成以后再进行另一个的截然分割。这种相互依赖关系,在功能知识集成时是看不到的,也就没有可能去处理,只能留待行为知识集成和结构知识集成来解决。在没有整个结构知识集以前,不可能有精确的行为知识集,而行为知识的缺失,也难以对结构知识做出恰当选择。

行为知识集成与结构知识集成的交替迭代,大致可以划分为两个大的阶段:第一阶段,先在传递函数方程基础上进行初步行为知识集成,然后进行结构的总体组装,将方块图中功能单元的相互关系转变成实际事、物应该具有的相互关系,即初步的结构知识集成;在第二阶段,要经历一个从建立系统行为方程到建立全生命周期性能数字样机的过渡,即从仅考虑可恢复变化到也包括不可恢复变化。在建立系统行为方程过程中,需要从设计知识服务提供方得到所有子系统必要的结构元素性质知识,即第 6 章中式(6-11)所表达的集合 P,为建立整个系统的模型或者称为全生命周期性能数字样机做准备。

8.1.2　一般集成过程

在概念层上的功能知识集成中已经得到了概念系统结构的方块图和已经选择了其中的各个功能单元,也从功能知识服务提供方提供的特征知识集(如与表 7.5 配套的表 7.6)得到它们的一部分行为知识和结构知识,实际上已经可以由之推导出整个系统的部分行为知识和结构知识。第一阶段中的行为知识集成可以从三个方面入手:一方面在建立传递函数方程过程中,检查和补充须要但是还缺失的输入或者功能单元;第二方面由建立的传递函数方程计算并检验在给出输入和传递函数量值后,是否能够得到需要的输出量值,以及各个功能单元之间输入、输出量值是否合理;第三方面,对于不能由连续函数传递的输入、输出问题,建立补充传递关系添加到传递函数方程中。

在功能知识集成中,已经对各个输入、输出元素进行了个数和属性的匹配,但是属性中量值的匹配并没有完全解决。量值匹配的要求,不仅来自功能需求,还来自功能单元集里面某些功能单元的要求,比较复杂。虽然大量工作是继承性设计,仍旧需要逐一处理,没有一揽子解决问题的办法。而传递函数,也往往不是一个连续函数所能够表达的,需要在仔细分析功能需求后寻求补充的传递条件,这些下面的案例就可以知道。

行为知识集成是继功能知识集成后进行的,为避免过多抽象讨论,这三个方面的问题将通过集成案例来分析、讨论和解决。图 7.6 所示的是一个一般的概念系统。这个系统包括六个功能单元,每个功能单元的功能,也就是决定输入、输出关系的传递函数 Ga、Gb、Gc、Gd、Ge 和 Gf 已经给出,加法符 C_{ab}、C_{bc} 和分支符 C_1、C_2 等的操作已经完成。于是就有了式(7-6)表达的传递函数方程。如果这些传递函数都属于转变功能类型的连续函数,而且输入、输出向量中的元素根据功能需求都是连续变化的参数,只要给出必要的输入向量中元素的量值,就能够计算出概念系统各个功能单元所有输入、输出向量中元素的量值。这些量值的变化属于结构可恢复变化或者快变变化的一部分,是实现系统功能的行为。只要计算出的量值在各功能单元特征知识集给出的范围以内,行为知识集成的第一步就已经完成。式(7-6)就是对应图 7.6 方块图的传递函数方程。

然而,多数情况并没有这么简单,即使在满足物质需求产品的设计中。如第 7 章中的变速箱案例(图 7.7、图 7.8),由于在两个传递函数 $G1=i_1$,$G2=i_2$ 中要通过控制实现二选一,需要增加一个由控制符操作的输入向量,这个输入向量的量值必须取 $[1,0]^T$ 或者 $[0,1]^T$。又如第 7 章中的摩擦磨损试验机案例(图 7.10、图 7.11),其显示当前试验参数量值的功能单元 $G5$(输入、输出及其特征知识集见表 7.12)还不能完全满足功能需求。由于试验执行的参数量值是靠外界输入指令决定的,而这些指令如果是由一个键盘输入,输入的值也必须在 $G5$ 上得到显示,否则使用者将无法知道自己究竟输入了什么。于是表 7.12 要变成表 8.1 以增加输入指令的显示。

表 8.1 显示子系统的功能(补充)

功能	输入/输出关键词		输入/输出符号		特征		
			向量	元素	名称	量值	单位
$G5$	输入	速度控制指令	X_{51}^I	x_{51}^I	频率	0~20	Hz
		行程控制指令	X_{52}^I	x_{52}^I	行程	2.5~50	mm
		载荷控制指令	X_{53}^I	x_{53}^I	力	0~300	N
		期望温度指令	X_{54}^I	x_{54}^I	温度	20~200	℃
		往复运动	X_{55}^I	x_{55-1}^I	频率	0~20	Hz
				x_{55-2}^I	行程	2.5~50	mm
		法向载荷	X_{56}^I	x_{56}^I	力	0~300	N
		当前温度	X_{57}^I	x_{57}^I	温度	20~200	℃
		摩擦力	X_{58}^I	x_{58}^I	力	0~600	N
	输出	速度指令显示	X_{51}^O	x_{51}^O	频率数字	2	位
		行程指令显示	X_{52}^O	x_{52}^O	行程数字	3	位
		载荷指令显示	X_{53}^O	x_{53}^O	力数字	4	位
		期望温度显示	X_{54}^O	x_{54}^O	温度数字	3	位
		加热启停显示	X_{55}^O	x_{55}^O	启停显示	2	位
		往复运动值	X_{56}^O	x_{56-1}^O	频率数字	2	位
				x_{56-2}^O	行程数字	3	位
		法向载荷值	X_{57}^O	x_{57}^O	力数字	4	位
		当前温度值	X_{58}^O	x_{58}^O	温度数字	3	位
		摩擦系数值	X_{59}^O	x_{59}^O	系数数字	4	位

这种在输入、输出向量中元素个数和量值匹配的复杂性,还可以通过下面的一个苹果切片机设计案例加以说明。

苹果切片机有十分成熟的产品,并不需要多少创意。这里仅仅是用它来说明设计知识集成的一个过程。在功能知识集成中,先进行功能需求的分解:对于切片机,居首的是四个功能需求:一是推送苹果向前移动,每切下一片就要推送苹果再向前移动一个苹果片厚度的距离以备下一次切片;二是使苹果片与苹果分离,比较容易实现的是旋转的刀具,刀切苹果时苹果不能移动,所以推送苹果需要是步进的,步进长度等于切片的厚度;三是当一个苹果经过若干次切片切完以后,推送结构需要退回原处让另一个苹果落到被推送位置;四是苹果移动时不能切片,刀具旋转中需要留出一个时间空间让苹果可以在这个区间移动而不与刀具接触。这些分析,也可以算是设计最初创意的一个组成部分。

　　于是,设计师根据自己对上述功能需求的理解,认为需要满足的居首的功能需求可以转换为功能 G1 和 G2,其中,G1 要实现推送苹果步进和自身后退的功能,每步移动一个苹果片厚的距离,以及切完一个苹果后推送子系统要由向前步进推送变为快速退回到开始步进前的初始位置;G2 要实现一个旋转的功能,以带动切片的刀具,刀具只在旋转的一个角度区间上有切割的功能,其余时间不能与苹果接触。这里略去关于苹果大小可能不同的考虑以简化讨论。图 8.1 中的方块 G1 和 G2 就表示了在功能知识集成之初对这些创意之间关系的想象。

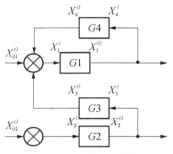

图 8.1　表示 G1 和 G2 的方块图

　　根据 7.4.1 节讨论的搜索策略,得到两个概念系统。其中,G1 要满足的需求类型为物质,要实现的功能类型为转变,输入为交流电,输出为步进或快速退回移动。G2 要满足的需求类型为物质,要实现的功能类型为转变,输入为交流电,输出为等速旋转运动。能够有这样功能的功能单元在分布式资源环境中很容易找到,它们都有成熟的产品或者叫作背景实体。

　　当 G1 和 G2 已经得到,拼接和重组整个概念系统的相关知识,包括各个功能单元的输入、输出方面的知识,如图 8.1 所示,都可以从提供这些功能单元的设计知识服务提供方取得。

　　现在来考察这些知识。对于 G1:

$$X_{01}^O = \begin{bmatrix} i_{01} \\ v_{01} \end{bmatrix}, \quad X_1^O = x_1(t) \tag{8-1}$$

　　X_{01}^O 是供电系统的输出,X_1^O 是推送子系统的位移。

　　如 7.4.1 节所讨论的,实现推送功能的 G1 实际上也是若干更小功能单元的集成,对于在这里所选择的概念系统,如图 8.2 所示,是一个由将交流电转变为步进转动的驱动子系统 G11、将步进转动转变为步进移动的运动转变子系统 G12、将步进移动转变为苹果移动的推送子系统 G13 拼接成的串联系统。

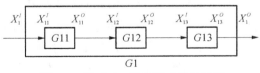

图 8.2　构成 G1 的串联功能单元集

　　根据对功能需求的理解,G11 的步进旋转不仅需要电能输入,还需要输入一个脉冲触发信息。为满足苹果切片的功能需求,需要有两种不同的脉冲信息:切掉一片后推送子系统推送一个步长的信息和一个苹果切完后推送子系统快速退回到开始位置的信息,不过两者需要二取一,不能同时存在。根据 G11 的要求,这些信息是脉冲电压,前面一个记为 $u(t_a)$,后面一个记为 $u(t_b)$,它们包括满足移动距离(脉冲数)和移动方向(向前或者倒退)的信息。于是有

$$X_{11}^I = \begin{bmatrix} i_{01} \\ v_{01} \\ u_a(t_a) \sim u_b(t_b) \end{bmatrix} \tag{8-2}$$

其中,"$\sim$"是二取一符号,将需要另外一个由控制符操作的二取一输入控制。

$G11$ 的输出是单输出,$G12$ 和 $G13$ 都是单输入和单输出。

对于 $G2$:

$$X_{02}^O = \begin{bmatrix} i_{02} \\ v_{02} \end{bmatrix}, \quad X_2^O = \theta(t) \tag{8-3}$$

X_{02}^O 是供电系统的输出,X_2^O 是刀具的角位移。由于切片行为和推送行为之间需要有一定的协调关系,而且向量 X_{01}^O 与 X_{11}^I 在连接点上元素的个数不能匹配,于是需要通过增加一个加法符给予另外的输入元素。$u_a(t_a)$ 对应旋转刀具的角位置,需要一个功能单元将 $X_2^O = \theta(t)$ 根据要求转变成 $u_a(t_a)$,这就是图 7.9 中的 $G3$。$u_b(t_b)$ 对应推杆自身的移动位置,将 $X_1^O = x_1(t)$ 转变成 $u_b(t_b)$ 也需要有另一个功能单元,就是图 8.1 中的 $G4$。于是分别有

$$\begin{aligned} X_3^I &= X_2^O = \theta(t) \\ X_3^O &= u_a(t_a) \\ X_4^I &= X_1^O = x_1(t) \\ X_4^O &= u_b(t_b) \end{aligned} \tag{8-4}$$

$G3$ 的输出 X_3^O 或者 $G4$ 的输出 X_4^O 与 X_{01}^O 是简单合并,需要有一个加法符。$G3$ 和 $G4$ 的输入 X_3^I、X_4^I 来自 X_2^O 和 X_1^O,各需要一个分支符。

输入、输出向量中元素个数匹配问题解决以后,就要来看输入、输出各个相关元素量值的匹配,这是对 $G3$、$G4$ 的功能和输入、输出特征认定的重要内容。设计师根据自己对功能需求的理解,将各个功能单元的输入、输出量值之间的匹配作如下分析。

$G13$ 推送前进的步长需要与一个苹果片厚度相等,而这个步长又借助 $G12$ 的功能与 $G11$ 的旋转步长具有确定关系。设 $G13$ 推送前进的步长为 Δ,对应需要给予 $G11$ 步进的脉冲数为 n,而这 n 个脉冲要在旋转刀具离开苹果的角度区间中发生。脉冲输入 $u_a(t_a) = u_3^O(k)$ 来自 $G3$ 的输出,$G3$ 的输出又取决于 $G2$ 的输出 $\theta(t)$,当刀具旋转离开对苹果实施切片的某个角位置后,开始输出 n 个脉冲,使得 $G13$ 输出 Δ,即推送苹果前进 Δ 的距离后停止,等待旋转刀具的再次到来。

$G3$ 要实现的功能是:设 $G2$ 的输出由离散量 θ_k 表达,$\theta_k = k \cdot 10°$,$k = 1, 2, \cdots,$ 36。根据苹果切片的要求,刀具离开苹果后,苹果移动 Δ,需要发生的脉冲数 $n = \Delta/\varepsilon$,

n 可以设为整数。每个脉冲苹果前移的距离 ε 由 $G1$ 的供应商根据 $G11$（如果其背景实体选择为步进电机）的步进角和 $G12$（如果其背景实体选择为螺杆、螺母）的螺纹升角 α 给出，苹果切片机的设计师不必自己来做这些计算。根据刀具旋转的情况，设在 $\theta = 200° \sim 340°(k = 20, 21, \cdots, 33, 34)$ 之间苹果可以移动，也就是脉冲数不得超过 $N = 33 - 20 = 13$。假设 $n = 12$，从 $k = 20$ 开始，当 $j = 0, 1, 2, \cdots, 11$ 时，$u_3^O(k) = u_3^O(20+j) = 1$，其余 $u_3^O(k) = 0$。这相当于当 $G2$ 的输出 $\theta_k = (20+j) \cdot 10°, j = 0, 1, 2, \cdots, 11$ 时，$u_3^O(k) = 1$，即每 $10°$ 输出一个脉冲，而 θ_k 从 $310°$ 到 $190°(k = 31, 32, 33, 34, 35, 36, 1, 2, \cdots, 18, 19)$ 时，$u_3^O(k) = 0$，没有脉冲输出。如果需要更多脉冲，可以将输出离散的步长减小。功能单元 $G3$ 由另外的零部件设计知识服务单元根据要实现的功能和 $G1$ 供应商的要求提供，相应的服务单元可以按照 7.4.1 节的策略在分布式资源环境中搜索。

当 n 取不大于 N 的任意值时，有

$$X_3^I = \theta(t),$$
$$X_3^O = u_3^O(k) = 1,\ 21 \leqslant k \leqslant 21 + (n-1),\ \text{其余}\ X_3^O = u_3^O(k) = 0,\ k = 0, \cdots 35$$
$$G3 = G3(k) = \frac{1}{\theta_k},\ 21 \leqslant k \leqslant 21 + (n-1),\ \text{其余}\ G3 = G3(k) = 0,\ k = 0, \cdots 35$$

$$(8-5)$$

$G3$ 是一个随 k 变化的函数。

$G3$ 也可以是不变的传递函数，当如式（7-4）所示与一个控制符相乘即可以由 $G3 \cdot X^{\text{control}}$ 来表达选择功能的实现，这里不再多说。

$G4$ 要实现的功能是：当 $G13$ 的输出实现向前推送 m 次以后，即苹果最终移动距离为 $x_1 = m \times \Delta$，$G13$ 的输出要实现退后 $m \times \Delta$ 距离，以便让另一个苹果进入可切片位置。x_1 要略小于一个苹果的直径，确保当苹果切到最后一片时，推送子系统不至于与刀具发生干涉。

苹果位移终止的时刻是一个与位移相关的离散量 $t_i(x_i)$, $i = 1, \cdots m$，并有 $\Delta t = t(x_{i+1}) - t(x_i)$ 以及 $t_{m+1} = t_m + \Delta t$。当 $i \leqslant m$ 时，$u_b(t_b) = u_4^O(t_i) = 0$；当 $i = m+1$ 时，$u_b(t_b) = u_4^O(t_{m+1}) = -m \times n$，即 $G4$ 要产生能够使推送子系统退回到起始位置的脉冲数，恢复 $x_i = x_1$。$G4$ 当然也可以按照 7.4.1 节的策略，根据要实现的功能在分布式资源环境中搜索，由相应的零部件设计知识服务单元提供。于是有：

$$X_4^I = X_1^O = x_i,$$
$$X_4^O = u_4^O(t_i) = 0,\ i = 1, \cdots m;\ X_4^O = u_4^O(t_{m+1}) = -m \times n,\ t_{m+1} = t_m + \Delta t$$
$$G4 = G4(t_i) = 0,\ i = 1, \cdots m;\ G4 = G4(t_{m+1}) = \frac{-m \times n}{x_1},\ t_{m+1} = t_m + \Delta t$$

$$(8-6)$$

式中的负号表示输出的脉冲是使推送子系统倒退。

第一阶段中的行为知识集成，不仅要有功能单元 $G3$ 和 $G4$ 与功能单元 $G1$ 和 $G2$ 的集成，还要有图 8.1 的分支符上采集 $G1$ 输出的位移信息和 $G2$ 输出的旋转角位移信息的功能单元，还要有将 $G2$ 输出的连续量变换为离散量的功能单元，以及图 8.1 的加法符上要有对 $u_a(t_a)$ 和 $u_b(t_b)$ 执行二取一的功能。因此，还需要增加另外的一些功能单元。这些可以由相关的设计知识服务提供方将这些功能单元集成在自己提供的概念子系统里，也可以由设计师在设计的系统层和组装层上进行行为知识集成和结构知识集成时添加。

$G4$ 也可以如 $G3$ 是不变的传递函数，与一个控制符相乘即由 $G4 \cdot X^{control}$ 来表达选择功能的实现。

还可以考虑另外一个设想方案。不用 $G4$，由 $G3(k)$ 在 $21 > k > 21 + (n-1)$ 区间产生 $(-m \times n)$ 个脉冲，让推送子系统退回到起始位置。于是 $u_a(t_a)$ 和 $u_b(t_b)$ 合二而一，也就不再需要二选一的控制符了，这个方案不必详细讨论。至此，苹果切片机居首功能单元输入、输出向量中的元素量值已经匹配。

归纳起来，在功能知识集成后，第一阶段行为知识集成要完成以下任务。

（1）建立传递函数方程。

（2）计算并检查各输入、输出向量中元素的量值是否合理。

（3）建立补充传递关系，添加到传递方程中。

第一阶段中结构知识集成的主要任务是结构的总体组装。所谓将各功能单元按照实际事、物应该具有的相互关系组装起来，就是不仅是功能上的拼接和重组，同时还是结构上的拼接和重组。概念系统的方块图仅表达功能单元之间的功能关系，而组装则要解决它们之间结构上的关系，结构组装还要考虑各个元素之间行为在这个大系统结构中的协调。例如，要组织一个 A、B、C、D、E 5 人的研究团队，他们在相关的研究领域都有良好表现。不过 A 和 E 在学术上各有独特的见解，B 有较高的管理才能，D 善于分析计算，C 具备丰富的实验工作经验。可以预见，如果选他们中不同的人当这个团队的学术领导，这个团队的研究工作将会有不同的发展。甚至组装过程中的一些细节，也会影响系统中各个元素的行为。例如，一台大型汽轮发电机组的转子系统由高压缸转子、中压缸转子、低压缸转子、发电机转子和励磁机转子组成，它们可以用许多不同类型的流体动压滑动轴承支承在机组基座的轴承座上。这些轴承可以是可倾瓦轴承、多油叶轴承、椭圆轴承和圆轴承等。选择在不同转子上用不同类型轴承，各个轴承不同的特征参数都可能改变整个转子系统的行为。不仅是轴承类型和参数，就是安装完成后静止状态中各个轴承位置上转子轴颈中心的垂直高度分布情况也非常重要，它们不应当是一条直线，而是要遵循一条静态标高曲线。正常运行中，各轴承座由于温升有不同程度的膨胀，轴颈因不同轴承生成的流体动压油膜厚度不同而有不同程度的抬高，考虑这些因素，设计就要给出正确安装时要保证的静态标高曲线。设计不当，可能导致一种称为油膜振荡的激烈振动而致机组损毁。

概念系统中都是实现居首功能或者对于功能需求具有明显重要性的功能单元，为了这些功能单元正常工作,还需要许多辅助的功能单元,如:支承功能类型、存储功能类型、激励功能类型的与固定、支承、安全、功能稳定、环境友好、操作者心情愉悦、相处和谐等等相关的功能单元,没有这些功能单元,组装甚至是不可能的。即使组装成功,设计也没有竞争力。这个阶段中的结构知识集成就要补充这些功能单元,并将所有为实现这些功能的功能单元不仅仅是在输入、输出关系上,而是在事、物实际存在的多方面关系上与实现居首功能的事、物组装到一起。所谓事、物实际存在的多方面关系,当然是在系统模型上考虑,也就是说包括系统知识与系统知识以及设计中取得和获取的非系统知识的集成。

第一阶段结构知识集成要完成以下任务。

(1) 进行结构的总体组装,将方块图中功能单元的相互关系转变成实际事、物应该具有的相互关系;

(2) 根据功能需求、传递函数方程和组装需要补充新的功能单元;

(3) 为建立系统行为方程和全生命周期性能数字样机取得结构性能 P 中各元素性质量值的知识。

可以看到,概念系统中都是实现居首功能或者对于功能需求具有明显重要性的功能单元,为了这些功能单元正常工作,还需要许多辅助的功能,如支承功能类型、存储功能类型、激励功能类型的与固定、支承、安全、功能稳定、环境友好、操作者心情愉悦、相处和谐等相关的功能单元,没有这些功能单元,组装是不可能的。即使组装成功,设计也没有竞争力。

8.2　系统行为方程

前面说过,第二阶段中要建立系统的行为方程和全生命周期性能数字样机。设计时要对所设计的对象系统建立系统模型,就是说要用无歧义的、确定的方式表达系统。具体地说,就是要规范化地表达其功能、行为和结构,并在系统模型上确定所有的细节,以求实施时在面前的是无歧义、确定的结构、行为和功能的表达,实施后准确得到设计所规划的事、物。系统功能、行为、结构的确定性表现,如同设计进程一样,并不能一步完成,需要在系统的功能知识集成、行为知识集成和结构知识集成中逐步完成。不过,在设计的最后阶段,需要对整个设计方案做准确的表达。下面将讨论如何实现整个方案的表达,并通过两个案例来显示其中的部分过程。由式(6-9)可以看到,表达一个结构需要的参数如下。

(1) $E = \{e_1, e_2, \cdots, e_i, \cdots\}, \quad i = 1, 2, \cdots, N$。

其中,e_i 是系统设计中可以不再分割的元素。所谓不再分割,是指这些元素都已经确认能够由设计知识服务单元提供评价认可的设计或者背景实物,可以在系统行为方程中作为一个元素处理而不需要知道其内部细节,否则这个元素只能再加以分割,使得最终的元素都满足不必再分割的条件。当要再分割时,可以要求提供设计或者背景实物的设计知识服务单元提供分割的服务和相关知识。

(2) $P = \{P^{Geo}, P^{Phy}, P^{Psy}, P^{Soc}\} = \{P_{e_1}^{Geo}, P_{e_1}^{Phy}, P_{e_1}^{Psy}, P_{e_1}^{Soc}, \cdots P_{e_i}^{Geo}, P_{e_i}^{Phy}, P_{e_i}^{Psy}, P_{e_i}^{Soc}, \cdots\}, \quad i = 1, 2, \cdots N$

其中，每一个元素性质包括四个方面：几何学方面的性质 P^{Geo}，物理(广义)学方面的性质 P^{Phy}，心理学方面的性质 P^{Psy} 和社会学方面的性质 P^{Soc}。所谓物理(广义)学方面的性质包括一般物理学方面的内容，也包括化学方面和生理学方面的内容。心理学方面的性质包括所有与精神世界相关的内容，社会学方面的性质是所设计系统元素的社会属性。

这是一个十分复杂的过程，虽然许多知识都可以由设计知识服务提供，但是根据设计知识不完整性定律，完全得到这些知识是不现实的，在提供知识的同时需要提供该知识条或者知识集的完整性和可信性信息。从这个角度看，由细分和专业化的设计知识服务单元构成的分布式设计知识资源环境对于设计竞争力非常重要。作为设计师个人、一个设计团队甚至一个设计公司，都很难充分掌握所有所需要的、足够完整和可信的知识。

有一个原因，使这种关于性质的知识更为复杂。考察式(6-16)和式(6-17)，前者表示系统结构是系统状态的函数，后者表示不仅是状态的函数，还是历史的函数，这意味系统元素的性质将随着系统状态变化和历史经历的不同而变化。知道这些相互关系非常重要，不然就不能准确知道任一个给定条件和时刻各个元素性质参数的比较准确的量值，因而也就不可能准确预测其行为以及在对设计进行科学评价中的价值。知道这些相互关系十分困难，需要大量的仿真、试验和调查，这就需要许多不同的知识获取资源，从而涉及设计的成本和交货期。所以，很多设计实际上是在并不充分知道，甚至不知道某些参数量值的情况下进行的。所以，汽车制造商往往将数百万辆售出的车又召回，就不是什么奇怪的事了。分布式设计知识环境有助于缓解这个困难，这将在第 9 章中讨论。

即使有了这些知识，在设计中使用它们也不容易。从后面案例中将可以看到，如果进行数字仿真，那么在计算过程中要不断根据历史原因和状态变化更改输入参数的量值，而这种参数量值的变化，又需要在另外的数字仿真计算或者物理试验中获取，计算要在大量数据交换过程中并行进行。如果仿真在不同服务单元中进行，数据传输中所花费的时间是一个必须克服的障碍[76]。

(3) $R = \{r_{e_1 e_j, j \neq 1}, r_{e_2 e_j, j \neq 2}, \cdots r_{e_i e_j, j \neq i}, \cdots r_{e_1 e}, \cdots r_{e_i e}, \cdots\}$，$r_{e_i e_j}$ 表示元素 e_i 和元素 e_j 之间的关系，$r_{e_i e}$ 表示元素 e_i 与环境 e 的关系，$i, j = 1, 2, \cdots N$

其中，每一个 $r_{e_i e_j}$ 和 $r_{e_i e}$(如果存在) 都需要通过关于 P 的知识推导产生。推导需要有相关领域坚实的理论基础和熟练的运算技术，对于没有经过评价认可的已有知识，还需要通过仿真和试验对推导结果进行评价。比较成熟的产品，都有相应的商品仿真软件和试验装备，当然只能是为继承性设计服务。而对于竞争性设计，则因为想象和设想中的系统结构或者环境与仿真软件或者试验装备所设定的条件相距甚远，结果的可信度存在疑问。这种情况下，如果不能找到相关的服务，就只好自己开发仿真程序和研制试验装备。

(4) P、R 与 H 的关系。

如前所述，这些关系在很多情况下很重要，但是特别不容易知道。例如，当采用一种合金作为某元素的材料，需要知道它的原料产地、冶炼设备、工艺过程，这些都将影响

P^{Phy} 值随时间的变化规律以及对 R 的影响。录用一个员工,需要看他成长的环境、受教育的记录、过去曾经的工作经验、工作表现以及本人和家庭成员的健康状况,这些会影响录用后他的 P^{Soc} 值随时间和环境变化的规律以及变化对 R 的影响。不过历史记录并不容易得到,即使得到也常常没有可用的模型来推断其变化规律。从原则上讲,在做所设计系统的数字仿真和物理试验时,都要尽可能使用这些性质与历史相关的变化规律,特别是在有高可靠性要求的设计中。

有了这 4 个方面的知识以后,就可以建立系统结构、输入和行为关系的模型,这个模型称为系统行为方程。严格建立系统全局行为的数字模型是复杂的过程,有时甚至不可能完成。此前说过,从后面的案例讨论中也可以看到,并不是系统中所有的关系都已经有数学表达,许多情况下只能由简化的模型代替,甚至连简化的关系也不知道。不过无论如何,总要先有一个可以容纳这些复杂关系知识的框架,以便至少能够知道要去寻找什么知识,以及在有限成本和设计交付时间条件下,尽可能去取得需要的知识并将它们填入这个框架,以期得到尽可能接近实际的结构行为关系模型。在诸多可供选择的框架中,控制工程和动力学中普遍采用的状态方程式(8-7)和输出方程式(8-8)构成的方程组[31,59,100,105,106] 是一个比较好的框架。它们可以简洁地表达如下:

$$\dot{X} = AX + BU \tag{8-7}$$

$$Y = CX + DU \tag{8-8}$$

其中,X 是状态向量;U 是输入向量;Y 是输出向量;A、B 分别是系统矩阵和输入矩阵;C 和 D 是输出矩阵。系统矩阵 A 表达状态通过系统结构对状态变化的影响,输入矩阵 B 表达输入通过系统结构对状态变化的影响,输出矩阵 C 表达状态通过系统结构对输出的贡献,输出阵 D 则表达输入通过系统结构对输出的贡献。

状态向量 $X = [x_1, x_2, \cdots, x_i, \cdots]^T$ 中不必包括全部状态参数,可以由设计师根据需要选定部分需要观察的状态参数。同样输出向量 $Y = [y_1, y_2, \cdots, y_i, \cdots]^T$ 中也只需要包括要观察的目的输出或者非目的输出。

结构是系统的固有特征,根据定义有 $A = A(S)$, $B = B(S)$, $C = C(S)$, $D = D(S)$,建模工作就变成推导状态方程和输出方程的下列系数:

$$A = A(X, H), \quad B = B(X, H), \quad C = C(X, H), \quad D = D(X, H) \tag{8-9}$$

如同此前所讨论的,式(8-9)中第二个自变量用了历史 H 而没有用时间 t,是因为元素结构变化不仅与时间变量相关,在过去时间中究竟发生了什么事情更为重要,而这些事情则不一定已经有数学表达,需要依靠分布式资源环境中设计知识服务的帮助得到简化的数学模型。由于式(8-9)中的系数 A、B、C、D,不仅需要结构中各个元素性质的当前知识,还需要它们的历史知识,通常是性质不可恢复或者缓慢变化的知识,不容易一次完成,有时只能够由粗略估计的 A、B、C、D 反复迭代产生。起初可以先建立如式(8-10)所示的与结构可恢复变化的关系:

$$A = A(X), \quad B = B(X), \quad C = C(X), \quad D = D(X) \tag{8-10}$$

然后再逐步发展取得式(8-9)的关系。

当这些知识都能够进入状态方程式(8-7)和输出方程式(8-8),也就是系统行为方程组时,这个方程就成为一种被称为全生命周期性能数字样机的仿真工具。这种数字样机已经集成了全部行为知识和全部结构知识,不仅能够仿真所设计系统当时的行为,供设计师用以权衡自己在结构上所做的选择,而且能够仿真和预测所设计系统功能在长期使用过程中的衰退,能够通过仿真评价其功能保持性,因此也已经是一个具有数字仿真评价认可的有力的工具。更重要的是可以随着知识更新,通过更改过去填入这个框架的知识,不断提高仿真的精准度。这种仿真,不同于 CAD 软件只能做几何或者运动的仿真,也不同于 CAE 软件只能做物理过程的仿真,即使是多物理过程的仿真。不过全生命周期性能数字样机必须针对特定对象专门开发,更适用于设计此前基本上不存在的事、物,或者需要在大规模生产中对不同批次产品的设计经常有某些变化的事、物,以及需要由更精准结果投入设计竞争的事、物。第 4 章中提到的在仿真对象相关领域有充分知识积累、细分和专业化的研究或者设计团队自己开发的专用仿真软件,是其中的一种。

下面是两个满足物质需求类型,实现转变功能类型的系统在设计中推导系统行为方程的案例。作为行为知识集成和结构知识集成同时和交替进行的第二阶段,其最终任务是要产生一个所设计系统的全生命周期性能数字样机,将功能知识集成和行为知识集成、结构知识集成第一阶段所得到的知识以及其他需要取得和获取的知识都填进去。当然,在一本书的篇幅中不可能将这个任务的内容都写出来,能够做的是尽可能将如何做和应该遵循什么原则写清楚。在这两个案例中写的仅仅是怎样将相关已有知识一步一步填进去。事实上,也仅仅填到写出系统行为方程为止,离全生命周期性能数字样机还有距离,不过希望读者已经能够由此看出后面的距离可以怎样去走。两个案例系统行为方程的推导都是从动力学推导开始,不过动力学概念并不只适用于物质产品的物理行为,任何一种存在变化现象的系统其行为都接受动力学理论的支配,都需要用动力学的方法来描述其变化规律,包括大气环流、股市起落和人口流动。

8.3 建立系统行为方程举例

案例 1 内燃机活塞-活塞环组-缸套-连杆-曲轴-轴承系统

内燃机是一种成熟的产品,不过其性能仍旧有相当大的改进空间,需要通过设计竞争来解决。当前的主要问题是要降低运动部件的摩擦功率损失,也就是说要进行一个低摩擦设计。不改变采用曲柄滑块机构,将活塞受燃气压力作用得到的位能,通过连杆变为曲轴旋转的机械动能这一概念系统,即需求类型、功能类型和功能知识集已经确定。要改变的是输入、输出参数的量值比例关系,这个关系只能在行为知识集成和结构知识集成中才能够深入研究和通过改变结构解决。限于篇幅,这里仅介绍建立系统行为方程的过程。

从行为知识建模开始,这个概念系统包括的功能单元(已经有可参照的背景实物)有活塞、活塞环组、缸套、连杆、曲轴、轴承,它们是构成概念系统的元素。每个元素性质 P 的已有知识可以从分布式资源环境中的零部件设计知识服务单元取得。低摩擦设计就是要在这里面寻找竞争的空间。

初步建模需要的参数如表 8.1~表 8.3 所示,这里仅列举行为建模要用到的参数。表 8.1 是 P 中的几何部分 P^{Geo},一共 10 个参数。表 8.2 是 P 中的物理部分 P^{Phy},一共十三个参数,表 8.3 是结构 S 中各元素相互关系 R,虽然列了四个参数,但是它们之间对于可恢复变化而言只有一个是独立的。

表 8.1 元素几何性质参数表

		P^{Geo}			
序号	符号	名 称	序号	符号	名 称
1	D	气缸套内径	6	i	连杆长度
2	d	活塞直径	7	ji	连杆重心到大头中心距离
3	C_A	活塞重心到活塞顶距离	8	r	曲柄长度
4	C_P	见图 8.3	9	hr	曲轴重心到曲轴中心距离
5	C_B	活塞销中心到活塞顶距离	10	SKTC	活塞裙部轮廓几何

表 8.2 元素物理性质参数

		P^{Phy}			
序号	符号	名 称	序号	符号	名 称
1	m_{PIN}	活塞销质量	8	$Q(t)$	活塞顶部压力
2	m_{PIS}	活塞质量	9	F_{SK}	活塞裙部受到的摩擦力
3	I_{PIS}	活塞转动惯量	10	F_{RN}	活塞环受到的摩擦力
4	M_R	连杆质量	11	S	活塞裙部受到的油膜力
5	I_R	连杆转动惯量	12	T	曲轴上作用的负荷力矩
6	m_C	曲轴(偏心)质量	13	g	重力加速度
7	I_C	曲轴转动惯量			

表 8.3 元素相互关系参数

		R			
序号	符号	名 称	序号	符号	名 称
1	θ	曲柄转角	3	β	活塞对缸套中心线夹角
2	φ	连杆与缸套中心线夹角	4	X_p	活塞销中心与缸套中心线距离

摩擦产生于构成摩擦副两表面的相互作用、相对运动。在这个系统中,有活塞裙部和缸套构成的摩擦副,活塞环和缸套构成的摩擦副,活塞销与连杆小头构成的摩擦副,曲轴轴颈与连杆大头构成的摩擦副,曲轴主轴颈与主轴承构成的摩擦副。摩擦副中都有润滑油膜存在,摩擦功率损失就发生在这些摩擦副中。如何改变这些摩擦副两表面之间的关系,

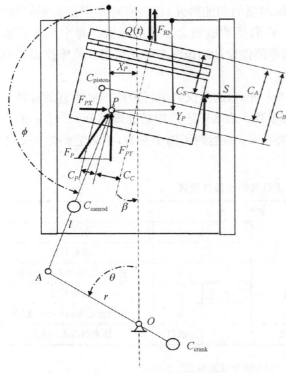

图 8.3　活塞组连杆曲轴系统

或者说如何去规划决定行为的结构以达到较低摩擦功耗,是低摩擦设计的关键难点。状态参数之间是可以相互转换的,这里选择活塞裙部与缸套关系及曲轴位置参数作为状态向量的元素。设有状态向量 $\boldsymbol{X} = [X_P, \dot{X}_P, \beta, \dot{\beta}, \theta, \dot{\theta}]^{\mathrm{T}}$,参数的几何关系见图 8.3 和图 8.4,于是可以作如下推导以得到系统行为方程,推导有一部分参考了其他文献[107]。

根据图 8.3、图 8.4,表 8.1~表 8.3 所给出的参数符号,设:

$$m_P = m_{\mathrm{PIS}} + m_{\mathrm{PIN}}$$
$$FY' = Q(t) - (F_{\mathrm{SK}} + F_{\mathrm{RN}})$$

需要说明:气缸中气体对活塞顶部压力 $Q(t)$ 来自内燃机的示功图,F_{SK} 由表 8.1 中的 SKTC 另外计算,摩擦力 F_{RN} 则由设计知识服务方提供,润滑油性质只在计算 F_{SK}、F_{RN} 和轴承中的摩擦力时出现。

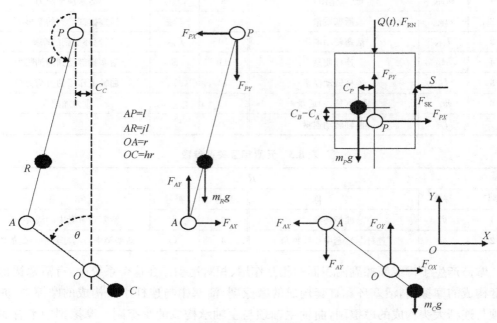

图 8.4　活塞-连杆-曲轴系统力分析图

于是得到活塞的力平衡方程:

$$\sum F_{PX} = 0$$
$$F_{PX} + S - \ddot{X}_P m_P = 0$$
$$\sum F_{PY} = 0$$
$$F_{PY} + F_{SK} + F_{RN} - Q(t) - g m_P - \ddot{Y}_P m_P = 0$$
$$\sum M_p = 0$$
$$M_S + M_{SKF} + M_{RNF} + M_Q + M_P + \ddot{X}_P W1' + \ddot{Y}_P m_P C_P - \ddot{\beta} W1 = 0$$

式中力矩下标为产生该力矩的力的符号,M_P、W1 和 W1$'$ 的表达式见后面的推导。

连杆的力平衡方程:

$$\sum F_{RX} = 0$$
$$-\ddot{X}_R m_R - F_{PX} + F_{AX} = 0$$
$$\sum F_{RY} = 0$$
$$-\ddot{Y}_R m_R - g m_R - F_{PY} + F_{AY} = 0$$
$$\sum M_R = 0$$
$$-\ddot{\phi} I_R - F_{PX}(1-j) l \cos\phi - F_{PY}(1-j) l \sin\phi - F_{AX} j l \cos\phi - F_{AY} j l \sin\phi = 0$$

曲轴的力平衡方程:

$$\sum F_{CX} = 0$$
$$F_{OX} - F_{AX} - \ddot{X}_C m_C = 0$$
$$\sum F_{CY} = 0$$
$$F_{OY} - F_{AY} - g m_C - \ddot{Y}_C m_C = 0$$
$$\sum M_C = 0$$
$$-\ddot{\theta} I_C + T + F_{AX}(1+h) r \cos\theta + F_{AY}(1+h) r \sin\theta - F_{OX} h r \cos\theta - F_{OY} h r \sin\theta = 0$$

设有如下表达式:

$$M = M_S + M_{SKF} + M_{RNF} + M_Q + M_P, \quad M_Q = -Q(t) C_C, \quad M_P = g m_P C_P$$
$$W1 = I_P + m_P\left[(C_B - C_A)^2 + C_P^2\right], \quad W1' = m_P(C_B - C_A)$$
$$W2 = \left[\frac{(r\cos\theta)^2}{l \cos^3\phi} - r\cos\theta - r\sin\theta \tan\phi\right]$$
$$W2' = \left[\frac{j (r\cos\theta)^2}{l \cos^3\phi} - r\cos\theta - j r\sin\theta \tan\phi\right]$$
$$W2'' = \left[\left(\frac{r\cos\theta}{l\cos\phi}\right)^2 \tan\phi - \frac{r\sin\theta}{l\cos\phi}\right]$$

$$\text{W3} = r\cos\theta\tan\phi - r\sin\theta$$

$$\text{W3}' = jr\cos\theta\tan\phi - r\sin\theta$$

$$\text{W4} = \frac{I_R}{m_P}\left(\frac{\text{W2}''}{l\cos\phi}\right) + \frac{m_R}{m_P}\text{W2}'j\tan\phi + \frac{m_R}{m_P}r(1-j)j\sin\theta + \text{W2}\tan\phi$$

$$\text{W4}' = \frac{I_R}{m_P}\left[\frac{r\cos\theta}{(l\cos\phi)^2}\right] + \frac{m_R}{m_P}\text{W3}'j\tan\phi - \frac{m_R}{m_P}r(1-j)j\cos\theta + \text{W3}\tan\phi$$

$$I(\theta) = I_C + m_C h^2 r^2 + I_R\left(\frac{r\cos\theta}{l\cos\phi}\right)^2 + m_P\text{W3}^2 + m_R[r^2(1-j)^2\cos^2\theta + \text{W3}'^2]$$

$$I'(\theta) = 2I_R\left(\frac{r\cos\theta}{l\cos\phi}\right)^2\left[\left(\frac{r\cos\theta}{l\cos\phi}\right)\tan\phi - \tan\theta\right] + 2m_P\text{W3}\text{W2}$$
$$- 2m_R r^2(1-j)^2\sin\theta\cos\theta + 2m_R\text{W3}'\text{W2}'$$

$$g(\theta) = gr[m_P(\cos\theta\tan\phi - \sin\theta) + m_R(j\cos\theta\tan\phi - \sin\theta) + m_C h\sin\theta]$$

$$Q(t,\theta) = [Q(t) - F_{SK} - F_{RN}]r(\cos\theta\tan\phi - \sin\theta)$$

$$\text{W5} = -\frac{I'(\theta)}{2I(\theta)},$$

$$\text{W5}' = -\frac{g(\theta) + Q(t,\theta) - T}{I(\theta)}$$

$$\text{W6} = -m_C hr\sin\theta + m_R r(1-j)\sin\theta - m_P\text{W4}$$

$$\text{W6}' = m_C hr\cos\theta - m_R r(1-j)\cos\theta - m_P\text{W4}'$$

$$\text{W7} = m_C hr\cos\theta + m_R\text{W2}' + m_P\text{W2}$$

$$\text{W7}' = m_C hr\sin\theta + m_R\text{W3}' + m_P\text{W3}$$

于是得到下列公式等号左端系数的表达式:

$$\ddot{X}_P = -\dot{\theta}^2\text{W4} - \ddot{\theta}\,\text{W4}' + FY \tag{8-11}$$

$$\ddot{\beta} = -\dot{\theta}^2\left[\frac{\text{W4}\text{W1}' - \text{W2}m_P C_P + \text{W5}(\text{W4}'\text{W1}' - \text{W3}m_P C_P)}{\text{W1}}\right]$$
$$- \frac{\text{W5}'(\text{W4}'\text{W1}' - \text{W3}m_P C_P)}{\text{W1}} + \frac{FY\text{W1}' + M}{\text{W1}} \tag{8-12}$$

$$\ddot{\theta} = -\dot{\theta}^2\frac{I'(\theta)}{2I(\theta)} - \frac{g(\theta) + Q(t,\theta) - T}{I(\theta)} \tag{8-13}$$

可以看到,式(8-11)~式(8-13)右端都含有状态变量和时间变量。在有了式(8-10)的假设时,则表 8.1 中的参数均为常数,表 8.2 中的参数除 $Q(t)$、S、T 是状态的函数,摩擦力 F_{SK} 和 F_{RN} 可以证明也是状态的函数,其他参数序号 1~序号 7 亦为常数,这个系统是一个定常非线性系统。

可以写出状态方程:

$$
\begin{bmatrix} X_P \\ \dot{X}_P \\ \beta \\ \dot{\beta} \\ \theta \\ \dot{\theta} \end{bmatrix}' = \begin{bmatrix} 0 & 1 & 0 & 0 & 0 & 0 \\ 0 & 0 & 0 & 0 & 0 & A_{26} \\ 0 & 0 & 0 & 1 & 0 & 0 \\ 0 & 0 & 0 & 0 & 0 & A_{46} \\ 0 & 0 & 0 & 0 & 0 & 1 \\ 0 & 0 & 0 & 0 & 0 & A_{66} \end{bmatrix} \begin{bmatrix} X_P \\ \dot{X}_P \\ \beta \\ \dot{\beta} \\ \theta \\ \dot{\theta} \end{bmatrix} + \begin{bmatrix} 0 & 0 & 0 & 0 & 0 & 0 \\ 0 & 1 & 0 & 0 & 0 & 0 \\ 0 & 0 & 0 & 0 & 0 & 0 \\ 0 & 0 & 0 & 1 & 0 & 0 \\ 0 & 0 & 0 & 0 & 0 & 0 \\ 0 & 0 & 0 & 0 & 0 & 1 \end{bmatrix} \begin{bmatrix} 0 \\ U_2 \\ 0 \\ U_4 \\ 0 \\ U_6 \end{bmatrix} \qquad (8-14)
$$

其中

$$
A_{26} = -\dot{\theta}(W4 + W5W4')
$$

$$
A_{46} = -\dot{\theta}\left[\frac{W4W1' - W2m_PC_P + W5(W4'W1' - W3m_PC_P)}{W1}\right]
$$

$$
A_{66} = \dot{\theta}W5
$$

$$
U_2 = -W5'W4' + FY
$$

$$
U_4 = -\frac{W5'(W4'W1' - W3m_PC_P)}{W1} + \frac{FYW1' + M}{W1}
$$

$$
U_6 = W5'
$$

显然,结构矩阵、输入矩阵和输出矩阵中都含有状态变量。为推导方便,式(8-15)将若干本来应该在输入矩阵中的系统结构参数写入了输入向量。

这就是曲柄滑块概念系统的系统行为模型,式(8-14)是基于式(8-10)的假设,即只考虑了可恢复变化。这个一阶常微分方程组不可避免地要采用数值求解方法,计算是否收敛,结果是否正确,可以利用这个性质进行检查。例如,本案例的四冲程内燃机,每两转一个循环,只要计算迭代能够收敛到每一个循环行为轨迹之间的误差不大于允许值就可以认为是正确的。

如果要知道作用在各个轴承上的力,可以推导输出方程如下:

$$
F_{OX} = \dot{\theta}^2(W6 + W5W6') + W5'W6' + m_PFY - S
$$

$$
F_{OY} = \dot{\theta}^2(W7 + W5W7') + W5'W7' + FY' + g(m_P + m_R + m_C)
$$

$$
F_{PX} = -\dot{\theta}^2 m_P(W4 + W4'W5) - m_P(W4'W5' - FY) - S
$$

$$
F_{PY} = \dot{\theta}^2 m_P(W2 + W3W5) + m_P(W3W5' + g) + FY'
$$

$$
F_{AX} = \dot{\theta}^2[-m_P(W4 + W4'W5') + m_Rr(1-j)(\sin\theta - W5\cos\theta)]
$$
$$
+ [-m_P(W4'W5' - FY) - m_Rr(1-j)W5'\cos\theta - S]
$$

$$
F_{AY} = \dot{\theta}^2[m_P(W2 + W3W5) + m_R(W2' + W3W5)]
$$
$$
+ [m_P(W3W5' + g) + m_R(W3'W5' + g) + FY']
$$

于是写出以下关系:

$$
\begin{bmatrix} F_{PX} \\ F_{PY} \\ F_{AX} \\ F_{AY} \\ F_{OX} \\ F_{OY} \end{bmatrix} = \begin{bmatrix} 0 & 0 & 0 & 0 & 0 & C_{16} \\ 0 & 0 & 0 & 0 & 0 & C_{26} \\ 0 & 0 & 0 & 0 & 0 & C_{36} \\ 0 & 0 & 0 & 0 & 0 & C_{46} \\ 0 & 0 & 0 & 0 & 0 & C_{56} \\ 0 & 0 & 0 & 0 & 0 & C_{66} \end{bmatrix} \begin{bmatrix} X_P \\ \dot{X}_P \\ \beta \\ \dot{\beta} \\ \theta \\ \dot{\theta} \end{bmatrix} + \begin{bmatrix} D_1 \\ D_2 \\ D_3 \\ D_4 \\ D_5 \\ D_6 \end{bmatrix} \tag{8-15}
$$

其中

$$C_{16} = -\dot{\theta} m_P (W4 + W4'W5), \quad D_1 = -m_P(W4'W5 - FY) - S$$
$$C_{26} = \dot{\theta} m_P (W2 + W3W5), \quad D_2 = m_P(W3W5' + g) + FY'$$
$$C_{36} = \dot{\theta}[-m_P(W4 + W4'W5) + m_R r(1-j)(\sin\theta - W5\cos\theta)]$$
$$D_3 = -m_P(W4'W5 - FY) - m_R r(1-j)W5'\cos\theta - S$$
$$C_{46} = \dot{\theta}[m_P(W2 + W3W5) + m_R(W2' + W3'W5)]$$
$$D_4 = m_P(W3W5' + g) + m_R(W3'W5' + g) + FY'$$
$$C_{56} = \dot{\theta}(W6 + W5W6'), \quad D_5 = W5'W6' + m_P FY - S$$
$$C_{66} = \dot{\theta}(W7 + W5W7'), \quad D_6 = W5'W7' + FY' + g(m_P + m_R + m_C)$$

状态向量中元素 θ、X_P 和 β 在一个工作循环(曲轴旋转 2 转)时间历程中的变化,活塞裙部通过润滑油膜对缸套作用的法向力,摩擦功耗在一个工作循环时间历程中的变化见图 4.8。活塞销对连杆小头、连杆大头对曲轴轴销和主轴颈对曲轴轴承作用的力在一个工作循环时间历程中的变化见图 4.9。

需要指出,表 8.1 中活塞裙部结构 SKTC 中包含大量细微的结构参数,计算 F_{RN} 的活塞环模型中也包含大量细微的结构参数,这里都是低摩擦设计可以产生创意的空间。在知道各个轴承的类似于 SKCT 的细微结构知识后也可以计算轴承中的摩擦功耗。有了这些方程,就能够计算这些包括 SKCT 等的细微结构参数其量值变化以后,系统行为轨迹收敛后的变化。例如,图 8.5 显示,如果取直线裙部结构,则得到图中曲线 1 的摩擦功耗随时间的增长,而取桶形裙部结构,摩擦功耗将如图中曲线 2 所示有所降低。对于任何需要观察的输出,也都可以建立相应的输出方程计算它们量值的变化,这就是系统行为方程的价值所在。

当进一步取得表 8.1 和表 8.2 中参数量值不可恢复变化的知识时,也就是能够将式(8-9)的知识填到系统行为方程中,图 4.8 和图 4.9 中的曲线就不会保持在各个工作循环中重复,也就是系统的功能将缓慢变化,从而可以观察系统的功能保持性。系统行为方程组就成为系统的全生命周期性能数字样机。

案例 2 挖掘机的工作系统

挖掘机的工作系统是一个更为复杂的系统。如图 8.6 所示,包括挖斗、斗杆、动臂和旋转工作台四个基本部分,各自受独立的液压缸控制(图 8.7(a))。这里仅就前三个部分

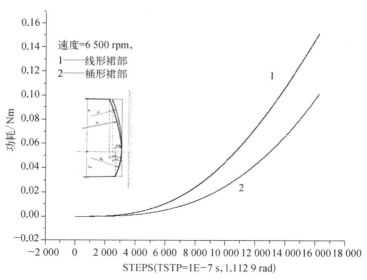

图 8.5 不同 SKCT 的摩擦功耗比较

建立系统行为方程,同时考虑工作台旋转的系统行为方程推导受篇幅限制在这里从略,可以参考其他相关文献[108]。

1. 对系统的简化说明

一个已经有了概念系统或者已经构建了设想的系统,建立系统行为方程只能逐步深入以接近真实。作为初级阶段,先要取得对其行为的基本认识,需要做一定的简化。

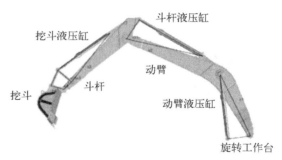

图 8.6 挖掘机工作系统结构示意图

在建立系统行为方程初级阶段,如图 8.7 所示,不计所有构件的弹性变形、永久变形和磨损;不计所有构件的尺寸误差;除转动副 D,不计所有转动副因为弹性变形、塑性变形和磨损产生的间隙;不计 3 个液压缸杆件 e、h、l 的惯性,作二力杆处理,液压缸与活塞作无间隙、无摩擦和磨损的理想移动副处理。转动副 D 作为有间隙、有摩擦和磨损,用一个间隙杆 r 代替,其他的转动副应该也有间隙、摩擦和磨损,这里受篇幅限制从略。

2. 关于推导中所用符号的说明

图 8.7 中,每一个构件以小写字母表示,共有运动构件 w、p、e、f、k、h、l、s、r 和静止构件 b 等十个构件;每一个转动副用大写字母表示,共有转动副 A、B、D、E、F、G、H、L、M、N、P、R 等 12 个转动副。考虑其惯性的 3 个构件是挖斗 w,斗杆 k 和动臂 s,各自的质量用 m 表示,对质心的转动惯量用 J 表示,质心位置由大写的 C 表示,所属构件由下标表示,如 m_w、m_k、m_s 等,其余类推。以 A 点作为原点计算各点的位置,在位移和运动计算时距离长度以相关两点符号为下标的 l 表示,相角(x 正方向为起点,逆时针方向为正,在 $0°\sim360°$ 中变化,用单向矢表示)以对应构件符号或者相关两点符号为

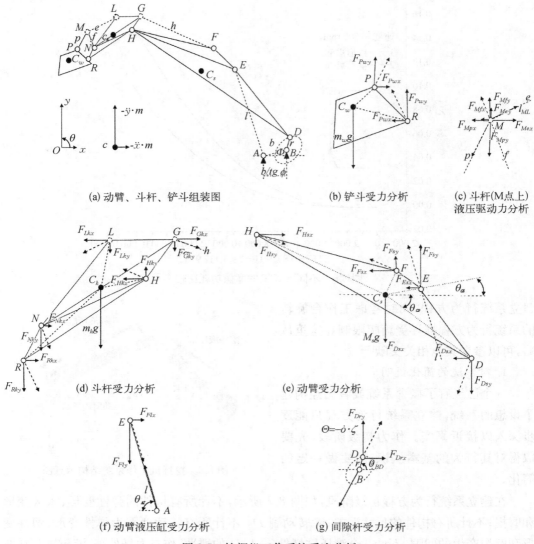

(a) 动臂、斗杆、铲斗组装图   (b) 铲斗受力分析   (c) 斗杆(M点上)液压驱动力分析

(d) 斗杆受力分析   (e) 动臂受力分析

(f) 动臂液压缸受力分析   (g) 间隙杆受力分析

图 8.7 挖掘机工作系统受力分析

下标的 θ 表示，如 l_{AB} 和 θ_w、θ_{AB}；在作力分解、求力（一律分解为 x、y 方向的分力）对某点的矩时，力臂投影计算取与水平线≤90°的夹角，不计方向，如连线长度记为 l_{HR}，夹角记为 θ_{HR}，其中 R 为力作用点，H 为某点，力矩的正负与位置相角的正负方向相同；对于不计惯性杆件与水平线≤90°之间的夹角记为 θ_{Mf}、θ_{Me}、θ_{Mp} 等。

3. 各个构件上的力平衡方程及解

（1）对于铲斗 w（图 8.7(b)）

$$\sum F_{wx} = 0$$

$$F_{Pwx} - F_{Rwx} - \ddot{x}_{Cw} m_w = 0$$

$$\sum F_{wy} = 0$$

$$F_{Pwy} + F_{Rwy} - m_w g - \ddot{y}_{Cw} m_w = 0$$

$$\sum M_{Cw} = 0$$

$$-\ddot{\theta}_w J_{Cw} - F_{Pwx} l_{CP} \sin\theta_{CP} + F_{Pwy} l_{CP} \cos\theta_{CP} - F_{Rwx} l_{CR} \sin\theta_{CR} + F_{Rwy} l_{CR} \cos\theta_{CR} = 0$$

为简化书写,令

$$W_{11} = \ddot{x}_{Cw} m_w$$

$$W_{12} = m_w g + \ddot{y}_{Cw} m_w$$

$$W_{13} = \ddot{\theta}_w J_{Cw}$$

于是得到未知作用力

$$F_{Pwx} = \frac{-W_{13} + W_{11} l_{CR} \sin\theta_{CR} + W_{12} l_{CR} \cos\theta_{CR}}{l_{CP} \sin\theta_{CP} - l_{CP} \cos\theta_{CP} \tan\theta_{Mp} + l_{CR} \sin\theta_{CR} + l_{CR} \cos\theta_{CR} \tan\theta_{Mp}}$$

$$F_{Pwy} = F_{Pwx} \tan\theta_{Mp}$$

$$F_{Rwx} = F_{Pwx} - W_{11}$$

$$F_{Rwy} = W_{12} - F_{Pwx} \tan\theta_{Mp} \tag{8-16}$$

(2) 对于 M 点(图 8.7(c))

如果不考虑杆的惯性和转动副中的摩擦力,则三力平衡,于是有

$$\sum F_{Mx} = 0$$

$$-F_{Mpx} + F_{Mex} - F_{Mfx} = 0$$

$$\sum F_{My} = 0$$

$$-F_{Mpy} + F_{Mey} + F_{Mfy} = 0$$

于是得到

$$F_{Mfx} = F_{Pwx} \frac{\tan\theta_{Me} - \tan\theta_{Mp}}{\tan\theta_{Me} + \tan\theta_{Mf}}$$

$$F_{Mfy} = F_{Mfx} \tan\theta_{Mf}$$

$$F_{Mex} = -F_{Pwx} \frac{\tan\theta_{Mf} + \tan\theta_{Mp}}{\tan\theta_{Mf} + \tan\theta_{Me}} \tag{8-17}$$

$$F_{Mey} = F_{Mex} \tan\theta_{Me}$$

(3) 对于斗杆 k (图 8.8(d))

$$\sum F_{kx} = 0$$

$$-F_{Hkx} + F_{Gkx} - F_{Lkx} + F_{Nkx} + F_{Rkx} - \ddot{x}_{Ck} m_k = 0$$

$$\sum F_{ky} = 0$$

$$F_{Hky} - F_{Gky} - F_{Lky} - F_{Nky} - F_{Rky} - m_k g - \ddot{y}_{Ck} m_k = 0$$

$$\sum M_{Ck} = 0$$

$$-\ddot{\theta}_k J_{Ck} + F_{Hkx} l_{CH} \sin\theta_{CH} + F_{Hky} l_{CH} \cos\theta_{CH} - F_{Gkx} l_{CG} \sin\theta_{CG} - F_{Gky} l_{CG} \cos\theta_{CG}$$
$$+ F_{Lkx} l_{CL} \sin\theta_{CL} - F_{Lky} l_{CL} \cos\theta_{CL} + F_{Nkx} l_{CN} \sin\theta_{CN} + F_{Nky} l_{CN} \cos\theta_{CN}$$
$$+ F_{Rkx} l_{CR} \sin\theta_{CR} + F_{Rky} l_{CR} \cos\theta_{CR} = 0$$

令

$$W_{21} = \ddot{x}_{Ck} m_k$$
$$W_{22} = m_k g + \ddot{y}_{Ck} m_k$$
$$W_{23} = (-F_{Lkx} + F_{Nkx} + F_{Rkx})$$
$$W_{24} = (-F_{Lky} - F_{Nky} - F_{Rky})$$
$$W_{25} = \ddot{\theta}_k J_k$$
$$W_{26} = F_{Lkx} l_{CL} \sin\theta_{CL} - F_{Lky} l_{CL} \cos\theta_{CL} + F_{Nkx} l_{CN} \sin\theta_{CN} + F_{Nky} l_{CN} \cos\theta_{CN}$$
$$\quad\quad + F_{Rkx} l_{CR} \sin\theta_{CR} + F_{Rky} l_{CR} \cos\theta_{CR}$$

于是有

$$F_{Gkx} = \frac{W_{25} - W_{26} - (W_{23} - W_{21}) l_{CH} \sin\theta_{CH} + (W_{24} - W_{22}) l_{CH} \cos\theta_{CH}}{l_{CH} \sin\theta_{CH} - l_{CG} \sin\theta_{CG} + l_{CH} \cos\theta_{CH} \tan\theta_{Gh} - l_{CG} \cos\theta_{CG} \tan\theta_{Gh}}$$

$$F_{Gky} = F_{Gkx} \tan\theta_{Gh}$$

$$F_{Hkx} = F_{Gkx} + W_{23} - W_{21}$$

$$F_{Hky} = F_{Gkx} \tan\theta_{Gh} - W_{24} + W_{22} \tag{8-18}$$

(4) 对于动臂 s 和动臂液压缸杆 l（图 8.8(e)和图 8.8(f)）

$$\sum F_{sx} = 0$$

$$-F_{Dsx} - F_{Esx} - F_{Fsx} + F_{Hsx} - \ddot{x}_{Cs} m_s = 0$$

$$\sum F_{sy} = 0$$

$$-F_{Dsy} + F_{Esy} + F_{Fsy} - F_{Hsy} - m_s g - \ddot{y}_{Cs} m_s = 0$$

$$\sum M_{Cs} = 0$$

$$-\ddot{\theta}_s J_{Cs} - F_{Dsx} l_{CD} \sin\theta_{CD} - F_{Dsy} l_{CD} \cos\theta_{CD} + F_{Esx} l_{CE} \sin\theta_{CE} + F_{Esy} l_{CE} \cos\theta_{CE}$$
$$+ F_{Fsx} l_{CF} \sin\theta_{CF} + F_{Fsy} l_{CF} \cos\theta_{CF} - F_{Hsx} l_{CH} \sin\theta_{CH} + F_{Hsy} l_{CH} \cos\theta_{CH} = 0$$

令

$$W_{31} = \ddot{x}_{Cs} m_s, \quad W_{32} = m_s g + \ddot{y}_{Cs} m_s, \quad W_{33} = F_{Fsx} - F_{Hsx},$$
$$W_{34} = F_{Fsy} - F_{Hsy}, \quad W_{35} = \ddot{\theta}_s J_{Cs}$$

于是有

$$F_{Esx} = \frac{W_{35} - W_{36}}{(l_{CD} \sin\theta_{CD} - l_{CD} \cos\theta_{CD} \tan\theta_{El} + l_{CE} \sin\theta_{CE} + l_{CE} \cos\theta_{CE} \tan\theta_{El})}$$

$$F_{Esy} = F_{Esx} \tan \theta_{El}$$

$$F_{Dsx} = -F_{Esx} - W_{33} - W_{31}$$

$$F_{Dsy} = F_{Esx} \tan \theta_{El} + W_{34} - W_{32} \tag{8-19}$$

(5) 对于销孔 r [图 8.8(g)]

当将带间隙的转动副以一个间隙杆 r 代替，r 无惯性，设摩擦阻力以阻尼系数 ζ 表示，则有

$$\sum M_{Br} = 0 \tag{8-20}$$

$$-F_{Drx}l_{BD}\sin\theta_{BD} + F_{Dry}l_{BD}\cos\theta_{BD} - \dot{\theta}_r\zeta = 0$$

4. 状态变量选择及状态方程

状态变化产生行为的轨迹。根据要观察的行为可以选择一组特定的变量来观察状态变化，这一组变量构成一个状态向量。状态变量可以有不同的组合，因为系统行为是确定的。对于当前的系统，运动由三个带液压缸杆件 l、h、e 的长度和考虑间隙采用间隙杆 r 的位置确定。长度可以换算成夹角大小 θ_{AEb}、θ_{FHh}、θ_{LNe}、θ_{BDb}，又可以换算成 θ_{BD}、θ_{DC}、θ_{HC}、θ_{RC}。作为初步观察，略去上述换算过程，采用：

$$[\theta_{RC}, \dot{\theta}_{RC}, \theta_{HC}, \dot{\theta}_{HC}, \theta_{DC}, \dot{\theta}_{DC}, \theta_{BD}, \dot{\theta}_{BD}]^{\mathrm{T}}$$

作为状态向量，并由式(8-16)~式(8-20)推导出状态方程左端的表达式。

(1) 挖斗 w 上所有力对 R 点取矩

$$-F_{Pwx}l_{RP}\sin\theta_{RP} - F_{Pwy}l_{RP}\cos\theta_{RP} + m_w g l_{RC}\cos\theta_{RC} + \ddot{x}_{Cw}m_w l_{RC}\sin\theta_{RC}$$

$$+ \ddot{y}_{Cw}m_w l_{RC}\cos\theta_{RC} - \ddot{\theta}_w(J_w + m_w l_{RC}^2) = 0$$

令

$$W_{14} = -F_{Pwx}l_{RP}\sin\theta_{RP} - F_{Pwy}l_{RP}\cos\theta_{RP}$$

$$W_{15} = -\dot{\theta}_{BD}^2 l_{BD}\cos\theta_{BD} - \ddot{\theta}_{BD}l_{BD}\sin\theta_{BD} - \dot{\theta}_{DH}^2 l_{DH}\cos\theta_{DH} - \ddot{\theta}_{DH}l_{DH}\sin\theta_{DH}$$

$$\qquad - \dot{\theta}_{HR}^2 l_{HR}\cos\theta_{HR} - \ddot{\theta}_{HR}l_{HR}\sin\theta_{HR}$$

$$W_{16} = -\dot{\theta}_{BD}^2 l_{BD}\sin\theta_{BD} + \ddot{\theta}_{BD}l_{BD}\cos\theta_{BD} - \dot{\theta}_{DH}^2 l_{DH}\sin\theta_{DH} + \ddot{\theta}_{DH}l_{DH}\cos\theta_{DH}$$

$$\qquad - \dot{\theta}_{HR}^2 l_{HR}\sin\theta_{HR} + \ddot{\theta}_{HR}l_{HR}\cos\theta_{HR}$$

于是有

$$\ddot{\theta}_{RC} = \ddot{\theta}_w = \dot{\theta}_{RC}A_{22} + B_{22}I_2 \tag{8-21}$$

其中

$$A_{22} = \dot{\theta}_{RC}\frac{-\sin 2\theta_{RC}}{1 - \cos 2\theta_{RC} + J_w/(m_w l_{RC}^2)}$$

$$B_{22} = \frac{1}{l_{RC}[1 - \cos 2\theta_{RC} + J_w/(m_w l_{RC}^2)]}$$

$$I_2 = g\cos\theta_{RC} + W_{14}/m_w l_{RC} + W_{15}\sin\theta_{RC} + W_{16}\cos\theta_{RC}$$

（2）斗杆 k 上所有力对 H 点取矩

$$F_{Rkx}l_{HR}\sin\theta_{HR} + F_{Rky}l_{HR}\cos\theta_{HR} + F_{Nkx}l_{HN}\sin\theta_{HN} + F_{Nky}l_{HN}\cos\theta_{HN}$$
$$+ F_{Lkx}l_{HL}\sin\theta_{HL} + F_{Lky}l_{HL}\cos\theta_{HL} - F_{Gkx}l_{HG}\sin\theta_{HG} - F_{Gky}l_{HG}\cos\theta_{HG}$$
$$+ m_k g l_{HC}\cos\theta_{HC} - \ddot{x}_{Ck}m_k l_{HC}\sin\theta_{HC} + \ddot{y}_{Ck}m_k l_{HC}\cos\theta_{HC}$$
$$- \ddot{\theta}_k(J_k + m_k l_{HC}^2) = 0$$

令

$$W_{27} = F_{Rkx}l_{HR}\sin\theta_{HR} + F_{Rky}l_{HR}\cos\theta_{HR} + F_{Nkx}l_{HN}\sin\theta_{HN} - F_{Nky}l_{HN}\cos\theta_{HN}$$
$$+ F_{Lkx}l_{HL}\sin\theta_{HL} + F_{Lky}l_{HL}\cos\theta_{HL} - F_{Gkx}l_{HG}\sin\theta_{HG} + F_{Gky}l_{HG}\cos\theta_{HG}$$
$$W_{28} = -\dot{\theta}_{BD}^2 l_{BD}\cos\theta_{BD} - \ddot{\theta}_{BD}l_{BD}\sin\theta_{BD} - \dot{\theta}_{DH}^2 l_{DH}\cos\theta_{DH} - \ddot{\theta}_{DH}l_{DH}\sin\theta_{DH}$$
$$W_{29} = -\dot{\theta}_{BD}^2 l_{BD}\sin\theta_{BD} + \ddot{\theta}_{BD}l_{BD}\cos\theta_{BD} - \dot{\theta}_{DH}^2 l_{DH}\sin\theta_{DH} + \ddot{\theta}_{DH}l_{DH}\cos\theta_{DH}$$

于是有

$$\ddot{\theta}_{HC} = \ddot{\theta}_k = B_{44}I_4 \tag{8-22}$$

其中

$$B_{44} = \frac{1}{J_k}$$
$$I_4 = W_{27} + m_k l_{HC}(g\cos\theta_{HC} - W_{28}\sin\theta_{HC} + W_{29}\cos\theta_{HC})$$

（3）动臂 s 上所有力对 D 点取矩

$$F_{Esx}l_{DE}\sin\theta_{DE} - F_{Esy}l_{DE}\cos\theta_{DE} + F_{Fsx}l_{DF}\sin\theta_{DF} - F_{Fsy}l_{DF}\cos\theta_{DF}$$
$$- F_{Hsx}l_{DH}\sin\theta_{DH} + F_{Hsy}l_{DH}\cos\theta_{DH} + m_s g l_{DC}\cos\theta_{DC} - \ddot{x}_{Cs}m_s l_{DC}\sin\theta_{DC}$$
$$- \ddot{y}_{Cs}m_s l_{DC}\cos\theta_{DC} - \ddot{\theta}_s(J_s + m_s l_{DC}^2) = 0$$

令

$$W_{36} = F_{Esx}l_{DE}\sin\theta_{DE} - F_{Esy}l_{DE}\cos\theta_{DE} + F_{Fsx}l_{DF}\sin\theta_{DF} - F_{Fsy}l_{DF}\cos\theta_{DF}$$
$$- F_{Hsx}l_{DH}\sin\theta_{DH} + F_{Hsy}l_{DH}\cos\theta_{DH}$$
$$W_{37} = -\dot{\theta}_{BD}^2 l_{BD}\cos\theta_{BD} - \ddot{\theta}_{BD}l_{BD}\sin\theta_{BD}$$
$$W_{38} = -\dot{\theta}_{BD}^2 l_{BD}\sin\theta_{BD} + \ddot{\theta}_{BD}l_{BD}\cos\theta_{BD}$$

于是有

$$\ddot{\theta}_{DC} = \ddot{\theta}_s = \dot{\theta}_{DC}A_{66} + B_{66}I_6 \tag{8-23}$$

其中

$$A_{66} = \dot{\theta}_{DC}\frac{\sin 2\theta_{DC}}{1 + \cos 2\theta_{DC} + J_s/(m_s l_{DC}^2)}$$
$$B_{66} = \frac{1}{l_{DC}[1 + \cos 2\theta_{DC} + J_s/(m_s l_{DC}^2)]}$$

$$I_6 = g\cos\theta_{DC} + W_{36}/(m_s l_{DC}) - W_{37}\sin\theta_{DC} - W_{38}\cos\theta_{DC}$$

（4）对于辅助杆 r

$$-\dot{\theta}_{BD}\cdot\zeta + F_{Drx}l_{BD}\sin\theta_{BD} - F_{Dry}l_{BD}\cos\theta_{BD} = 0$$

于是有

$$\dot{\theta}_{BD} = B_{77}I_7 \tag{8-24}$$

其中

$$B_{77} = 1/\zeta$$

$$I_7 = F_{Drx}l_{BD}\sin\theta_{BD} - F_{Dry}l_{BD}\cos\theta_{BD}$$

组装式(8-22)～式(8-25)，得到

$$
\begin{bmatrix} \theta_{RC} \\ \dot{\theta}_{RC} \\ \theta_{HC} \\ \dot{\theta}_{HC} \\ \theta_{DC} \\ \dot{\theta}_{DC} \\ \theta_{BD} \\ \dot{\theta}_{BD} \end{bmatrix}' =
\begin{bmatrix}
0 & 1 & 0 & 0 & 0 & 0 & 0 & 0 \\
0 & A_{22} & 0 & 0 & 0 & 0 & 0 & 0 \\
0 & 0 & 0 & 1 & 0 & 0 & 0 & 0 \\
0 & 0 & 0 & A_{44} & 0 & 0 & 0 & 0 \\
0 & 0 & 0 & 0 & 0 & 1 & 0 & 0 \\
0 & 0 & 0 & 0 & 0 & A_{66} & 0 & 0 \\
0 & 0 & 0 & 0 & 0 & 0 & 0 & 0 \\
0 & 0 & 0 & 0 & 0 & 0 & 0 & 0
\end{bmatrix}
\begin{bmatrix} \theta_{RC} \\ \dot{\theta}_{RC} \\ \theta_{HC} \\ \dot{\theta}_{HC} \\ \theta_{DC} \\ \dot{\theta}_{DC} \\ \theta_{BD} \\ \dot{\theta}_{BD} \end{bmatrix}
$$

$$
+
\begin{bmatrix}
0 & 0 & 0 & 0 & 0 & 0 & 0 & 0 \\
0 & B_{22} & 0 & 0 & 0 & 0 & 0 & 0 \\
0 & 0 & 0 & 0 & 0 & 0 & 0 & 0 \\
0 & 0 & 0 & B_{44} & 0 & 0 & 0 & 0 \\
0 & 0 & 0 & 0 & 0 & 0 & 0 & 0 \\
0 & 0 & 0 & 0 & 0 & B_{66} & 0 & 0 \\
0 & 0 & 0 & 0 & 0 & 0 & B_{77} & 0 \\
0 & 0 & 0 & 0 & 0 & 0 & 0 & 0
\end{bmatrix}
\begin{bmatrix} 0 \\ I_2 \\ 0 \\ I_4 \\ 0 \\ I_6 \\ I_7 \\ 0 \end{bmatrix}
\tag{8-25}
$$

　　图 8.9～图 8.11 是对某 21 吨挖掘机做 S8 档 90°甩方操作，考虑工作台旋转的系统行为方程仿真所得到的部分结果[108]。所谓甩方，是指挖掘机在挖掘地表物质如泥土、沙石后，通过工作台的旋转运动，将挖掘物质转移到卸载位置，然后再通过操作动臂、斗杆和铲斗进行卸载，是挖掘机一个典型的操作。

　　图 8.8 中的 θ_0、θ_1、θ_2、θ_3 分别是 90°甩方仿真得到的工作台、动臂、斗杆、铲斗的角位置变化，图 8.9 显示这些参数变化速度，图 8.10 是铲斗质心在操作中运动的轨迹。

　　这些结果都是基于式(8-10)的假设，即只考虑了可恢复变化。与内燃机不同，挖掘机是非循环行为系统，不过仍旧可以给以循环输入观察若干个周期内行为轨迹是否能够收敛到允许值以检验方程和数值计算是否正确。

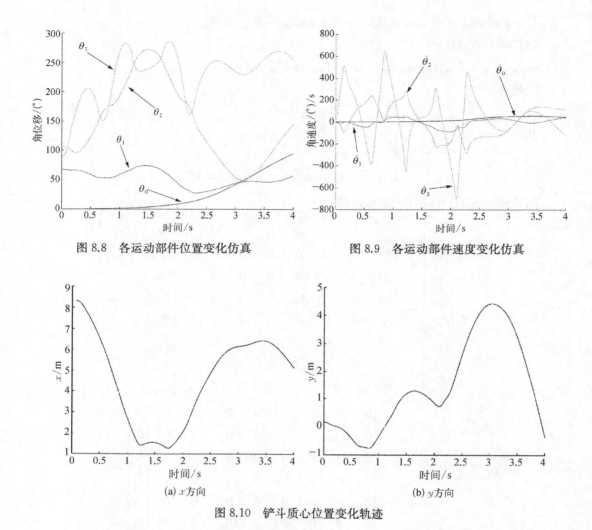

图 8.8　各运动部件位置变化仿真　　　　　图 8.9　各运动部件速度变化仿真

(a) x 方向　　　　　　　　(b) y 方向

图 8.10　铲斗质心位置变化轨迹

　　曾经在系统行为方程中引入动臂根部的转动副 D 由于磨损导致间隙增加的不可恢复变化,做了其对铲斗质心运动位置变化的比较,发现考虑磨损和不考虑影响甚微。而通过仿真另一个元器件的不可恢复变化:液压缸活塞密封圈磨损,得到由于圈-缸壁压力降低而导致的泄漏增加使得各个构件到达位移和移动速度都要产生相当影响的结论[108]。

　　图 8.11～图 8.13 显示启动该挖掘机后活塞上分别是新密封圈和磨损以后的密封圈其液压缸驱动动臂、斗杆、铲斗质心到达位置的差异[108]。挖掘机操作人员通常是用目测和手的动作控制铲斗位置,而挖掘位置和土的落点也是不断不规则变化的,到达位置误差不是重要问题。如果是无人驾驶的挖掘机,例如,设计在月球或者火星上采样用无人操作的挖掘机,要依靠人工智能的信息系统引导挖斗到达特定位置时,这个误差就不得不予以考虑。

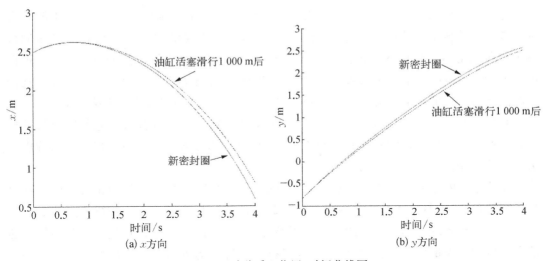

图 8.11 动臂质心位置-时间曲线图

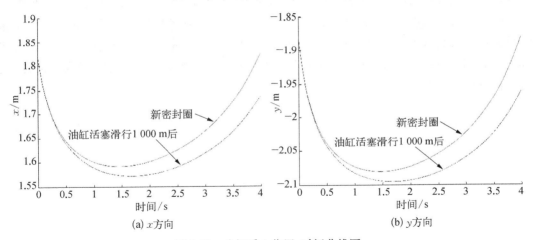

图 8.12 斗杆质心位置-时间曲线图

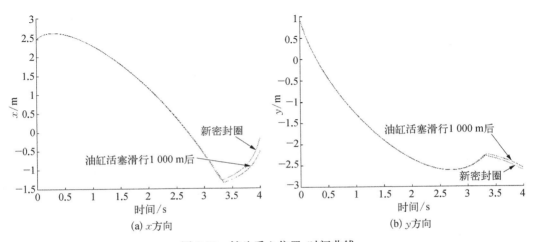

图 8.13 铲斗质心位置-时间曲线

　　另外一个可以考察的问题是：液压缸密封由于磨损导致的泄漏，对于挖掘机能耗具有影响。驱动各个杆件运动，包括支持各个杆件停留在需要位置上的液压缸，其液压油从高压端向低压端的泄漏都会由于密封圈磨损而增加。高压的泄漏就是能量的损失。根据由系统行为方程得到的相关参数计算，对于该挖掘机，由于在动臂、斗杆、铲斗的液压缸密封圈泄漏而导致的功率损失就可以达到 1.56 kW 的量级，约占发动机功率的 0.07%[108]。

　　开发任何一个产品，总是要实现其一定的功能，或者称为目的功能；它们是由目的输入和目的输出产生的。同时要满足约束条件，其中一部分与非目的输入和非目的输出有关。当然首先需要满足的是功能。

　　无论是目的输入、目的输出或者非目的输入、非目的输出，都与行为相关。要达到设计预想的目标，由所设计系统结构决定的行为必须满足相关要求。系统行为方程是所有在设计中赋予系统的知识集成的结果。虽然建立系统行为方程，尤其是全生命周期性能数字样机的工作量很大，这里给出的仅仅是推导系统行为方程中的基础部分。但是一旦建立，对于设计师了解自己所设计的系统，了解所设计的系统是否满足功能需求，是否不违反约束条件，了解所设计系统的竞争力，了解需要取得或者获取什么后设计知识才能够改进设计以提高其竞争力，以及在产品使用时发生了故障，通过运行全生命周期性能数字样机不必到现场解体产品，从故障现象即可以推断故障并为修复制订计划和准备器材，其效率都是任何其他工具所无法比拟的。

第9章 分布式资源环境下的设计知识服务

9.1 分布式设计资源环境思想的产生

1995年底,国家自然科学基金委员会组织一个小组撰写"先进制造技术基础优先领域战略研究报告"[109]。在一年多的准备过程中,参加撰写的人员意识到除体制和经营、管理两个层次的原因,导致目前我国制造业困难的一个重要因素是企业缺乏开发有竞争力产品的能力,因此提出了"产品设计是制造业的灵魂"的口号[110]。后来,寻求解决问题途径的努力变成了产生发起创建网络组织想法的触媒。

经过一个时期酝酿、组织和筹备之后,"现代设计与产品研究开发网络——虚拟异地合作设计组织"在1997年底宣布成立。成立公告见附录2。

公告表明,那时已经看到:"在当前激烈的市场竞争中,特别是十五大以后,大中小各类制造业在机制转变中,会对产品研究开发产生更强烈的要求,而企业现代设计能力不足,则是严酷的现实"。

二十年过去了,这个严酷的现实并没有很大变化。中国的确有了进步,但是世界上其他国家也在进步,如果发展中国家不能找到一条适合自己独特的发展道路,其进步速度是难以追赶和超越发达国家的。从李克强2015年6月9日会见出席全球首席执行官委员会第三届圆桌峰会的代表时说的两段话,就可以看出,中国的制造业,在许多核心技术上还不得不依靠别人。他说"我们正在推动中国装备走出去,中国装备虽然性价比高,但核心技术还需要发达国家企业,包括在座的很多制造业企业家。我们一起合作,这样既有性价比优势,又有核心技术保障,能够开拓广大的第三方市场。""在'国际产能合作'的框架下,发展中国家有需求,中国有优势产能,发达国家有先进技术,这是'三方共赢'"[39]。这些话意味着,中国装备走出去,属于自己的得分还是在低价的产能上。而高价的核心技术则是别人的得分。低价的产能,当然包括低价的劳动力、低价的原料和低价的环境代价。

现代设计与产品研究开发网络的成立公告也表明,当时已经看到了解决问题的途径:"因此,依靠信息技术的发展,组织好分布设计知识资源的建设和利用以支持制造业研究开发产品,对于所有在这个领域工作的人,都是一场巨大的机遇和挑战。"公告明确地提出了"分布式设计知识资源环境"这个完整而准确的概念。这里面已经包括了"云"的思想,包括了"互联网＋"的思想,也包括了"服务"的思想。从一年后理事会给各理事单位有关人员的一封公开信(附录3)可以看到,在非常有限的范围和有限的时间中,实践的努力,已经对这个分布式设计知识资源环境有了全面的规划。后续一系列的论述[110-113],都表明对环境的认识变得越来越清晰。

公告还表明,从一开始就已经估计到了困难:"虽然这条道路的前景毋庸置疑,但仍需要有一个艰苦的工作过程,这里面包括一系列观念上的问题、管理上的问题、资金上的问题和技术上的问题有待解决。"事实证明,此后的确是举步维艰的20年,虽然做了很大努力,但是进展甚微。一些学者认为,问题在于始终没有找到一个合适的商业模式。我们则认为未能形成知识服务消费市场才是更根本的原因。没有人消费这种服务,也就没有人会来提供服务,没有人提供服务,当然不可能去消费服务。设计本身是一种竞争,而制造业只有抓住设计来竞争才能够从大变强,这个认识始终没有被广泛接受,结果知识服务的消费市场就难以形成。

9.2 分布式设计资源环境发展中的困难

9.2.1 观念滞后的表现

全面分析造成困难的原因不是本书涉及的范围,但是可以举出一些事实来说明分布式设计知识资源环境这个概念的正确性、必要性以及在推动中遇到的阻力。

本书在此前的8章中,已经阐述了以下一些基本观点:正确设计是创新成功的保证,设计是一个知识流动、集成、竞争和进化的过程,设计竞争在某种程度上是设计知识资源的竞争,是设计资源建设、维护、发展和高效运行的竞争。设计知识资源包括已有知识积累、获取新知识的硬软件设施和能够运用这些知识和设施的有资质的人。

那么再看看这些年我们的制造业在这些方面做过的一些事情。

一直笼罩着制造业解决设计知识资源问题的两个口号是:"引进、消化、吸收、再创新"和"产、学、研"结合。前一条是讲路径,后一条是讲方法。

引进、消化、吸收、再创新的目标是产品,不是知识资源。1865年,李鸿章在给清政府的奏折中写了:"一味从国外求购'坚船利炮'不是办法,……,机器制造一事,为今日御侮之资,自强之本"。于是清政府成立了江南制造总局。虽然已经过去150年,我们很多人的头脑里,还是只有"坚船利炮"。虽然"坚船利炮"可以自己造了,但是"坚船利炮"的技术,还一味从国外求购,并不真想找到一条适合自己解决技术问题的御侮之资、自强之本的道路。

计划经济的思维,其管理引进的办法是立项。因为头脑里只有产品,立项就是为了要得到产品,即"坚船利炮"。产品出来,任务完成。知识资源是否因而得到发展实际上没有全国一盘棋的统一考虑,好像是别人的事。事实上,很少有人研究设计的竞争和知识资源。所谓"再创新",如果不是用竞争取胜作为准则来考察,则什么都可以说成是创新。在计划经济体制下,有了项目就有钱。因为"立项"中并没有将引进的技术作为国家资产向其他企业提供服务的要求,这些技术就变成拿到项目的集团压住其他集团再次向国家要钱的资本。其实,"服务"是对引进的技术是否已经被消化和吸收最有效、最严格的考察,没有这一条,是否真的消化、吸收,糊弄是很容易的,因为项目管理人员自己并不使用这些技术。作者曾经与一位核电技术引进相关企业经理谈论某从奥地利引进的反应堆主冷却泵成套技术,当问起如何解决图纸上标注的材料消化问题时,他不假思索地回答:"照标注的牌号到国外买"。如果一个高端装备技术,其中材料不能找到国产相同品牌或者不能复制,一旦别人对你实施制裁,这个技术就等于没有引进。其实,不能说全部,至少可以说大部分引进技术,其核心技术,即可以作为再前进起跑线的技术,并不会给你。给你的仅仅是能够把这个产品照图纸做出来的部分。如果要用这些部分为其他企业提供服务,就不能以这位经理的那样一句话搪塞过去了。而且引进技术往往还有许多知识产权限制,让你不能用这些未经消化夹生的技术去为别的企业服务。另外,大量本来应该是创新主体的中小微企业因为无力引进,用国家的钱引进的技术又不能为他们服务,他们就只能做"三来一补"的打工仔。创新总是从点上开始,没有广大中小微企业在创新中积累形成深厚的知识积淀,创新就只能是一句口号。还有一个问题,因为没有将引进技术变成知识资源,当经手引进的老设计师退休后,年轻设计师头脑中就一无所有。曾经遇到过一位在船舰动力设计研究所负责滑动轴承技术的设计师,他连流体动压滑动轴承的"预负荷"概念也不知道,而这恰恰是 20 世纪 80 年代引进大型汽轮发电机组成套技术中的热门话题。所以,"引进、消化、吸收、再创新"的口号中,"引进"落实了,"消化""吸收""再创新"都很少落实。一个不争的事实,在汽车行业中,曾经期望以市场换技术,结果大家都知道:市场丢了,技术没有换到。最终还是要靠中国的汽车制造企业自己去开发以形成竞争力。

　　再看"产、学、研"结合。"产、学、研"结合,从方向上讲没有问题,我们国家一贯提倡"理论与实践相结合""教育与生产劳动相结合"。但这两个口号近年来没有人提了,现在有些人追求的是"理论与报奖相结合""教育与论文相结合"。但是计划经济的思维把这个"产、学、研"变成解决某些产品不能制造的"短、平、快"的止渴剂,用项目作为指挥棒来控制"产"、"学"、"研"各方在这条道路上去补充引进技术未能解决的问题,获得一时的经济效益。将产、学、研结合做成解决某些产品制造问题指挥棒的最大问题是损害了科学技术发展中的细分和专业化原则。产品的设计制造本来应该由企业通过自己在竞争中的发展和成长来解决,研究院所则应该集中精力占领关键科学技术高地,高等院校的任务是培养在知识拥有和运用上有竞争力的人才。不遵守这个细分和专业化的原则其结果就会导致知识供给上的严重问题。长此以往,企业不能通过竞争改变自己在知识资源建设、维护、发展和运行上的状态,研究院所忙于复制已经成熟甚至过时的技术,许多产品表面上出来了,但是产品的知识基础空虚,企业不掌握核心技术,关键材料和零部件要依赖进口,而输送到企业里的人由于在学校里没有得到教师精力集中的培养结果竞争力成长缓慢。实际上这样结合的产物,也不见得能够被客观接受。

9.2.2　正确对待知识和知识资源

由本书的分析可以看到,其实社会上的各种竞争都包含着设计的竞争。达尔文的进化论说:物种竞争,优胜劣汰。对于智慧属性起决定作用的现代人来说,优就是优在"设计"。

重视产品不重视设计的根源是见物不见知识,不了解事、物的竞争力在于其中的知识。设计以已有知识为基础定律、设计以新知识获取为中心定律、设计知识的不完整性定律和设计知识的竞争性定律都说明了设计与知识的关系。知识是一个动态的集合,支持它竞争的力量是不断发展的知识资源。第 1 章中曾经说过,很多企业都愿意炫耀他们的加工能力,很少有人向你介绍他们支持设计竞争的知识资源状况,也是认识上这一误区的表现。国有大型企业,其追求和内部运行模式和政府非常相似,设计师的工作由上一级领导用基于产品的调令安排,今天干这个产品,明天就会调你去干那个产品。不管你正在干什么,车间里出了问题,例如,一个螺钉孔打斜了,或者两个零件装不到一起,设计师就要去车间解决。许多大型民营企业也未能脱离这个模式。

在知识资源的诸要素里,有资质的人是第一位重要。不重视和不知道如何重视有资质的人,是因为缺乏对人在知识资源中起什么作用和如何作用的研究,以为花钱把一个人弄来就可以了,如"千人计划"。所谓有资质的人,这个"资质"毫无问题要受到领域范围的限制。在知识爆炸时代,没有人能够对所有领域的知识都精通。那种认为"只要有两只手,没有什么做不到"的观点,是落后的刀耕火种时代的观点,是不懂知识的悲哀。已有知识的积累,特别是深知识的积累已经到了对竞争胜败举足轻重的地步,保证人类在太空中逗留和工作的空间站绝不是在脑子里空想能够设计出来的。即使有了具有竞争力的创意,如果不能运用有竞争力的已有知识积累构建整个解决方案的设想和运行有竞争力的新知识获取资源进行评价认可,创意并不能成为现实的竞争力。同样,在这知识爆炸时代,如果一个人说他什么都懂,干什么都能够竞争取胜,那他就是吹牛。例如,有一位大学里研究转子动力学的教授,因为有钱,就买了一台申克(schenck)动平衡机,因为并没有多少转子需要平衡,也就不可能积累足够操作这台精密设备的经验,实际上一直闲置着。又如该大学某实验室,购置了一套 ANSYS 有限元分析软件,功能强大,并且为之配备了服务器和其他相关的硬件设施。后来发现,一个已经具备数学、物理、计算方法基础的研究生,没有两年时间也不能熟练运用这套软件。由于该软件及其配套设施非常昂贵,一般中小微企业难以承受,而且对于这些企业使用率很低,但是往往又不能不用。例如,在第 5 章中提到过的,曾经设想该公司在销售后要帮助用户解决使用软件中发生的问题,对软件的运用应该是很熟悉的。因而问该公司在中国的销售总监,为什么不用这套软件替没有软件的用户做有限元分析服务,而仅仅是向用户推销软件? 公司如果兼做销售和服务,是否有更大的市场和效益? 回答是做不了服务。就拿用有限元软件做物理场分析,不同场的分析需要不同的物理、数学方面的知识,公司员工不能够同时具备这些知识,就不可能替不同用户做他们所需要的服务。这说明,设计知识资源的竞争,需要细分和专业化。俗话说：隔行如隔山。不是说行业与行业之间，专业与专业之间难以轻易逾越，而是积累另外一个行业或者专业的知识，需要时间，而时间对于竞争常常是决定性的。提倡"大众创业，万众创新"是有条件的，不可能任何人在任何方面都立刻能够创业和创新，这个条件就是要有充分的设计知识服务的支持。

对于个人，已有知识积累是他的资质的重要组成部分。从事设计的团队的积累也十分重要，一个资质不足的人到一个有积累的地方，可以从过去的积累里学习并很快成长。而一个有资质的人到一个没有积累的地方，要靠他积累知识达到有竞争力的程度需要相当长的时间，这个积累就是个人资质与环境的匹配，环境还包括用户群和品牌。发达国家的企业，出于竞争需要，对积累非常重视，他们通常采取许多技术手段，将每一个设计师的每一个操作内容都记录下来。而这种记录、记录的处理和运用，则是企业间竞争力的重要组成部分。参与记录的雇员在离开企业时不允许将这些记录带走和在另一个企业中使用。不过，这种将人与积累强行分离的做法，忽视人的献身精神因素，如果简单实施，会使资质和积累分离甚至对立。高薪聘人和高价买技术一样，并不等于完全解决已有知识积累问题。同样的记录，不同的处理和不同的运用策略，会有不同的结果。

相对有资质的人和已有知识积累，在知识资源的构成中，设施是第二位重要。只要有资金，设施可以购置。当然资金不可能无限，成本也是竞争的一个方面，所以设施的布局和高效运行，也是竞争策略的组成部分。本来从表面上看，计划经济应该能够更科学地实现最小成本的设施布局和高效运行。不过，如果计划制定者对这些问题从来不感兴趣或者根本不知道有这样的问题，只根据主观的想象和从国外道听途说得到的一点印象，用计划经济的方式去搞市场经济是不行的。而且发达国家在发展中已经发现需要顺应技术发展的形势，特别是互联网技术渗透到每一个领域以后，对于知识资源的认识、建设、维护、发展和高效运行，都需要做根本上的改变[41-43]。除第 5 章讲的全尺寸滑动轴承试验台的故事，20 世纪，美国通用汽车公司（General Motors，GM）就先后把原来是自己一部分的电子数据系统公司（EDS）、生产多种汽车零部件的德尔福公司（Delphi）和休斯电子公司（Hughes）分离出去，也从另一个侧面反映了这种趋势。当然，企业的分拆和知识资源的细分和专业化还不是一回事，因为一个企业可以将它内部的知识资源细分为若干专业化的资源单元进行管理，不涉及知识资源的拥有权问题。

设计竞争在某种程度上是设计知识资源的竞争，怎么建设、怎么维护、怎么发展、怎么运行自己的知识资源，是一盘大棋。知识资源要有竞争力，明显需要两个条件：先进性和高效率的运行。怎么能够先进？只有不断地获取新知识和长期积累。怎么能够高效运行？必须拥有者和使用者都能够从知识的运用中得到最大利益。前一条要求资源结构细分和专业化，如果这也想搞那也想搞，或者今天搞这个，明天又去搞那个，就不可能进入先进和有竞争力的行列。看国内外在某一个领域中因为知识水平而知名的单位，哪一个不是在该领域中耕耘 10～20 年或者更长的？后一条则要有一个环境，能够保证一批人或者一批单位愿意坚持在一个细分和专业化领域中献身以提高知识资源竞争力。虽然理想和责任可以要求人们专注于自己的岗位，但是利益总是最终起作用的。做到这一点的关键是要实行市场经济而不是计划经济,是要通过服务让知识的提供者和知识的消费者实现直接联系,而不是由计划制定者通过项目或者调令将一切控制在自己手里。鞋子好不好,只有脚知道。

遵循市场经济规律的服务,说到底就是资源拥有者特别是运行者需要通过竞争获利,通过竞争发展。资源的建设、维护和运行需要资金,投资来自拥有者,所以拥有者非常重要,但是更为重要的是运行者。因为设计知识资源中的已有知识积累和新知识获取设施的高效运行,需要有资质的人其时间和精力的投入,有的甚至需要终身甚至几代人的投入。如果拥有者不是运行者,他想得到投资的回报,就必须为运行者创造一个愿意长期在所投资的资源单元中服务的环境。项目驱动的已有知识积累和新知识获取,因为一个项目通常只有 3~5 年,常常有新知识获取设施的订货还没有抵达,项目已经结题了,项目承担人又忙着去争取别的项目。经常可以看到一些为重大项目购置的设备一直没有人开箱,这是因为项目已经过去,设备对于订货人没有用了。而已有知识积累,因为项目没有具体要求,通常用论文数量和发表刊物的等级(影响因子)作为衡量指标。第 2 章中曾经讨论过,论文对于设计知识的消费者是很困难的,他们要花很多时间去找到论文,再从论文中找到相关内容,用力读懂这些内容,发现问题还找不到人问。写论文的人并不承担提供服务的任务,如果结论无法使用甚至是错误的,论文作者作为学术讨论,对于他也不会造成太大的损失。

总的说来,要实现在设计知识资源的建设、维护、发展和高效运行上竞争取胜,就是要走建设分布式设计知识资源环境的路。根本上说,就是 3 个基本思想:① 设计知识资源运行的细分和专业化;② 基于互联网的、市场化的设计知识服务;③ 资源的拥有者和运行者的利益有合理的分配。这在第 5 章已经有过讨论。遗憾的是"引进、消化、吸收、再创新"和"产、学、研"口号里都没有这 3 个基本思想的影子,因而也不可能让这 3 个思想得以实现。

9.3 分布式设计知识资源环境与互联网

9.3.1 正确认识互联网

这是后来决定要加写的一个内容,因为分布式资源环境在很大程度上是与互联网联系在一起的,也可以说是基于互联网的设计知识服务的环境。在 20 世纪和 21 世纪交替之际,互联网曾经有过一个所谓泡沫破裂的时期,这些泡沫包括对互联网所能够发挥作用的不当期望和商业炒作造成的虚幻甚至是欺诈。于是人们提出了 Web 1.0 和 Web 2.0 的概念以标志互联网应用发展的另一个阶段。有了 Web 2.0,又诱发了一大堆 2.0,如创新 2.0 等。在分析了"引进、消化、吸收、再创新"和"产、学、研"这两个口号与分布式设计知识资源环境思想的不同之后,有必要进一步分析一下这些 2.0 与分布式资源环境中的设计知识服务思想之间的差异,虽然它们都与互联网的应用有关。

　　互联网是什么？互联网是一个迄今为止效率最高的传递信息的手段。信息对于人类,毋庸置疑是十分重要的。人是一个个存在于复杂社会系统中的个体,而在这个系统中,每一个个体靠信息彼此联系而构成大小不同的社会,并在社会中生活和生产。没有人与人之间的信息传递,就没有人类社会,也就没有人类。不过,人与人之间的信息传递,并非从互联网开始。原始人通过发声、动作、语言等实时地传递信息,通过图画、文字、构造特殊环境等非实时地传递信息。古代城墙上的烽火台,就是用火光远距离传递敌人来犯信息的建筑。有线电报、电话的发明,是信息传递手段的一个飞跃,而无线通信技术的发明则是又一个飞跃。不过这些都属于物理连接,而信息传递的另一个要解决的问题就是信息的处理和解释。就拿电话来说,如果一端的人说中文,另一端的人说英文,信息传递就无法实现。事实上问题要比这还要复杂得多,越是海量、复杂、快速的信息传递,处理就越是复杂,计算机的出现为这个问题的解决提供了极为有效的手段。从这个意义上讲,现代信息技术实际上包含两部分内容:信息传送本身和信息处理。现在又发展到处理工作可以在移动的计算机或者叫作移动终端上进行。不同的计算机,不同的由若干计算机终端连接起来组成的局域网,不同的终端,无论是接收方还是发布方即所谓网站之间,都需要遵守一系列约定,才能够实现信息传递,这些约定都是由计算机中的软件来处理的,这就是软件连接。物理连接和软件连接都属于信息技术。由于信息传递对人的生活和生产是如此重要,信息技术得到了飞速发展并得到了极为广泛的应用,甚至许多人将所谓的后工业社会称为信息社会,并认为一切都在信息技术的控制之中,一些非信息技术的技术,因为与信息技术相结合,也被归入信息技术。

　　信息对于每一个人和社会都非常重要,但是信息就是信息。信息不能衣、食、住、行,不能吃、喝、拉、撒、睡。这就是说,信息不能独立地发生作用。它只有与它相匹配的要素结合,才能够发生作用。例如,前面说到的烽火台,当点火发出敌人进攻的信息后,这个"火"并不能阻止进攻,而是要靠已经做好防守准备的将士得到信息后的奋起作战。互联网在不断发展的信息技术支持下把网上所有的点连接起来,它的伟大在于各个点之间能够几乎没有时间、空间和群体的限制相互传递信息,这是人类历史上从来未能做到的。不过这个伟大也只限于传递信息,这些传递来的信息,需要与相关的要素结合,由相关要素在所传递的信息影响(不是支配)下行为,才能够发生作用。需要指出,这不能理解为仅仅是信息的贡献,相关要素行为实际上做了更大甚至是根本的贡献。

　　由互联网连接起来的这些点大致可以分为两类:网站和用户。网站是经营方,谋求的是商业利润,所谓 Web 1.0 的理念,是网站发布信息,用户接受信息,网站通过信息来引导用户行为。而 Web 2.0 的理念则是用户不仅读网站发布的信息,而且也可以写,发布自己的信息。网站甚至只提供一个平台,信息全部或者大部分由用户提供,例如,广为流传的博客(blog)和维基百科就是这样。用户可以通过写来影响其他用户行为。无论怎样,这种变化说到底也是一种吸引用户的竞争,可以写就可以吸引更多的人看,哪一个网站(公司)能够吸引更多用户,就能够获得更多利润。一些人所谓的 Web 2.0 的"人性化"说到底不过是为了吸引用户的眼球。所谓的"创新民主化",说得好,是一个美丽的理想,说得不好,是一种障眼法,无端地把创新中的专业人员和用户对立起来。当然,Web 2.0 作为信息技术发展的一种理念和思想体系升级换代,是无可非议的,在技术上做了非凡的努力和取得了巨大成功。不过仅仅从技术上看发展而不顾社会发展的基本规律,提出的目标被许多嗜好口号的人所利用,变成这些人行销炒作的面具,一时形成了纷繁芜杂的 2.0 现象,其中一个就是所谓的创新 2.0,因为"创新"在当前的发展阶段,是一个特别能够吸引眼球的标签。

从技术上讨论 Web 2.0 不是本书的任务,而创新则一直是我们研究的中心,设计的竞争就是为了创新取胜,因此不得不介入这个争论。有人曾经问:请告诉我们有哪几个创新方法? 提问的这位可能是一位在讲台上照本宣科惯了的老师,传统的教学任务总要给学生念几个"方法"。这几乎是一个无法回答的问题,它是一个伪命题。创新不是方法的问题,是如何竞争取胜的问题。如果有人问:在世界足球锦标赛上拿冠军有几个方法? 大概不会有人能够回答这样的问题。需要指出的一点是:创新民主化不应该引导向专业人员和所谓的"用户"的对立。本书在很多地方都讨论过,创新是人类一个有目的活动,其目的是在竞争中取胜;这个活动包括设计和实施两个部分,设计是为实施规划方案和路径。没有正确的设计,就没有成功的创新。而有竞争力的设计,或者所谓的竞争性设计,总要经过几个阶段:① 产生创意,这个创意包括识别问题的关键难点、从已有知识片段拼接和重组成克服难点的想象;② 构建设想,也就是以创意为中心,由已有知识构建整个解决方案的设想;③ 评价认可,以科学手段获取设想是否能够成立和竞争取胜的新知识并根据新知识决定设想是否能够被接受成为一个交付实施的设计。这些阶段往往要反复进行,通过多个创意和设想之间的竞争而得到一个最佳设计。即使设计很好,实施中仍旧可能发生许多设计中没有正确处理的问题,仍旧可能需要反复。没有这些过程,创新要竞争取胜,那是天方夜谭。鼓吹创新民主化的人,常常把创意和创新混为一谈,并且把这样的人称为创客,并为这个人群描绘出一个创客空间。据说,创客主要是从事电子科技、软件科学和艺术创新实践领域的人群。不过如果用另一种分类方法,也可以将他们归入类似第 1 章中分析前工业社会时期的工匠的人群。工匠工作的特征是集设计与实施于一身,所需要的资源也大都在自己手里。这个人群鼓吹的是个人通信、个人计算、个人制造,宣传他们最重要的特征是掌握了自生产工具。需要承认,虽然此后工业社会时期规模竞争和科学技术发展使得绝大多数工作走向细分和专业化,不过仍旧有一些工作是由个人或者少数人集体进行和完成的,例如,著书总是少数人或者一个人进行和完成的。电子科技上的创新可以由个人或者少数人用现成的元器件根据创意构建出来,不过能够这样创新一项电子科技的人,难道不是细分和专业化的人群吗? 一个不知道芯片和集成电路的人,能够在电子科技上创新吗? 无论如何,元器件的竞争力,不可否认总是要由别人的服务来提供。软件科学和艺术创新具有和写书相似的特点,不过能够在软件科学上创新的人,不是细分和专业化的人群吗? 一个不知道什么是 C++ 的人能够在软件科学上创新吗? 能够写出有水平的著作的人,不是细分和专业化的人群吗? 能够在钢琴演奏上拿到国际大奖的人,不是细分和专业化的人群吗? 当然,在这"信息时代"也经常有人鼓吹某个十几岁小孩一年能够写出几十本书的"奇迹",而且这个小孩立刻就成了明星,拥有了成千上万的"粉丝",发了大财。这可是"信息时代"的一种并不少见的现象！所以将专业人员和用户对立起来的论述只不过是创新民主化口号鼓吹者的一个障眼法,其目的是为根本不是什么创新的事、物贴上创新标签去吸引眼球,捞取不当利益。

创新 2.0 还强调,创客们不以营利为目的,创新的动力是信仰和兴趣,是"玩"。创客就是创新的"玩家",像游戏的玩家一样。创新是为了竞争取胜,本身就是一个竞争过程。如果一伙玩家中的一个人中间不想玩了,其他与他一起玩的人怎么办？知识服务是一个严肃、严格、严谨的工作,这意味着参与创新的人有责任,有回报。盈利是市场经济的基础,没有盈利就没有竞争,就没有市场经济。

可以将分布式资源环境下的设计知识服务和创客空间理念做如表 9.1 所示的一个比较。

表 9.1　分布式资源环境下的设计知识服务和创客空间的对比

分布式资源环境下的知识服务	创 客 空 间
设计是知识和知识资源依赖的	创客做设计只需要有互联网信息
创意是设计的开始,但是不是设计的全部	创意就是设计,创意就是创新
知识服务是有回报、负责任的服务	创客合作由信仰支持共享,不谋盈利
知识服务是细分和专业化团队在规则引导下进行的	设计是创客之间共同兴趣驱动的合作
知识服务是严肃、严格、严谨的,是服务水平和质量的竞争	创新是"玩"

所以,当人类的生活和生产活动对信息传递量、复杂程度和速度要求越来越高,信息技术当然要不断向前发展。但是信息技术的发展不能代替人类使用信息的各种生活和生产活动要素自身的发展,对于创新活动和决定创新成败的设计活动也是一样。设计的竞争在某种程度上是设计知识资源建设、维护、发展和高效运行的竞争,这些竞争不能够用信息技术的发展加以覆盖,虽然其与信息技术的发展密切相关。企图以信息技术的发展代替各个要素自身发展的研究,是一种误导。

此前说过,数据不是信息,信息不是知识,数据变成信息、信息变成知识都需要有一个处理的过程。这个过程有时比较简单,在个人的大脑里就能够完成;有时则十分复杂,需要大量的运算和试验来辅助大脑工作。不管简单还是复杂,如同设计知识不完整性定律告诉人们的,处理得到的知识总有其不完整性。现在大家讲大数据,好像大数据就能够解决一切问题。不讲信息或者知识,仅仅是数据,就有三方面的问题并没有被热炒的人们注意:一是数据从哪里来？数据的来源是否有代表性？没有数据当然弄不成大数据,但是得到数据并不是容易的事,何况要有海量的数据。大数据技术目前的发展还只在有限的领域中,主要集中在操作过程已经能够以数据形式在计算机上记录下来的行业,如流通行业。人们购买火车票,计算机出票时购票的数据当时就被记录下来并传递到铁路运营商的数据库里。不过在另外一些行业中则不是这个情况,例如,装备制造业,每一台出厂的装备,要知道它的运行情况信息,首先要在设计中为它安装各种各样的传感器,然后这些由传感器采集的数据要送到互联网上并由被授权单位(无论是整机制造商、零部件供应商还是装备拥有者)接受和处理。这件事的困难在于这些都需要增加成本,在价格竞争(而不是创新竞争)压力下的各方对此并不都很感兴趣,虽然这些数据对于环境、资源利用、技术进步和国家经济发展有决定性影响,目前还很难有这些数据。二是有了数据,要分析和确认数据的合理性、代表性和适用范围是很复杂的问题。用一批不合理的数据、没有代表性的数据,处理产生错误的信息作为知识来误导人们的行为,不管是政治上的恶意还是为了商业利益,难道不正是当前信息泛滥造成的社会问题吗?如癌症,有人从若干病例给出不治疗更好的结论,又有人从另外的病例给出某种中医方法治疗有效的结论,这些信息能不能采信,就是癌症患者需要面对的问题。三是大数据的处理技术。数据挖掘或者数据学习是一个存在多年的领域,现在有了前所未有的数据处理和运算能力,从一批数据中得到其中含有的信息并不是什么难事[45,46]。困难在于如何能够从这些信息中得到所需要的设计知识。

9.3.2　分布式设计知识资源环境

已经讲过,没有正确的设计,就没有成功的创新。创新的竞争主要是设计的竞争,而设计的竞争在某种程度上可以说是设计知识资源建设、维护、发展和高效运行的竞争。

9.2.2节总结了分布式设计知识资源环境中的设计知识服务,其基本思想有三条:一是将资源的运行细分和专业化;二是要求知识资源遵循市场经济规律在互联网上提供设计服务;三是资源的拥有者和运行者的利益有合理的分配。这里说的是运行,并不是说产权。这种细分和专业化的资源,称为资源单元,如果这个资源单元是对外服务的,也称为设计知识服务资源单元或者简称服务单元。

分布式设计知识资源环境的结构如图9.1所示,是由一大批或者可以说是无数的服务单元构成的,这些服务单元由互联网联系在一起并提供服务和消费服务。服务单元既可以提供服务又可能消费服务,是分布式资源环境中一个重要的概念,是细分和专业化的必然的结果。这就是说,任何人都不必包打天下,只需要在自己细分的专业领域里用高水平和高质量的服务竞争取胜。

设计知识服务单元对于物质产品而言,基本上可以有以下四大类型。

第一大类称为行业系统集成知识服务单元。通常的说法就是产品设计服务单元,"行业"这个修饰词说的是与行业相关但又相对独立的产品,"系统"则说明产品比较大,是由若干较小的产品集成而成的,其知识服务的特征是将若干较小产品的知识集集成为更大、更完整的、在某个行业中有竞争力的产品知识集。不同行业有各自的产品市场、用户群体、生产设备、上下游(原料、零部件、成套装备)链接等,这些都是已有知识积累的组成部分和新知识获取资源的聚焦方向。在一个很长时期中,我们曾仿照前苏联体制,许多产业部门都有设计研发机构,而工厂只承担按照设计生产产品的任务。这些设计研发机构当然是按照行业设置的,不过当时没有市场经济的概念,没有服务的概念,是以计划中的任务联系设计单位和只承担实施的工厂,与这里的行业系统集成知识服务单元没有共同之处。后来因为"设计研发"生产不出产品,不产生价值,又将这些设计单位或者调整到工

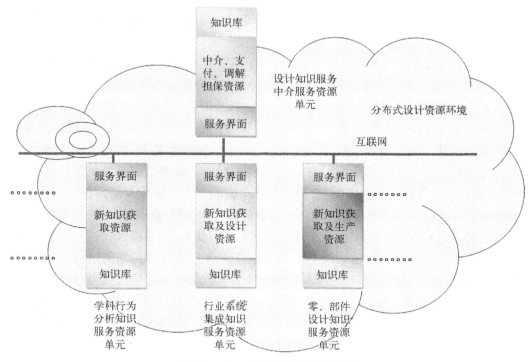

图 9.1　分布式资源环境的结构图

厂,成为根本没有设计竞争一说的工厂的一部分,或者让这些机构自己添置生产设备生产产品,也变成没有设计竞争一说的产品生产工厂,再或者干脆解散。这个过程使得原来很少但是十分宝贵的已有知识积累中断和知识资源流失,不能不说也是对设计和知识的错误认识导致错误政策的结果。

　　第二大类称为零部件设计知识服务单元。零部件也是产品,甚至也是非常复杂的系统集成,不过通常指相对较小的系统。虽然有些零部件集中在某个行业中使用,但是并不排除可以在其他行业的产品上使用。零部件的特征与其说是与行业相关,不如说是与它能够满足的功能需求相关,第 7 章建议的功能单元知识表达引导规则,就是基于这一认识形成的。许多零部件都被称为通用件。一个采用此前未曾用过的知识以满足现在不能满足需求的创意,往往是采用了另一个行业的零部件(已有知识碎片)。而围绕创意构建设想,更经常采用许多不同行业的零部件。本书在第 7 章里用很大篇幅介绍如何由功能需求去搜索可用于集成的功能单元知识和如何进行功能知识集成,就可以看出这一思想的重要。零部件设计知识服务的另一个特征是,虽然设计知识服务着眼于提供还不存在的零部件设计,不过新的设计往往并不需要做很大更改,较多情况下属于继承性设计。由于零部件实体是零部件知识集的载体,零部件设计知识服务单元经常就是零部件供应商,很容易从他们那里得到现成的或者稍加变化就可以采用的零部件。这种零部件设计知识服务对于所谓创客们的创新也非常重要,他们之所以认为能够个人制造,个人创新,是因为他们能够从各行各业零部件供应商那里得到他们所需要的零部件实体,他们只要将这些零部件围绕他们的想象拼接起来,就可以产生创意。问题在于拼接起来的创意还不是设计。

第三大类称为学科行为分析知识服务单元。这类单元的任务是支持设计中的评价认可,为行业系统集成知识服务单元和零部件设计知识服务单元提供他们的创意、设想在给定条件下行为的新知识。包括设计在实施过程中行为的新知识和设计得到实施成为产品在用户手里使用时行为的新知识。因为新知识获取是对已经存在事、物客观规律的探索,其特征是与设计不同的非主观性,所处理的是设想的知识集,是客观存在的事、物。行为分析的知识服务既不是按照行业,也不是按照零部件划分,而是按照行为的学科划分。此前说过,新知识获取是资源依赖的,而资源不是一朝一夕能够形成并可信赖地运行的,更需要细分和专业化。新知识获取常用的方法是仿真,针对满足物质需求、精神需求和社会需求的不同,有数字仿真、物理仿真和社会调查。所谓仿真,就是设计构建的设想并不是一个真实存在的实体,而是一个知识集。行为分析是按照设计所规划的结构建立系统模型,在仿照设计所设定的环境下进行。系统模型的参数来自请求学科行为分析服务的消费方,仿真的其他条件则往往是消费方和提供方共同决定,所以服务过程中有大量信息交流。数字仿真、物理试验和社会调查所需要的软、硬件设施完全不同,不过因为是在同一个学科领域内,知识积累和对人的资质要求有大量共同之处,所以数字仿真、物理试验和社会调查也可以同处在一个服务单元里。

第四大类称为设计知识服务中介服务单元。分布式设计知识资源环境虽然是一种提高设计竞争力的理想,但是实现起来十分复杂,并不是如做信息技术的人所想象的那样容易。当大部分服务都已经细分和专业化以后,中介服务是不可或缺的。首先,需要有一个平台,或者叫作网站,做信息交换的工作。如本书此前各章介绍的,设计是一个知识流动、集成、竞争和进化的过程,信息中可以含有知识,但不必然是知识,使信息中的知识能够得到确认,有一部分工作需要中介平台来做。在鱼龙混杂的网站中,怎么发布设计知识服务的提供信息和消费信息,并使服务方提供的服务成为能够准确运用的知识,就是平台的任务。如在第 7 章中所讨论的,平台要推动和监督功能单元知识表达引导规则的执行。另外,服务的担保、支付、调解、法律援助、服务咨询也是平台不可或缺的任务。不过,平台最复杂的任务还在于支持服务消费方和服务提供方的连接。这里讲的不是物理连接,而是软件连接。无论哪一种服务,都离不开计算机,都离不开计算机软件。各种不同标准、不同类型、不同时期、不同用途、不同的设施上的软件,怎么能够连接在一起工作,是一个不易解决的问题。一般有两种办法:一是制定标准,让所有的软件都统一到一个标准上来,对于一个行业做到这一点也许不难,要让所有设计涉及的知识资源,特别是满足物质需求、精神需求和社会需求的同一化设计知识资源,这种统一几乎是不可能的工程;二是开发专门用于某一类或者某一种连接的组件。曾经研究过群件的概念[114],不过后来的经验表明,单独开发的组件也许更适合分布式资源环境中服务的连接,这些组件可以是需要什么开发什么,以逐步解决的方式处理。这种方式更适合市场经济解决问题的思路,特别是对于量大面广、规模很小的服务提供方或者服务消费方，所以有可能成为主要的方式。这些企业没有解决这类问题的能力，开发或者组织开发连接组件的任务，应该属于服务平台。开发了的组件，可以放在平台上，由需要者有偿或者无偿调用。

9.4 分布式设计知识资源环境下设计知识服务实例

通过互联网进行协同设计，并不是很新鲜的事，不过按照细分、专业化原则以知识服务形式组织设计，是一个与协同设计不同的思想，还需要做很多开拓性的探索。以下给出一些曾经探索过的实例。

1. 膨胀机的电磁悬浮设计

涡轮膨胀机是目前空分行业采用将空气、天然气等液化，利用不同成分液化温度的不同，分离出液氧、液氮或其他有用成分的设备。涡轮膨胀机的转子要达到 30 000～40 000 r/min，传统上用滑动轴承支承。滑动轴承的功耗大、辅助系统（润滑油的循环、冷却、存储系统等）体积大（超过膨胀机本身数倍）和润滑油泄漏要污染工质、环境，因而，国际上有了开发电磁悬浮膨胀机的尝试。中国某空分设备厂（TEC）产生了用自己一个型号的膨胀机参加竞争的创意。

从 1998～2001 年现代设计与制造网上合作研究中心（ICCDM）的网站在国家自然科学基金一个重大项目支持下，按照统一描述、发现和集成（universal description discovery and integration，UDDI）协议建立了知识服务提供方和知识服务消费方之间相互发现服务和消费需求的结构化注册中心。图 9.2 是一个曾经使用过的设计知识服务单元注册表的首页。

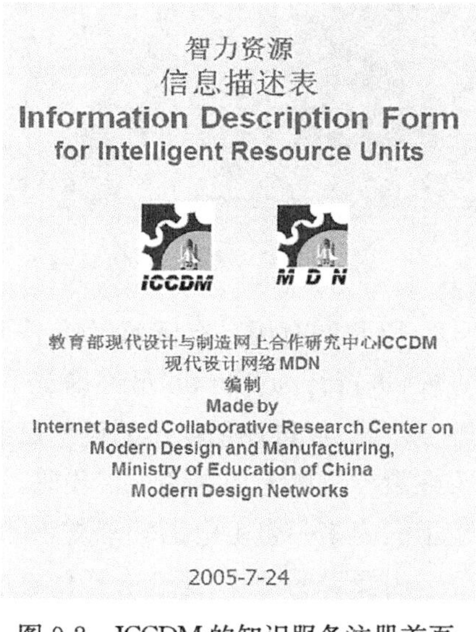
智力资源
信息描述表
Information Description Form
for Intelligent Resource Units
ICCDM
M D N
教育部现代设计与制造网上合作研究中心ICCDM
现代设计网络MDN
编制
Made by
Internet based Collaborative Research Center on
Modern Design and Manufacturing,
Ministry of Education of China
Modern Design Networks
2005-7-24

图 9.2 ICCDM 的知识服务注册首页

TEC 在 ICCDM 的网站上找到当时在电磁悬浮技术上已经有相当研究基础的西安交通大学润滑理论及轴承研究所（TLB）等国内外 7 个单位，代号为 $A\sim M$。同时找到西安交通大学先进制造实验室（AML）在 ICCDM 上提供对知识服务供应商进行评估的服务，TEC 在请求 AMT 的服务以后，在 $A\sim M$ 中选择了 TLB 承担该膨胀机电磁轴承系统的知识集成服务。这是一个尽可能利用各方面优势相互服务的合作设计项目，TEC 首先用自有资源对膨胀机的通流系统进行设计，提出对轴承的性能需求和约束。TLB 用自有资源根据 TEC 提出的需求进行电磁轴承系统设计，包括功能集成、行为集成和结构集成。概念层上要集成电磁铁、传感器、控制器和导线等功能单元，系统层上由于转子变得细长而需要避开临界转速，组装层上电磁铁要解决与转子的配合,与机箱的配合,传感器的安置等,都是先由 TLB 构建设想并利用有关方面资源提供的服务解决疑难问题。例如,与 TEC 协调后的机箱是一个铸件,需要可铸造性的评估,借助 ICCDM 的注册中心和 AMT 的服务,确定由清华大学材料成型制造技术研究所(MPT)用他们的凝固过程数字仿真资源对设想中铸件的图纸进行评价,找出可能发生的疵病并提出优化建议,图 9.3 是仿真的一个中间页的显示。

对于机加工零件,如图 9.4 所示,都经由在 ICCDM 注册中心结合 AMT 服务商评估系统上找到的华中科技大学工业工程和制造系统工程系(IME),对设想中机加工零件的图纸进行可加工性评价并在认可后生成数控加工代码。由于电磁轴承的装配非常复杂,同样找到华中科技大学的 CAD 支撑软件工程研究中心(NER),做了可装配性评价并提出建议。图 4.3 是装配过程仿真的一个中间显示。

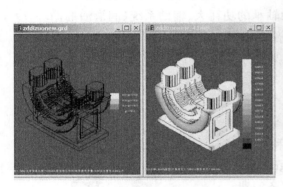

图 9.3　凝固过程仿真显示　　　　图 9.4　零件可加工性评价后生成数控代码

TLB 同时用自有资源对转子-电磁轴承系统的动力学特性和稳定性建立了系统行为方程,进行行为评价,并最终确定了所有的结构参数。

至此,经过评估认可的设想已经成为可实施的设计,在评价过程中零部件也都已经有了在数控机床上加工的加工代码,加工装配完成后,经过试运行,性能达到了设计要求,产生了国内第一台由电磁轴承支承的膨胀机样机。

需要说明的是,所有合作信息的传递,都是通过互联网,也就是说,使用了互联网的物理连接。不过当时并没有充分的组件来实现各个计算机之间高水平的软件连接,有一部分信息传递还是采用比较低级的工具,如电子邮件等。这里讨论的是分布式设计知识资源环境和设计知识服务,而不是信息技术。

2. 远程物理仿真——物理模型试验服务。

TLB 有一些试验服务的资源,例如,30 000 r/min 转速、50 mm 轴颈的转子轴承系统动力学试验台,1 000 r/min 转速、200 mm 轴径、400 kg 载荷的单个轴承静动性能试验台,以及相关的数据采集和分析能力。这类试验台国内当时还是很少有的,经常有单位派人远程到 TLB 来用它们为自己的轴承产品做试验。ICCDM 与 TLB 合作将它们和互联网组成可以远程服务的系统,并在 ICCDM 注册中心上发布。服务消费方可以将产品试样(不是在互联网上)送到 TLB 或者将图纸(在互联网上)传递到 TLB 委托加工试样,试验中,消费方可以在自己的终端上看到试验现场摄像头摄取到的场景,听到试验运行中的声响,看到所有测量参数的变化,并能够在自己的终端上用键盘和鼠标设定和控制运行参数。这相当于消费方通过互联网消费异地的新知识获取资源做自己的设计的物理模型试验。图 4.13 是在远程终端上能够看到的界面。

试验结束后,TLB 会利用自己的资源为消费方做出产品试样的试验数据分析和性能评价,包括修改设计的建议和其他延伸服务。

3. 远程健康状况监测服务

TLB 还开发了一种可以安装在消费方指定产品上,将产品运行时润滑油中磨损颗粒量变化的数据传递到消费方和 TLB,在线、实时获取该产品的运行健康状况信息的技术,这在第 3 章中已经介绍过。磨损是机械系统结构不可恢复变化的主要形式,其结果导致运动保证功能衰退,所以从磨损颗粒量的变化信息可以早期发现很多种故障的发生和发展。从 20 世纪 70 年代发展起来的检测油液中磨损颗粒的铁谱技术是一种离线检测技术,需要从停止运行的设备中人工取出油样并送到提供服务的实验室中的离线铁谱仪上观察分析。有许多公司都在提供这种服务。

TLB 开发的在线可视铁谱技术可以利用互联网传递数据而做到无人值守。图 9.5 就是在一个企业的车桥试验台上工作的在线可视铁谱仪(图右侧白色仪器)。将仪器连接在设备润滑油循环系统中,能够不断检测磨损颗粒量并上传到用户和 TLB 供运行人员和设备健康监测人员随时了解设备的健康状况,从而实现了基于互联网的远程、实时、无人值守的设备健康监测知识服务。图 9.6 是对一台汽车发动机损坏前 180 多小时试验的在线可视铁谱仪监测读数变化曲线,从中可以看到换油、加油以及损坏前磨损颗粒量变化的梯度。

图 9.5　监测中的在线铁谱仪图

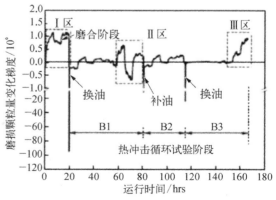

图 9.6　在线铁谱仪给出的磨损颗粒量曲线

上海交通大学现代设计研究所(MDI)还开发了一种安装在发动机连杆上的活塞环组——缸套摩擦力在线检测系统,详细情况已经在第 3 章中进行了介绍。用户在任何地方只要将传感器装在一台发动机的连杆上,MDI 就可以通过互联网在 MDI 的实验室里为消费方提供远程低摩擦设计效果评估的新知识获取服务。

4. 远程数字仿真服务

TLB 用自己的资源做了一些与学科行为分析相关的服务。图 9.7 是 2004 年上网的一个应用程序在用户终端上显示的首页。这个计算程序是 TLB 多年开发和改进的结晶。流体动压滑动轴承是一种结构多样的系统,一个微小结构参数变化都会改变它的性能,这些性能包括轴承温度、润滑油流量、油膜是否会破坏而导致磨损、摩擦功耗大小等,特别是轴颈运动时形成的油膜,具有的特殊动力学特性。这个特性可以用 4 个刚度系数和 4 个阻尼系数表达,这 8 个动力特性系数与支承在这层油膜上高速旋转的转子系统的质量、刚度、阻尼耦合在一起会具有不同的动力学性质,甚至会激励巨大的振动而酿成严重的事故。日本海南电厂就曾经因为这个事故一次毁损了两台当时最大的 60 万千瓦汽轮发电机组。从图 9.7 的这个首页上,可以看到服务方提供的"服务名称"、"专业领域"、"服务功能"简介、请求服务的"入口网址"、"一次服务完成周期"、"报价信息"、"付款方式"、显示服务成绩的"典型案例信息"介绍,特别是还提供了一个"服务演示程序"。这些是服务提供方向消费方提供的关于服务的信息,需要用规范化的方式表达,不能像电商在网上卖裤子那样用炫耀的词汇和诱人的图片来介绍自己的服务。

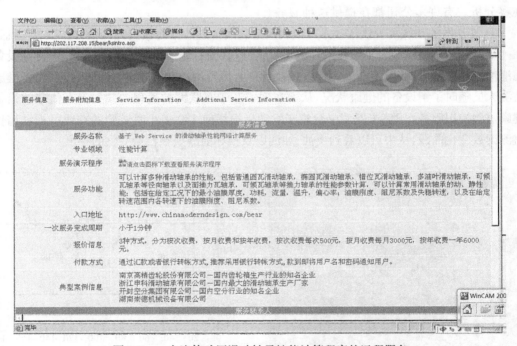

图 9.7　一个流体动压滑动轴承性能计算程序的远程服务

5. 功能设计、结构设计与行为分析相结合的服务

TLB 还用自己的资源开发了一个在功能知识初步集成后,能够提供转子系统功能知识后续集成、结构知识集成和行为知识集成的一揽子服务。以转轴为中心的转子是在设

计中经常要遇到的系统,它一方面可以实现支承功能,支承各种各样的旋转零部件,另一方面可以实现将旋转的机械能从一处传递到另一处的转变功能,也可以利用其旋转惯性实现机械能的存储功能和由离心力实现的激励功能。图 9.8 是这个应用程序在用户终端上显示的一个页面。它的功能是将功能知识后续集成、结构知识集成和学科行为分析集成在一起的服务。当提供方和消费方已经达成服务协议并开始服务时,在消费方终端上显示一个与图 9.8 类似的页面,不过中间是空白的。设计师此时可以根据功能知识初步集成的结果从左到右逐步添加轴段,从应用程序的知识库里选择要在这个轴段上安装的通用零部件,例如,滚动轴承、滑动轴承、各种齿轮、叶轮、圆盘等,也可以将在另一个应用程序里设计好要装在这个轴段上的零部件的图形复制到这个轴段上,并确定这个轴段的直径和长度,然后布置下一个轴段。这样,整个轴和轴上安装的零部件在图上的组装就完成了,也就是说这个转子的设想已经构建成功。在选择轴段和上面的零部件时,程序已经将它们的质量、转动惯量、刚度、阻尼等参数在后台计算完毕。设计师此时只要点击一个按钮,程序就可以进行动力学行为分析,将这个转子系统的临界转速、各阶振型都计算和显示出来。如果设计师发现,临界转速或者振型不合适,则可以在图上改变轴段的布置、轴段上零部件的大小、位置、型号等,得到新的临界转速和振型,直至满意。然后,所有过程和最终结果都可以在消费方的终端上下载和打印出来。这个过程在传统上,通常要经过若干个分离的阶段用不同的程序完成。例如,先要制作一个草图,安排各个零部件的位置。然后要将各个零部件的质量、转动惯量、刚度、阻尼等查找或者用相关的程序计算出

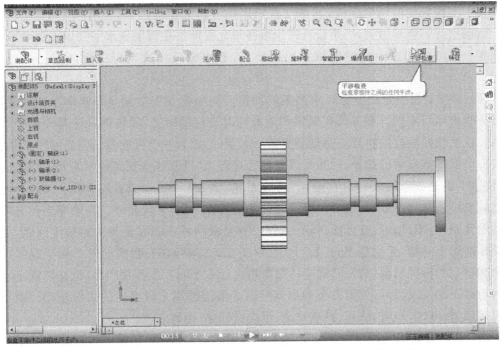

图 9.8　转子系统的功能设计、结构设计和行为分析评价服务的联合

来。例如,如果有流体动压滑动轴承,那么其8个刚度、阻尼系数就要专门计算。然后,要将这些参数输入到动力学分析程序中,才能够看到如此布置的转子的临界转速和振型是否符合要求。如果不能满足要求,就要对原来的结构做一些改变,那么上述步骤就要重复一次。进一步扩展开发这个程序的基本思想,还可以将其与互联网连接,通过互联网消费其他方面的设计知识服务实现更多的服务。遗憾的是,这个程序在开发后,始终没有投入服务。

9.5 设计知识服务生存和发展的条件

从上面的介绍中可以看到,虽然早在1995年已经看到,我国制造业困难的一个重要因素是企业缺乏开发有竞争力产品的能力,看到了设计对知识的依赖。由此产生发起创建一个网络组织,在分布式资源环境中提供知识服务的想法,并于1997年成立了"现代设计与产品研究开发网络——虚拟异地合作设计组织"。虽然此后做了大量工作来推动这个事业,不可谓之不努力,不过成效甚微。然而在这20多年的披荆斩棘中,也积累了许多经验、教训,可以作为今后进一步规划这个工作的已有知识积累。

首先,一个从事设计知识服务单元的生存和发展,需要有以下条件。

(1) 提供服务的知识必须是最先进的,而且要能够保持其先进性。这个条件讲的是服务提供知识的水平,这不难理解。因为服务方要集成各方面提供的服务去参与竞争,不要说其中不能有任何伪劣虚假,就是已有知识或者新知识的提供,也有水平上巨大的悬殊。然而这并不容易做到,一个设计知识服务单元要能够在提供高水平知识上竞争取胜,必须在一个细分和专业化的领域中长期耕耘,不能今天在这里打一枪,明天到那里放一炮。

(2) 必须有高质量的服务以求高额的回报。高质量首先必须是高效率。此前说过,做服务和做项目不同。服务具有提供和消费同时进行的特征,通俗的说法是要能够即插即用。这个快速响应的特征正是创新竞争所需要的,因为一个可能参与创新竞争的机会,或者一个好的难点解的想象,往往稍纵即逝。这时,如果能够得到高效率的知识服务的帮助,使这个机会或者想象进一步具体化和完整化,那么这个机会或者想象就会被认可而得到继续发展的支持,如风险投资。反之则往往被丢在一边,无疾而终。高效率当然是要充分利用互联网,不过如第6章所讨论的,仅仅有互联网并不能完全解决高效率问题,更不要说是高质量问题,无论是Web 1.0还是Web 2.0。怎样在互联网上发布和寻找所需要的功能单元的种种问题,与发布和寻找服务没有什么不同。服务是产品,也是以满足功能需求为首要的搜索目标,如何发布和如何搜索必须遵循第7章提出的引导规则。高质量还包括热情、诚信、透明、认真、科学严谨、承担责任等,不再多说。

(3) 必须有高额的回报以驱动资源的拥有者和运行者,极力保持知识的高水平和服务的高质量。世界上没有免费的午餐,任何服务要生存和发展,无论是对于资源拥有者或者是运行者,都必须有高额回报,尤其是高水平和高质量的服务。对于资源的拥有者,建设、维护、更新、发展资源,包括维持一个高素质的运行人员团队,都需要资金投入,没有高额利润,不会有很多人将它作为慈善事业来做。作为运行者,面对用户,他们是快速、热情、诚信、透明、认真、科学严谨、承担责任的主体,没有高额回报,这样的个人或者团队也是难以想象的。不过对于互联网上即插即用的服务消费方,高价服务是不可接受的,这个矛盾可以通过下面要讨论的途径解决。

(4) 必须有充分的服务请求,并且能够同时为多个消费方服务,以实现在总和上的高额回报和单项上的低收费服务。

互联网上的知识服务,其优势是简易和快速响应。这个优势只有存在大量知识服务需求时才能够显示。过去 20 多年推动分布式资源环境中知识服务工作所处的窘境,主要就是来自需求不足。今后在“大众创业,万众创新”口号号召下,形势可望有所改变。不过如下面将要分析的那样,情况并不乐观。设计知识服务需要高回报和只能是低收费的矛盾,需要靠大量而快速的服务解决。在细分和专业化前提下,一个服务可以对应多个消费,也就是所谓的一对多。每一次服务的低收费和大量类同服务产生的高回报是解决这个问题的唯一途径。知识服务有不同深度,虽然都要求高水平和高质量,而量大面广的则是需要立即提供的服务。对于一个在其细分和专业化领域中长期耕耘的服务提供方,只要做很少的工作就可以为消费方解疑释惑,处理掉多数领域外的创业、创新的消费方不能解决的问题。一个经常被提出的问题是,知识和知识资源来之不易,怎么能够低收费? 设计知识服务是提供一个问题的答案,并不提供产生答案的手段。图 9.7 的服务,当消费方给出某轴承的参数集之后,就可以得到对应该参数集的轴承静态和动态特性参数的量值。消费方如果想知道对应另外一组参数集的轴承的静态和动态特性,就必须再请求服务,而不能由前一次的服务得到后面的答案。

于是就出现了另一种竞争,如果同一个领域有多个服务单元,消费方将在他们之间进行选择,取其优者,结果形成多对一的局面。于是服务水平和质量高而收费低的服务提供方,能够得到越来越多的服务请求,从而得到越来越多的服务收入,实现高回报。而那些不能得到很多服务请求的服务单元则因为难以生存、发展而消失。市场竞争法则将推动知识资源的拥有者和运行者在细分和专业化的领域中不断对自己的业务精益求精,一扫靠关系拿到大项目就吃穿不愁、不求上进的歪风邪气。

然而这样的局面至今并没有形成。

9.5.1　知识服务消费不足的问题

一个问题是谁是消费者? 仅就物质产品来说,物质产品的生产企业应该是创新的主体。不过如此前已经反复讨论过的,各行各业的国有大型企业都忙着引进,基本上没有创新的空间和动力。中小微企业以及个人,只能依附于国有大型企业,当然就更没有创新的空间。

自从国家将创新作为国策,创新越来越受到重视。教育部现代设计与制造网上合作研究中心(上海)与上海迪耐工业产品设计有限公司曾经在 MDI 主持下合作进行过一个上市公司产品设计与技术创新能力评价研究,根据他们设计的创新能力指数对 30 个上市公司的创新能力做了评价。图 9.9 是 12 个内燃机行业上市公司在 2009 年～2011 年 3 年中的创新能力指数,图 9.10 是 18 个工程机械行业上市公司在 2009 年～2011 年 3 年中的创新能力指数。

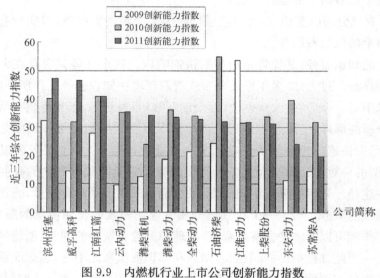

图 9.9　内燃机行业上市公司创新能力指数

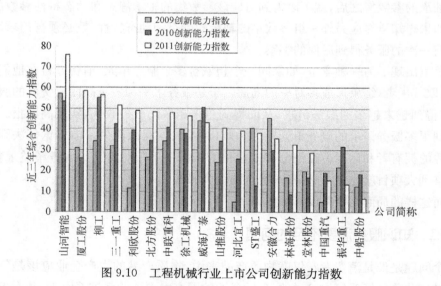

图 9.10　工程机械行业上市公司创新能力指数

可惜这项研究没有能够继续,原因是找不到经费支持。这个创新能力指数综合了以拥有与运用知识为核心的技术积累(2005 年至被评价年)、当年投入、当年产出和价值实现 4 个方面的若干细分指标,数据来自上市公司公布的报表。除以上两图,研究还发表了大量创新能力指数与其他方面数据的比较,由于篇幅限制,不能一一列举。

总的说来,从这些数据的比较中还看不出创新对这些企业的发展有什么规律性影响,这一方面可能由于所设计的指标和使用的数据存在问题,不能反映真实情况,但是也可以理解为在这些企业中并不存在能够产生明显影响的真正意义上的创新。其实,仅仅有创新的号召而没有解决实际问题的政策,这些问题,例如,经费分配、知识产权、资源使用等实际问题,特别是长期追求眼前和表面上成就、拒绝没有"颜值"的夯实基础的工作所导致的观念意识,从根本上讲就是见物不见知识、唯权利不唯科学。宁可成套技术引进,尽快照猫画虎把东西做出来,也不愿意自己承担风险来集成知识,通过创新竞争取胜。即使近来提倡的大众创业、万众创新,也透析出深层次见物不见知识的意识。如此前所分析的,以 Web 2.0 和创客作为模板的一些口号,存在两个基本误区:一是认为个人或者少数人凭兴趣和个人才智就能够创新成功;二是认为创新就是做出东西来,有东西就是成绩,而不考虑知识的流动、集成、竞争和进化。在这种形势下,知识服务市场的发展当然不容乐观。

在互"联网＋"口号的激励下,在互联网上发布与知识有关的需求也渐渐多了起来,除推销产品,发布与知识有关服务的却不多。不过可以看到,这些需求发布大多是项目招包信息,与过去各种形式的官、产、学、研对接活动没有什么明显不同,不过是将发布在纸质上的信息或者在会议桌上谈论的问题搬到网上而已。另外一些则是此前分析过的一种通过众包途径求解的模式,把问题放到网上,姜太公钓鱼,愿者上钩。这些口头上的创客空间,发布信息的人不等于寻求知识服务的人,发布者自己并不消费正在寻求的服务,并不会自己去集成寻求到的知识,不过是做个中介而已。应招者是什么人? 资质是否经过论证? 在缺乏认真的知识服务的环境中,难以支持竞争性设计,这里不再多说。

9.5.2　知识服务提供不足的问题

接下来的问题是谁是服务的提供者? 其实只要有服务提供,就会有更多的服务消费,因为在细分和专业化前提下,服务提供者往往自己也需要消费服务,图 5.6 已经说明了这个问题。能够提供知识服务的当然是知识资源的拥有者,包括已有知识资源和新知识获取资源。这方面首先会想到的是大型国有企业,对于物质产品而言,就是大型装备制造企业和研究院、研究所,他们是最大的知识资源拥有者集群。其次,应该是有一方面特色知识资源的中小微企业。不过由于见物不见知识、唯权利不唯科学意识的统治,有资源而不愿意经营资源,宁可拿产品到市场上死拼,也不愿意经营自己的知识资源从事知识服务,以致许多研究院、研究所逐渐演变成了产品企业,这在第 5 章中已经有详细论述。然后就是学校,本来这是一个很有希望的设计知识服务群体,学校的专业本来就是细分和专业化的,在校学生通过做知识服务达到实践锻炼是一举两得的事。他们背后有该专业长期积累下来的已有知识的支持,有细分和专业化的老师的指导,有为培养专业人才而建设并运行良好的新知识获取资源可以利用。不过同样受见物不见知识、唯权利不唯科学意识的控制,学校要出东西,教师要拿大项目,学生被安排为教师的大项目服务,今天在这里打一枪,明天到那里放一炮的现象屡见不鲜。最后就是有一方面专长的自由职业者。在计划经济的社会中,是没有自由职业这一说法的,虽然最近的政策逐渐偏向于鼓励类似群体的成长,不断宣传创客就是其中的表现。不过如果前面几个方面的状况不改变,等待自由职业者能够发展成为知识服务的主体,是没有希望的。

分布式资源环境中的设计知识服务生存和发展的困难,还有一个原因。产学研、创客、众包等这些观念都是有来头的。虽然国外是怎么做的,做到什么程度并不一定清楚,有来头总比较容易被接受。而分布式资源环境中的设计知识服务,却没有现成的样板可以模仿。由于设计知识服务是严肃、严格、严谨的,在缺乏十分成熟把握的理论和技术研究以前,其不容易被接受也是可以理解的。这一点在现代设计与产品研究开发网络成立之初,其实就已经有所估计。所以当前要做和能够做的,除继续宣传,就是要坚持在实践基础上遵循设计基本、共同规律,包括设计科学的四个基本定律,对这样一个新生事物不断进行认真、深入的研究,为这样一个过去尚不存在的事、物规划好它应该具有的面貌和实施路径。

第 10 章　设计科学与设计师的培养

10.1　设计师是一个什么样的群体

10.1.1　设计界

第 1 章中曾经提到过,常常有一种说法:"我们设计界"如何,如何。说这类话的人大多是从事与艺术相关产品的设计,他们的工作室常常挂着设计公司、设计屋、设计学校的牌子。不过在其他许多行业,例如,制造业的企业里,有大量专门做设计工作的人,有设计师的职称,甚至是总设计师。我们的政府部门,许多人在做顶层设计、政策设计、机构设计等,虽然他们的职称中没有设计的字样,但是他们做的的的确确是关乎国家兴盛、人民福祉的非常重要的设计工作。而各种文学、科技著作的作者,他们的工作也都是从设计开始。在这些领域中,却从来没有听到过"我们设计界"这种说法。此前说过,2011 年教育部将学科分类做了一个调整,设立了第 13 个门类——艺术门类(原来只有 12 个门类),艺术门类里包括 5 个一级学科:艺术学理论(1301)、音乐与舞蹈学(1302)、戏剧与影视学(1303)、美术学(1304)和设计学(1305)。虽然在设计学后面加注"可授艺术学、工学学位"的字样,不免仍然使人感到有点奇怪。这里的设计学已经是一级学科,如果是授艺术门类的学位,不知道是授音乐与舞蹈学还是美术学的学位? 如果是授工学门类的学位,不知道是授石油与天然气工程还是核科学与技术的学位? 可以推测,这个调整仅仅是为了从事工业设计的人进行的,而如本书在多处分析过的那样,现在工业设计本身就是一个不明确的概念。如果接受设计是人类一切有目的活动的第一步的定义,设计学应当独立成为一个门类。因为不仅仅艺术和工程领域中有设计,各行各业都有设计,包括外科医生在手术台前面对一个需要手术治疗的患者时,也要设计手术的实施方案。问题在于,设计学作为一个一级学科,究竟要培养一种什么样的人才群体? 这个群体,应该具备哪些特有的资质? 这些资质又应该如何培养? 也就是要问,所谓的"我们设计界",在这个界里面究竟应当是一些什么样的人群?

回到第 1 章所讨论过的,在前工业社会,设计和实施集中在工匠一个人身上。随着机器的出现,物质产品产能借机器之威力得到极大提高,设计和实施不得不分离。一个设计,可能实施成千上万次,生产数百万个甚至更多相同的产品。于是形成一部分人专门做设计,而另外的人则主要是操作机器从事实施的局面,出现了一个专门做设计的群体,也就有了区别于工匠设计的工业设计。不过,随着生产的规模竞争愈演愈烈,自动化和智能化程度越来越高,对于设计的精准、高效和低成本要求日益严酷。设计必须使企业在竞争中能够取胜,而任何差错都会给生产造成巨大损失。于是,一方面对设计者的知识拥有、技术水平、人文素质、受教育的程度的要求越来越高;另一方面,不同产品、不同行业设计的分工也越来越细。在物质产品向多样化发展的同时,设计变得越来越细分和专业化,从行业上划分有了机械设计、土木设计、建筑设计、船舶设计、飞机设计、车辆设计、电气设计、通信设计、医药设计、武器装备设计等。就是机械设计也因行业各异而分成冶金机械设计、化工机械设计、工程机械设计、港口机械设计、机床设计、印刷机械设计、纺织机械设计、机器人设计、内燃机设计、汽轮机设计、燃气轮机设计、电机设计、电器设计、通用机械设计等。各个不同专业领域的设计形成了自己专门的设计理论、方法、知识积累和硬软件设备。结果工业社会早期形成的工业设计的内涵发生了变化,当各专业领域的设计从工业设计中分离出去以后,剩下的内容已经很少。其实,不仅是工业设计,如前所说,机械设计也一样。一方面,单纯的机械系统已经不再可能是独立的产品,它必须与电气系统、人工智能系统、网络系统集成在一起;另一方面,不同行业的机械系统之间的差别已经很大,例如,航空涡扇发动机和船舶燃气轮机,虽然同样是旋转式发动机,它们的工作原理、性能要求、系统结构都不一样,是不同的设计。现在的机械设计除一些通用的机械零部件,几乎没有多少内容了。20世纪的后半个世纪大学工科教学计划中机械设计课程的名称就叫《机械零件》。即使是零部件,不同行业的应用,其设计也有很大差别。例如,机床中的传动齿轮和车辆变速箱里的传动齿轮的设计就不一样,会设计机床传动齿轮的设计师不一定能够设计好车辆变速箱齿轮。从机械设计所能够面对的对象变化看,留给工业设计的是什么,也就可以类比了。教育部学科分类修改中将工业设计归入艺术门类,大概也有其不得已的苦衷。当然,也有一些领域仍旧保留设计和实施集中于一个人,如写作等文学创作、绘画等艺术创作、外科医生的手术、一部分艺术、体育或者肢体表演等,但是这些无论如何也归纳不到工业设计中去。所以工业设计已经成为一个内涵不清楚的概念。另外,社会产品,包括服务类产品的设计,显然也无法归入合适的门类。

关于物质产品的设计,还可以再说一点。在第1章中已经讨论过,中国怎么从洋油、洋钉、洋火、洋车、洋灰、洋枪、洋炮时代,经过几代人的奋斗变成了世界制造大国,成为全世界的制造车间,但是仍旧不是制造强国,因为很少有中国设计。很长时期中,许多物质产品的设计在中国就是测绘,也就是将国外设计的产品拆卸,量出各个零件的尺寸,绘成图纸,照猫画虎仿制出来。后来一些企业的所谓对标设计,也就是增加一些零件材料的分析,力求在性能上接近原来的设计。即使有一些独立的设计,也是继承性设计,从设计手册中找到解决方案,画到图纸上。所以给人的印象,设计就是画图。到一个企业,可以看到设计师大部分的精力是在解决实施中的问题,例如,精度不能保证,材料热处理达不到硬度要求,装配发生困难等。固然这些继承性设计的问题也需要解决,不过这里面不需要多少创意,往往是过去已经解决过的老问题,不必为创意去构建设想,通常也不必做深入细致的评价认可去获取新知识。在这一方面,工业设计与它们相比,目前还在做的是如何满足所设计系统基本性能、行为和结构以外的个性化需求,因而有比较大的创意空间,例如,一个已经造好的房子,里面如何分隔、如何装修、如何布置,可以有很多不同的创意和设想方案。而对于许多物质产品,例如,核电站反应堆主泵的设计,就没有多少创意的空间,连怎么仿制也还没有把握,这些设计师被做工业设计的人排除在设计界以外,也不是完全没有道理。

这种情况并没有出现在精神产品和社会产品相关的领域,虽然计算机和人工智能技术有了长足的发展,但是由人进行的设计和由人进行的实施操作在精神产品和社会产品中仍旧不能完全分离。计算机和人工智能技术可以无限制地大量复制精神产品,不过原始的创作仍旧是由作者自己完成设计并实施的。这是因为精神产品以及许多社会产品其主要部分是在人的精神世界即头脑中产生的,不是任何机器、计算机和人工智能设备所能够代替,这一点本书多处已经论述过。而大多数社会产品因为涉及人和人的群体的行为,包括战争在内,也不是机器所能够完全代替人去实施的,需要另外一套实施方法。社会产品的设计和实施在某些情况下是分离的,而在另一些情况下则不分离,例如,国家发展与改革委员会,做的就是设计工作,他们自己并不做实施的操作;而为各种目的当众演讲的人,设计和实施往往是一个人。然而,虽然在音乐演出中有人作曲、电影摄制中有人策划、报刊出版中有人编辑、政府施政中有人做顶层设计等,但是从事工业设计的人并没有认为他们属于设计界,这些人也不认为自己属于设计界。

虽然有大量的人在各行各业中从事物质产品、精神产品和社会产品的设计,而自称"我们设计界"的人并不多,这就是设计界的现状。每个人每天都设计,当然不可能把所有的人都归入设计界。理所当然就产生了上面提到过的什么人可以被认为是设计界的成员和设计界的成员应该干些什么的问题。这些人需要具备什么资质? 同时也产生了究竟如何培养设计界成员的问题。

以设计科学的视角看,设计界包括四种成员:一是专职从事设计、即以设计为职业的人,不管他是从事哪一种设计,当然绝不仅仅是所谓的工业设计;二是从事设计科学研究和教学的人,虽然他们自己当前并不以设计为职业,但是必然曾经参加过设计并与以设计为职业的人有密切互动;三是如第 5 和第 9 章所讨论的为设计提供设计知识服务的人,包括学科行为分析知识服务、设计知识咨询服务、零部件设计知识服务和设计中介服务等,这一个群体,虽然不直接做设计,但是设计进行和完成不可或缺的组成部分;四是当前正在从事一项设计的人,即使他并不以设计为职业,如果此后不再做设计,那么就认为是脱离设计界。这里讲的设计都是指产品(广义)的设计,不包括仅仅为了个人需要或者个人爱好而进行的设计。虽然同样是设计,后者因为缺乏社会特征和社会关联性,没有必要将做这类设计的人列入设计界。即使某些设计后来被社会采纳成为产品的设计,如果设计的原作者并不以设计为职业,也不需要将他们列入设计界,当然不排除他们是设计的爱好者。当然,这仅仅是一个大概的轮廓,在这五彩缤纷、飞速发展的时代,任何事、物都不可能也没有必要给出一个固定的、刚性的划分。

10.1.2 设计师

设计界里面什么人可以称为设计师呢？一般说来只有上述的第一种人可以称为设计师，也就是以设计为职业的人，包括专职的和兼职的。从本书许多地方的讨论可以看到，设计师并不必须经过什么专门的培养，或者从什么专门的设计学校毕业。一个人不论过去是在什么职业岗位上，只要他愿意和能够做设计，都可以成为一个设计师。如果他能够遵从设计的基本、共同规律并具备了下面讨论中所要求的能力，就会是出色的设计师。既然人类一切有目的活动都离不开设计，既然设计是每人每天都在自觉或不自觉做的，那么即使不是专职或者兼职的设计师，懂得设计的基本、共同规律，具备卓越的设计能力，也是成功地做任何一件事的必要条件。所以，设计能力的培养，并不应当理解为仅对未来的设计师，而是需要对所有人普遍给予的一种不可或缺的能力的培养。可惜，传统的学校教育，给学生传授许多知识，唯独不传授设计科学的知识，有许多方面能力的培养，唯独没有设计能力的培养。在物质产品领域人才培养的教学计划中，虽然在工程教育中有设计方面的课程，也只讲授该类产品的设计理论、方法，也就是只传授设计技术，很少涉及设计的基本、共同规律。特别是近几十年，因为追求 SCI 数量和影响因子，设计能力培养更变得可有可无。似乎设计科学的知识，只能由学生自己去琢磨，不能言传。许多有识之士，一直呼吁要加强学生设计能力的培养，可是效果甚微。设计科学知识传授，设计能力培养，不仅对专职或者兼职的设计师十分重要，对所有人的成长都十分重要。当然，产品的设计不是为了自娱自乐，无论是竞争性设计还是继承性设计，都要在竞争的环境中进行，设计的好坏，影响到一个群体甚至整个社会。所以设计师培养、设计科学知识传授和设计能力培养极其重要。

现在宣传得十分热闹的创客，这也是一个比较模糊的概念。有的解释是"创客＝创业＋创新"。这里面都没有提到设计，都没有提到设计能力，虽然不管是创业或者创新，都离不开正确的设计。创业或者创新，是在竞争中生存和发展的，设计的竞争力是不可或缺的要素。对于创客而言，设计科学知识和设计能力同样是不可缺少的。

先讲讲创新，没有正确的设计就没有成功的创新。为创新而设计，如第 3 和第 4 章所讨论的，需要经过三个环节，都与知识和知识的运用有关，它们是：产生创意，构建设想，评价认可。

产生创意，是在已有产品"现在未能满足的需求"中找到不能满足的原因，特别是不能满足的关键难点所在。找到难点以后，还更要有运用能够找到的已有知识产生创意的能力，即将得到的知识分解成较小的知识片段并拼接和重组成为难点的解的想象能力。

创意仅仅是解决问题难点的一个想象，还需要将这个想象构建成整个解决方案的设想。为了精准、高效、低成本，做的是继承性设计，更多依赖成熟、比较完整的已有知识集。能够产生创意的人，不见得都具有这个实力，由创意构建设想的能力，更在于找到各种设计知识服务并从中得到所需要的知识服务的能力。

评价认可更是这样，特别是科学的评价需要很多昂贵的软硬件设施和使用这些软硬件设施的能力,绝不是灵机一动能够解决的。解决评价认可问题也需要依赖到分布式资源环境中去寻求恰当的设计知识服务,需要的是找到高水平、高质量服务和形成良好合作的能力。

至于创业,那就更复杂了,"业"是一类从事满足不同需求类型产品生产的组织,是一项社会活动。在激烈市场竞争中,成功的创业,无疑需要具有竞争力的创新。因而成功的创业,同样需要正确的设计。创业者往往既是"业"的设计者,也是实施者。当然,创业团队中也有仅仅是实施者的。创业者如果自己就是设计者,特别是主要的设计者,绝对是设计知识的出色的拥有者和运用者,是有到社会上寻找设计知识服务能力的人。实施也需要到社会上寻求服务的支持,不过不是设计知识服务,而是金融服务、租赁服务、广告服务、运输服务等。

这些关于创新和创业的分析,是说明一个创客是否能够正确进行设计的条件,他们可以成为一个设计师,但是也不一定能够成为一个设计师。

10.1.3　设计师的培养

如果认可上述关于专业设计师与创客之间区别的分析,既然当前还不能没有专业的设计师,那么设计师在社会上就负有不能不认真承担的责任,当然包括那些虽然没有设计师称号而其职业的的确确是专职从事设计工作的,例如,政府的官员是做社会产品设计的,文艺作者是做精神产品设计的,手术医生是做服务产品设计的,建筑师是做物质产品设计的,等等。设计师的工作实际上左右着社会的发展方向,决定着社会的前进或者倒退,决定着人们的生产和生活,无论怎么样描述设计师的作用和责任,也不过分。

许多人在为实体经济的困难担忧,一些企业家抱怨,人不愿意到实体经济中去,资金不愿意到实体经济中去。所谓实体经济,就是物质产品的生产企业。物质产品是人类生活和生产所不可或缺的,不过人们追求的是那些能够满足新的需求的产品,但缺乏创新意识或者创新勇气的企业总是抱着老产品不放,而且这样的企业并不在少数。在规模竞争思维惯性指导下生产设计低劣产品的实体经济实在不能再发展了。有人说得好,这样的企业,人进去了,没有前途,资金进去了,死路一条。于是问题来了,如果这些企业复生以后,都要走创新竞争的路,能够正确设计、能够做有竞争力设计的设计师从哪里来?没有正确的设计,就没有成功的创新。既然设计师是一个特指的群体,又对社会如此重要,那么采取什么措施来培养这样一个群体,就应该是不可忽视的问题。然而这样的问题好像还没有人提出过,就像设计科学始终没有被当做一个重要的问题被人们研究一样,也许这两个忽视是出于同一个根源。下面的一节会进一步研究设计师的培养问题,在研究之前,先讨论一个也许更难以为人接受的问题。

10.1.4　人人设计与创客设计的不同

当前设计界,就是如上所描述的这样一个群体。不过也可以沿着创客的思路做进一步的设想:随着机器(含计算机及所有与 AI 有关的技术,下同)的发展,大多数实施操作以后都可以逐步由机器执行。这里讲大多数,是如此前多处讨论过的,机器不可能完全代替人,即使是实施操作。如果将试实施归于设计活动的一部分,有很多工作其实施仍旧只能由人来操作,例如,一些前所未有的物质产品、文学和艺术创作、教育、疑难杂症的外科手术等,其设计者与实施者往往是同一个人。不过,从事实施操作的人毋庸置疑将大大减少,于是就产生了人将做什么的问题。现在世界上许多国家(包括中国和美国)的一个基本社会矛盾是就业和失业。制造多了,卖不出去,为了将本来不需要生产的产品卖出去,使尽了包括欺骗在内的各种手段。在这些手段上、连同本来不该生产的产品一起不知道浪费了多少极其宝贵的资源,好像还没有哪位鼓吹大数据的人出来对这类现象可能产生的后果做过统计和研究。当电商在“光棍节”后为自己的营销业绩疯狂得意的时候,他们是否想过他们把子孙后代的资源都被本来不需要或者不应该的消费浪费掉了,是否想过福乐在提出设计科学十年时期望实现的宗旨:“在设计中有效地利用科学原理使得地球上的有限资源能够满足全人类需求而不破坏植物的生态过程”?如在第1章中分析的,这是物质生产产能高度发展后许多企业仍旧依赖规模竞争的结果。不过制造少了也有问题,失业将会增加。美国几任总统的一个同样的心病就是怎么能够将已经转移到外国去的制造企业弄回来,甚至这已经成为几个总统候选人选战中相互攻击的重要武器。不过根本问题在于,过去几千人的工厂,现在只要几个人就够了,过去几百人操纵的油轮,现在只要几个人就够了,过去一个农民种几分地,现在一个人可以种一万亩地。许多服务的实施,也将逐步由机器代替,例如,可以由无人机送快递。随着智能化的发展,这个趋势会有增无减。从操作机器、种田和实施服务中解放出来的人,不能天天用睡觉和吃喝玩乐打发时间,特别是每个人都必须用自己对社会的贡献换取社会对自己的供给。是否能够作一个大胆的推测,今后大多数人的主要活动将从事设计和与设计相关的工作:设计自己的美好生活而不是按照别人设计的框架生活,设计过去还没有人做过、对社会有益、让社会更为和谐、有共同美好生活、因而能够被社会接受的事、物,然后让机器去操作实施。这里讲的大多数人的主要活动将从事设计和与设计相关工作与创客或者创客空间有所不同,不是一部分人靠兴趣而是人人靠对社会的责任做设计,用设计作为对社会的贡献换取社会对自己的供给,其差异可以参照表9.1。机器,包括计算机,只能做过去已经做过的事,而人则可以做过去没有做过的事,这个本质的区别大概不会有很多争议。阿尔法围棋(AlphaGo)战胜了世界上多个围棋高手,不过围棋是人过去已经做过的事,而不是人没有做过的事。而如何用计算机在围棋比赛中打败那些高手,则是人没有做过的事。做过去没有做过的事就需要设计,而且是竞争性设计。但是怎么让人人设计出的自己的生活都能真正美好?怎么让人人设计出的事、物都能真正有益于社会、对社会是一个贡献而不是一个灾难?物质需求满足了,共同美好生活还不能脱离精神需求的满足,而和谐社会,也就是社会需求,则是共同美好生活不可或缺的要素。在第1章中就曾经说过,本书在美好生活的美好前面,都加上“共同”的字样,是出于如果不是共同美好,竞争就会发展为斗争,斗争就会发展为战争。像当今的中东地区,在叙利亚、伊拉克、利比亚等国家中,有什么美好生活可言?欧美各国本来陶醉在由科技优势得到的富裕小天地里,然而随着暴恐势力的渗透和扩展,现在不得不整天沉浸在恐怖氛围中,又有什么美好生活可言? 中国几千年的历史,哪一个朝代不是因为权力腐败、贫富矛盾发展到一定程度而爆发弱势群体忍无可忍造反的战争? 各行各业的设计理论和方法在专注于自己行业的发展时,是看不到或者不愿意看到这些问题。绿色之所以成为我国以至世界关注的问题,难道不是各行各业过去的设计中都不含有这个元素的结果吗? 不是危言耸听,许多现在从某个技术成功产生的让人们疯狂的设计也许有一天会发现已经给社会导致难以挽回的伤害,修复这些伤害,要比现在疯狂的投入大得多,就像现在治理被污染的空气、水、土壤要投入的力量和时间一样,代价是难以估计的。所以,当大多数人都是设计师了,怎么让人人都能够正确设计和成功设计? 这与前面讨论的设计师培养相比,是一个更大的问题,是需要所有人思考的问题,是设计科学必须面对的问题。

　　工业社会开始以来,设计岗位一直是少数精英专有的,美国大选暴露出的精英和非精英之间的矛盾,隐含着能设计和不能设计阶层之间的矛盾。虽然创客的意图是要让人人都设计,不过按照目前设计精英们对设计岗位的界定和设计人才培养的认知和举措,非精英阶层的设计是否能够与精英阶层的设计竞争而在社会上得到平等待遇,则还没有人能够回答。而当人人都能够为满足社会的各种需求做设计,是否还有所谓的设计界存在,也是需要回答的问题。去年在美国创刊的《设计科学》(Design Science),登载了 29 位编委对设计科学的看法,都是从满足物质需求的产品设计技术角度讨论问题,没有人从设计将不仅是一个技术问题,还是一个 AI 高度发展后的社会问题的视角研究设计基本、共同规律[29]。

10.2　关于设计能力培养的争论

10.2.1　不同培养观的反复交锋

　　这里所讨论的仍旧限于设计师的设计能力。如果有一天人人都要为社会做设计方面的贡献,那么也会存在同样的需要,不过那是以后的事。本书在第 2 章中曾经介绍过一个关于工程师,当然也是设计师,所需要具备的知识的观点:"至关重要的是,未来的工程师不仅要懂得许多传统科学和工程基础(物理、化学、数学、力学、热力学、流体力学、电子学、电工学、材料科学、机械零件),还要懂得许多专业领域的知识(仪器、控制、传送技术、生产工艺、电力驱动、电子控制)"[9]。其取得知识的途径是"必须在工程教育课程中"包含解决设计问题的实际应用知识。这是教育界争论很久但是无法解决的问题,因为一方面没有一种教育体系能够在培养年限中让未来的工程师具备这么多内容的知识,另一方面随着知识爆炸和社会发展到了更高水平从而需要更多的竞争性设计,对于设计需要满足人们对新的追求和需要遵守同时满足物质需求、精神需求和社会需求的同一化设计原则,使得无法界定什么是设计实际应用知识。这不是什么传统科学和工程基础或者专业领域知识的概念能够包含的，而是远远超出可能想象的范围。该书的作者虽然列出一长串课目，而且这部书的名称是 *Engineering Design: A Systematic Approach*，但是也仅仅限于工程设计中的机械产品领域。

一个更重要的问题是即使学生，或者未来的工程师，具备了这些知识，他们是不是会用这些已有知识来设计，仍旧是一个问题。传统的课堂教学，训练学生掌握课堂上讲授内容的方法是做习题，检查学生是否掌握课堂上讲授内容的方法是让学生背出一些定义或者定理，和在不允许看书的情况下将过去做过的习题再重复做一遍：考试。严格地讲，做习题和考试并不能算是运用知识的锻炼和考察，因为它只是让学生在与讲授内容相同的情景下演习，而设计中需要的知识运用能力是在各种不同情景，甚至是在意想不到的情景下去找到需要的知识，无论是以前学过或者没有学过，并运用之以解决问题。虽然教学计划中往往也有课程设计，不过那种课程设计和做习题差别不大。名义上有设计二字，却不可能有创意、设想和评价决策这些环节。就是发现做错了，例如，一个曾经发生过的内燃机专业的毕业设计，总图画好后，才发现这个内燃机是"6 冲程"的，原来学生将定时齿轮的传动比错画成"3"，因为课程时间关系，只能将错就错。这样培养出来的工程师，只会测绘，只会照猫画虎，也就不足为奇了。

这个关于传统课堂教学的争论并非始自今日。1965 年，当时由西安交通大学承担的《上海机床厂调查》就提出过一个问题：当一个学生要到森林中去，究竟应该给他一个面包，还是应该给他一支猎枪？如果给面包，他饿了就能吃，不过吃完以后怎么办？从道理上讲，都认为应该给猎枪。也就是"授人以鱼不如授人以渔"。不过怎样给猎枪的问题一直没有解决，所以直到现在，学校培养还是沿革给面包的模式。当然这仅仅是个比喻，问题并没有那么简单，因为如果给他一支猎枪，首先他要有找到猎物的本领，他还要有击毙猎物的本领。不然，单单给他猎枪也依旧会饿死的。

实际上，早在 1958 年的"大跃进"中，许多人就已经感觉到了上述问题，并有人想方设法尝试着来解决这个问题。当时，新中国提出了要与工业发达国家竞争的目标：赶美超英。要真正投入竞争，上面提出的许多问题就都凸显出来。教育与生产劳动相结合的政策要求学校能够制作高端产品，书本上的专业知识远远不够，只能需要什么知识，教师带着学生临时去找，或者通过实践边做边学来取得知识。在那个敢想敢做火热的年代里，曾经尝试过各种各样的方法，例如，一些学校曾经试行过一种叫作"单课独进"的排课方式，让一个时段中只给一个班级安排一门课，这门课的教师和学生整天在一起，有时还会有某项生产任务，围绕完成任务讲课和讨论，任务需要什么就讲什么。反对这种做法的人讽刺说，这像在炒菜时，什么都没有，要盐时临时去买盐，要油时临时去买油……，也尝试过让学生自己编教材，学生们根据课程大纲去收集材料，自己讨论，自己上台讲课，自己把教材编出来。当然这些内容也是教师告诉他们或者他们从书上找到的，不同的是学生是根据自己编教材的需要向教师讨教和从书里找到的，与传统上教师通过"填鸭式"讲课硬塞给他们不同，学生成为学习的主人，而不是学习的奴隶。学生得到了在需要时自己从浩如瀚海的知识水池里寻找知识能力的培养和锻炼，是这类尝试的精华所在。这类对传统教学模式的冲击在 1966 年以后的几年中又发生过一次。不过这两次冲击都是在特殊历史时期发生的,关于对设计师能力的要求以及如何培养并没有深入分析和探讨,后来,在整顿教学秩序的口号下,所有尝试立刻就被扼杀殆尽。

改革开放以后,有两个因素使得这场争论被抑制了。一是突出强调经济发展,一切用钱驱动,追求短期利益,用表面现象来衡量成败,最快也最容易。深入研究客观规律太费事,不能引起社会兴趣。所有学校都争相改为研究型大学,培养所谓的"研究型人才",不再培养工程师了。发展到后来,差不多从校长到学生,从老师到家长,从幼儿园到养老院都讲级别,人人都为这种级别的表面现象奋斗。二是专注改革开放而压制了自力更生的勇气。外国人怎么干,我们就怎么干。但是发达国家已经在工业化道路上走了一百多年,不可能再有另外一百年让我们慢慢去模仿,这是竞争!大量年轻人去了美国,觉得美国一切都好,把美国的一切都搬到中国,认为这样中国就变成美国了。其实,美国自己也仍旧在不断检讨,不断改变,这种检讨和改变的实质没有多少人有兴趣研究,因为那太费时间,不能迅速获利。另外,对于中国的发展历程、文化传统、自然条件、时代特征也没有兴趣研究,那些都要面对困难,要披荆斩棘,要坐冷板凳,不是在手机上看看数据能够弄懂的。结果,就像设计、设计科学、设计师的培养这样一些对国家发展具有深远意义的命题,始终没有引起人们的重视。如果有人提出一个思想,马上就会有人问如何操作。要是讲不好如何操作,这个思想就会理所当然地被拒绝。于是究竟应该给学生一个面包还是给一支猎枪以及如何给学生猎枪的争论,就让位于 SCI 数目和影响因子的比较,后者太容易操作了。

事情走到极端,矛盾不可能不显示。首先,创新驱动、转型发展步履艰难。虽然没有明讲,显然人才问题是重要原因。不仅仅是设计师,连经过正式培养的技工也十分短缺,职工学校都改为大学,即使还达不到研究型大学的指标,却都以研究型大学为模板,以出论文为奋斗目标。没有工程师,花大价钱由千人计划引进的人是不会到企业里做设计的。当然企业也有自己的问题,就是去了也做不成什么。另一方面,毕业生找不到工作,是一个关系到社会稳定的更复杂的问题。于是又不得不努力恢复职业学校,2014 年教育部宣布要将 1200 所普通高等学校中的 600 多所转向职业教育,实施学术型和技能型两种高考模式。学生和家长们不甘心放弃对于"士"的追逐,不愿意上职业学校,于是一些地方教育主管部门就限制非职业学校的招生名额,结果导致群众闹事的社会问题。又在许多大学里另外设立了工程学位,大学同时有工学学位和工程学位,后者还被冠以"卓越"的字样。更有甚者,虽然做了这些修正,但是还是强调培养学术型人才和培养应用型人才的区分,不同的学校待遇当然也不一样。表面上看,好像是在补短板。而思想上的短板,观念上的短板没有补。有哪一行、哪一业的人,不论是物质领域、精神领域或者社会领域的研究者,不到应用中去实践,就能够做出学问来的?学术培养和技能培养分离,工学和工程分离,这些奇怪的逻辑只能以不研究唯物主义、不研究时代特征、不研究教育本质的结果来解释,只能以回避到底要给学生面包还是猎枪和如何给学生猎枪争论的结果来解释。试问:钱学森是学术型人才还是应用型人才?乔布斯(Steve Jobs),是学术型人才还是应用型人才？

10.2.2　人生的起跑线

讲到这里，不能不提到一个社会现象。许多父母对于自己子女的成长有一个不可动摇的座右铭：不能输在起跑线上。为了实践这个座右铭，许多妈妈让胎儿在肚子里就开始读英文或者听音乐。小孩出生以后，就为能够上一所心目中的名幼儿园开始施教，此后更是一发不可收拾，名小学、名中学、名大学、"211"大学、"985"大学、"常春藤"大学，等等。于是儿童从出生以后就不断补习，周末补习，寒暑假补习，外语班、奥数班、钢琴班、舞蹈班、绘画班，……严冬酷暑都要拉着一拉杆箱的书往各种补习班跑。这样成长的儿童，不仅失去了天真烂漫、欢乐嬉戏的童年，也失去了随着年龄增长对社会了解增长的机会。

创意主要来自对问题难点的分析，已有知识的拥有，更重要的是根据问题难点去寻找知识和运用知识的能力。不会什么时候都有什么班来给你补习。同样更为重要的是如何运用找到的知识，包括如何将知识打碎和根据问题的关键难点拼接和重组产生解决方案的想象。已有知识是无限的，不要说从胎儿开始，就是如果能够把前世学到的知识也带到今生来，也不一定能够在需要时派上用处。所以在遇到问题时寻找知识的能力比水池里当时有多少水更重要。到哪里找知识？到社会上去找知识！及早了解社会、融入社会、培养遇到问题时在社会上寻找知识的能力比灌输一些死的知识重要得多。而运用找到的知识的能力，则更是要在面对社会的实践中锻炼，绝不是背几条考题就能够解决的。中国古代名著《水浒传》里有一句说辞："甘罗发早子牙迟"[115]。引用这一句说辞，并不是鼓吹宿命论，而是要说明一个人的生命过程，并不像百米赛跑那样单纯，随机性因素太多，随机应变的能力比在起跑线上的动作重要得多。机会来了，要抓得住，机会没有来，要有耐心。现在，"不要输在起跑线上"口号影响之大，势不可挡。教育部门三令五申不准办补习班，但是屡禁不止。多少教育家呼吁把童年留给儿童，可是改变不了家长们为他们的座右铭奋斗的决心。其实，许多政策，就是这种难以抗拒的座右铭的催化剂和发酵剂。看人只看标签，重点幼儿园、重点小学、重点中学、重点大学、"211"、"985"，硕士、博士、博士后、学者、首席……驱使着所有的人都在一个狭窄的过道里争着爬这些台阶。上面提到的将培养学术型人才和培养应用型人才分离的政策，就是不要输在起跑线上逻辑产生的根源。有一种说法：某大学专门培养赶车的人，而某大学则是培养拉车的人。前者自己觉得了不起，而后者则力图撇清这种说法。拉车有什么不好？试问：如果一个社会中的人，都只想赶车，没有人愿意拉车，这个社会能够存在下去吗？忙着爬台阶的人能够专心致志地去披荆斩棘为社会做成什么事吗？忙着爬台阶的人能够为社会大车向前走一步而尽心出力吗？自古以来，有多少诗、书、名著的作者是拿功名的？不知道这些人的马克思主义到哪里去了？

这些都与培养一个合格的设计师的需要相冲突，下面将讨论这个问题。

10.3 从设计的三个主要方面看什么是设计能力

讨论如何培养设计师,首先要看什么是设计能力。不过在讨论"能力"之前,要先说说设计师的"品格"。一个设计师无论是做物质产品、精神产品还是社会产品设计,都要同时考虑物质需求、精神需求和社会需求,也就是要遵循同一化设计的原则。特别是社会需求,不管是追求什么目标,都不能损害社会大众的利益,不能危害社会和谐和妨碍人们对共同美好生活的追求,这就是设计师"品格"的底线。换一个说法,人才,人才,先要是"人","才"才有用,如果连人都不够格,"才"越大,对社会的危害越大。

一个好的设计师不能仅仅以法律底线要求自己,高尚的道德是做人所不可或缺的。所谓满足精神需求,首先是自己要有丰厚的文化底蕴,在感情上厌恶低俗。所谓满足社会需求,要有推动社会进步的责任感和服务大众的立志。不论做什么设计,都要用道德作为尺度衡量得失,不能去打法律的擦边球。

品格还包括在创新上不畏艰辛的执著和百折不挠的毅力,在求知上的孜孜不倦和在行动中的求真务实,以及与合作者之间的团队精神。这些方面有时候被看成是能力的表现,其实应该是属于品格的组成部分。

有理由可以怀疑,那些从母亲肚子里就开始在"不要输在起跑线"口号的鞭策下为个人前途奋斗的孩子,那些从小学就在外语或者双语学校里以到国外去就学为目标培养的孩子,那些一生只以个人利益和爬台阶为目标的青年,他们成长以后是不可能成为一个好的设计师的,也不能够真正在设计中贯彻同一化设计的思想,遵循同一化设计的原则,不能真正为中国找一条在竞争中超越的路径。即使他们才华横溢,即使他们主观上也想为社会做一点事而不想损害社会,但是做不到。此前讨论过的创意产生的实践性和随机性,决定了这样的孩子、这样的青年不可能真正了解他们所生活的社会。不入虎穴,焉得虎子,不能真正了解这个社会的需求,也就谈不上为社会的需求做设计。甚至一位美国南加州大学的教授都这样说:"中国的创新人才,只能在中国培养。因为中国有最大的人口,是最大的市场,中国又是世界车间,有最大的生产能力。这些知识是创新的基础,只有在中国培养,才能够对这个市场和这个生产能力有充分了解。"这些孩子和青年是否能够像钱学森、邓稼先那样为国家的"两弹一星"以命相搏还未可知。

本书第 2 章讨论知识供给问题时,只涉及当前的知识供给。不过还有一个未来知识供给的问题。现在的孩子和青年将是未来的设计师、设计知识的使用者和设计知识资源的运行者,他们究竟应该接受一种什么样的培养,将成长为一种什么样的人,就是这里讨论的未来设计知识供给问题。更进一步,如果像前面所设想的那样,当 AI 和机器代替了人的大部分实施操作以后,人人都要用主要的时间以设计贡献社会交换社会给予的回报,那么这些人会怎样做设计,会做出什么样的设计? 看看自从互联网问世,多少人利用互联网技术设计了千变万化的骗局来损害社会,就可以想象这是一个多么严峻的问题。不知道现在这些学校的校长,各级政府主持教育工作的官员,对于这样的问题是怎么考虑的?

讨论什么是设计能力,首先要看什么是设计。讨论什么是设计就要研究设计科学。本书此前已经在多处讨论过这个问题,现在再归纳一下。设计是人类一切有目的活动的起始,是为实施规划方案和路径。设计在竞争程度上有竞争性设计和继承性设计的区别,设计是知识流动、集成、竞争和进化的过程。对于竞争性设计,有明显前后相继的三方面内容:产生创意,构建设想和评价认可。为了竞争取胜,需要创新。为创新而进行的设计,要采用此前未曾用过的知识,以满足现在未能满足的需求。

第一方面是产生创意。先要找出此前不能满足需求的关键难点所在。找到关键难点,涉及设计师本人头脑中的知识,设计师从各种设计知识服务取得知识的能力,设计师运用这些知识找到难点的能力,即将得到的知识分解成较小的知识片段并通过比较来发现难点的能力。然后就要想象如何来解决问题,对于关键难点的求解,更涉及设计师本人头脑中的知识,涉及设计师从各种设计知识服务针对关键难点取得知识的能力。设计师在已有知识里搜索可能的答案,一般情况下是搜索不到的,因为如果有,别人就早已解决。需要将已有知识打碎,用各种方式重新拼接组合成为新的答案。一旦拼接、重组出一个该关键难点可能答案的想象,就产生了一个创意。这个想象非常重要。所以说:创意引领设计! 创意不是设计,但是创意是创新的胚芽,没有创意就没有创新。对于工程设计,由于历史相关的种种原因,设计师们习惯于仿制,基本上不考虑创意,因而在某种程度上被排除在"设计界"以外。这是一件可悲的事。

第二方面是构建设想。创意不是整个解决方案,接下来要以创意为中心,构建设计任务的整个方案。由于要能够精准、快速、低成本地构建出方案,尽可能做继承性设计,即尽可能在成熟、比较完整的已有知识集基础上进行。

第三方面是评价认可。不管如何,设想方案是以创意为中心主观构建的,需要经过评价以确定其是否符合客观规律。内容就是对方案做尽可能准确的评价,了解其行为规律是否能够满足设计各方面的要求,并做出是否接受、需要优化或者舍弃的决策。

设计能力的第一方面内容表现在:找到关键难点,在知识水池里引入可用的已有知识,将已有知识打碎、拼接重组成创意。

设计能力的第二方面内容表现在:尽可能以创意为中心在已有知识基础上精准、快速、低成本地做出完整解决方案的设想。

设计能力的第三方面内容表现在:通过数字仿真、物理试验、社会调查等手段尽可能准确地对方案设想做出科学的评价以支持认可决策。

对于继承性设计,则要求能够精准、快速、低成本地完成。继承性设计同样是在竞争的环境中进行,同样需要有竞争力的知识。为了在精准、快速、低成本上能够竞争取胜,需要尽可能采用成熟的、比较完整的已有知识集。和此前关于竞争性设计能力的讨论一样,具有竞争力的已有知识集往往不是设计师自己或者团队水池已经有的,更不是书本上或者课堂上的讲授可以应对和解决的,同样要在面对问题时寻找、分析、筛选和做出是否采用的决策,同样需要处理和运用知识的能力。

之所以说它们是能力而不是知识,是因为能力不能用知识多少来衡量。设计以已有知识为基础定律和设计以获取新知识为中心定律讲的是知识基础,有了知识还有一个会不会用和运用效率的问题,有知识还需要会用知识和能够用好知识,这就是能力。能力是人头脑在面对一个问题时处理知识解决问题效率的度量。没有知识当然不行,具备相同知识的两个人在面对同样问题时,一个人也许很快找到答案,而另一个人则可能要很长时间,或者一直找不到答案。产生创意并不意味知识越多越好,而是正好有这个知识而运用了这个知识。知识多了,分解知识和比较、拼接重组的工作量变得十分繁重,结果反而妨碍创意的产生。知识少了,设计师的知识水池里就没有能够形成创意的片段,当然也不行。这里面有能力问题,也有机会问题。有时一个经验丰富的老设计师忙了几年,解决不了问题,而一个未出茅庐的青年,就想出了解决问题的创意。老设计师往往习惯于只在自己的知识水池里找知识,未出茅庐的青年因为自己水池里几乎没有什么水,容易想到去别人的水池里找,结果找到了老设计师不知道的知识。社会鼓励创客活动,也就是看到创意产生的这个与机会和思想方法有关的特征:正好在正确的地方找到了这个知识片段和正好在比较、拼接、重组中用上了这个知识片段。所谓灵机一动,计上心来就是反映创意的机会特征。例如,在大量现在未能满足的需求中,有人就看到了某个需求并予以关注,而其他大多数人则视而不见。也许这个人有一些其他人不具备的知识,人的知识来源是多种多样的,在同样环境中成长的两个人,他们知识水池里的水也会不同;不过即使有充分交流的机会,各人发现需求的能力也不一样。天生资质与这种能力有什么关系和人头脑处理知识的生理和心理机制不是本书研究的范畴,我们的命题是如何通过教育手段来培养能力。可以设想,上述的种种能力属于头脑里的一个处理问题的模型集,模型集里面的各种模型产生于个人过去解决各类问题所得到的经验积累。积累多的人,他头脑里模型集里的模型就比较多,比较复杂,积累少的人头脑里的模型就比较少,比较简单;善于积累的人能够不断改进他头脑里的模型集,不善于积累的人他头脑里的模型集就只能低效率地处理问题。教育就是通过激励引导学生积累解决问题的经验并形成有效率的模型集。

设计往往是在一个团队中进行的,设计师个人头脑里的知识就由团队里所有人头脑里的知识的总和代替。不过在运用这个知识大水池里的知识的效率,取决于团队成员合作的效率。不同合作的情况可以使大水池里的水在运用时大于、等于甚至小于个人水池里水的总和。头脑风暴就是运用集体水池里的水的一种方法。虽然头脑风暴制定了一系列活动的规则,但仍然是一种弱组织的活动,由于每个参与人员对问题解决的态度不同,不一定能够做到大水池里的水一定大于每个人水池里水的总和。

近年在上海交通大学组织了一门《创新思维与现代设计》课程[116],规定任何专业的学生都可以选读,所以有工学院学生、理学院学生、法学院学生、商学院学生等选这个课。在这个课程里,教师讲授时间只占很小一个部分,而学生则可以根据自己的意愿结合成 3～5 人的小组,通过观察社会、个人思考和集体讨论来发现需求,进行设计并试实施做出样品来探索满足需求的可能性。这个课程给予我们一个很好的机会来观察学生的知识和能力之间关系和运用知识能力的差异,同时也让我们尝试各种方法以培养学生能力即在他们头脑里形成高效率处理问题的模型集。我们发现,面对同样的需求,各人发现的关键难点不同。同样的难点,有人这样打碎知识,拼接重组求解,有人那样打碎知识,拼接重组求解,产生的创意也不同。构建方案设想时,有人找到这样一些已有知识集,而有人则找到那样一些已有知识集。不同的创意,产生的方案固然不同,就是相同的创意,也会构建出不同的设想。这里面固然有拥有知识的不同,也会是运用知识能力不同的结果,这样就形成了不同的竞争力。

10.4 设计能力培养的设想

10.4.1 两个基本问题

设计科学知识和设计能力不仅对设计师是必需的,设计科学知识和设计能力对于所有人都十分重要,是人的生存和生产能力培养不可或缺的方面。学校教育,应该把设计科学的内容放到教学计划中,应该把设计能力培养放到培养目标中。社会是在竞争中发展的,掌握设计的基本、共同规律并具有运用这些规律的能力,对于一个人、一个团队、一个社会的竞争力有决定性意义,当然,能力培养不仅仅限于设计能力。下面提出一组关于学生在学校里应该如何学习,才能够得到猎枪而不仅仅是得到面包的设想,而且还要具有迅速找到猎物和善于使用猎枪的能力。这一组设想适用于各方面能力的培养,其核心是围绕如何培养学生自己找到需要的知识、运用找到的知识进行设计以满足某个需求的能力,这对设计师培养更具有特别重要的意义。

之所以将这一节的名称称为设想,是因为其仅仅根据点滴经验汇集而成。主要来自20 世纪 50 年代、60 年代对传统教育一些突破的经历,来自近年组织《创新思维与现代设计》课程的经历以及几十年中培养研究生的经历,但是没有完整的重复实践的机会,只能作为参考。

有两个问题还需要进一步讨论。

(1) 为什么需要强调培养学生根据需要取得知识的能力而不是强调传授知识。此前分析过,一个设计师需要的知识非常广泛,任何教育体制都无法在有限时间中传授给学生这样广泛范围的知识,同时,知识是动态的,即使在学校里给了学生某个领域的某些知识,而到应用时,却又面对不同领域的问题,需要不同的知识。例如,对于机械产品的设计师,材料科学知识十分重要。然而材料科学发展非常迅速,今天在学校里学的是这种材料,离开学校后往往这种材料已经过时,而用的是另一种材料,在学校里滔滔不绝地介绍材料牌号和性能就没有意义。此前说过,在互联网迅猛发展时代,从某种程度上可以说,取得自己需要的已有知识并不困难,有很多渠道,不必在课堂里听教师用"拉洋片"的方式讲授那种并不知道将来有什么用的知识。虽然互联网传递的是信息,但是有很多知识服务已经将它们变成知识在互联网上提供服务,甚至是免费的服务。维基百科就是一个著名的免费服务。百度百科也是这样一种服务。不过所有这些服务,提供的都是浅知识,也就是不存在知识产权问题的已有知识,是在公开出版的书籍中可以找到的已有知识。如果属于这些渠道不能提供的知识,特别是只有在评价认可中才能够获取到的新知识,设计师就要具有通过其他渠道去取得或者获取知识的能力。所以寻找知识的能力是决定性的。另外一个渠道就是慕课(massive open online courses,MOOC),读这个课和在学校里看老师"拉洋片"一样,区别是不需要到教室里去。MOOC 与维基百科或者百度百科相比较的好处,是他们可以给学历,在中国学习往往不是为了求知,而是为了得到一个有助于求职或者升迁的资格。所谓给学生面包还是猎枪,争论的本质就是专注于给学生知识还是更致力于给学生根据自己需要取得知识的能力。

　　(2) 今后是不是还需要教师和学校? 教师和学校在传授设计科学知识和培养设计能力方面怎样做才能够起到应有的作用? 有了互联网,有了维基百科、百度百科或者MOOC,是不是可以没有教师了,或者可以不要学校了? 这就涉及如何能够让未来的设计师更快、更好地学会如何能够正确处理品格、知识和能力之间关系。维基百科、百度百科或者 MOOC 只有知识提供的功能,没有品格熏陶的内容,没有能力培养的任务。上面说过,没有知识,谈不上能力,知识多了,如果处理知识解决问题的能力低下,仍旧可能找不到答案。剔除人的天生资质不说,能力是靠培养和锻炼出来的,也就是在特定环境中从示范得到启发和模仿,然后反复实践至熟练。知识的知道、会用和熟练掌握在设计中的作用是完全不同的。这里教师的作用首先就是示范,身教胜于言教,这是一条非常重要的原理,教师实现的是一种激励类型的功能。工业社会前的工匠,用师傅带徒弟的办法培养,就是一种身教为主的培养方式。孔夫子也只带了 72 个门徒,后来到工业社会,人才培养也搞大规模生产。20 世纪 60 年代,一个大班上课时学生多至 400~500 人,虽然要求因材施教,实际上很难做到。不过教师的身教,并不以学生人数多少论成败,教师靠自己行为示范激励学生的内在变化。20 世纪 50 年代,交通大学从美国聘请回来一位老师,他是与钱学森、钱伟长一起师从冯·卡门(T. von Kàrmàn),回国后在这所大学里讲授材料力学。他课讲得非常好,许多并非是材料力学教研室的年轻教师都经常去听他讲课。他有口吃毛病,喜欢将"0.003"说成"圈点圈圈三"。他的一位助教,跟他的时间长了,也学会讲圈点圈圈三。可怕的是不久同事们发现这位助教讲话也渐渐有点口吃了。这个故事突出地说明了身教的重要。其实,学生模仿老师的穿着、举止、思维和为人是很普遍的,特别是那些受尊敬的老师,从小学到大学都是一样。老师怎样从互联网上或者其他渠道搜索知识,怎么使用找到的知识,怎么发现需求,怎么寻找难点,怎么将知识打碎成为片段并重新拼接和组合成为克服难点的创意,怎么寻求知识服务去构造设想和评价设想,最终做出合乎逻辑的决策等的过程,都会给未来的设计师以潜移默化的影响,这是维基百科、百度百科和MOOC 所不能做到的,虽然它们可以将演示的页面做得十分动人。

需要特别指出的是,教师身教并不仅仅限于解决问题的过程和方法,更重要的是示范作为一个合格设计师的品格。人才,人才,首先是"人",然后才能够谈"才"。如果"人"的标准都达不到,"才"就能做破坏社会和谐的事。要进行既满足物质需求、精神需求又满足社会需求的同一化设计,水池里有这种或者那种知识并不是首要的,无论什么人也不可能具备所需要的全部知识,这要靠知识服务。而对社会高度的责任感则是最重要的,只有对社会有高度责任感的设计师,才能够真正在设计中考虑人们的物质需求、精神需求和社会需求的统一。不然,什么能够赚钱,就设计什么,污染了精神世界,导致社会矛盾,甚至战争。冰毒能赚钱,是不是应该去设计纯度更高的冰毒呢?不违反法律是最低要求,而道德才是满足社会和谐和进步需求的标杆。教师更重要的潜移默化作用要发挥在如何做一个对社会和谐和进步有贡献的人,如何为达到目标勤奋不懈,如何细致、准确和负责任地工作,如何对待失败和成功,如何组成优秀的团队协同工作,如何产生创意而又坚持不懈地使其得到实施。

当然,教师与学生越是接近,教师身教的影响就会更大。上海纽约大学创办时,校长曾经在记者访问时说过,上海纽约大学的优势在于整个大学置身于一个 15 层的大楼里,学生可以很方便地经常与教师接触、交流。这当然与国内许多号称一流的大学不同,在这些一流大学里学生除上课,根本看不到老师,没有半个小时,学生走不到老师的办公室。孰优孰劣,让历史来评价吧!精英教育:既然要培养精英,那就只能是人数非常少的教育,精英教育又与规模教育混在一起,问题就复杂了。教师的身教,并不必要与师生人数比例挂钩,关键在于教师本身是不是真的能够为人师表。

10.4.2　四个培养环节

从过去几十年的教学实践,包括 20 世纪两次突破性的冲击尝试和近年从事《创新思维与现代设计》课程教学,以及培养数百名研究生的过程,总结出了 4 个非常重要的培养环节,通过它们可以使人与才、知识与能力、学生怎样才是学习的主人以及教师的不可代替作用这些关系,得到比较好的处理。图 10.1 是上海交通大学的一个本科生参与研究计划(participation in research program,PRP)的项目"助老服务机器人的概念设计研究"中,一组学生在上述培养思想引导下设计出的他们的研究进程。

这四个培养环节是从阅读中学习、从观察中学习、从讨论中学习和从实施中学习。现在分别讨论如下。

1. 从阅读中学习

不管怎样,自己阅读总是获得知识的首要途径,不论是从维基百科、百度百科或者其他纸质出版物上,都以文字或者图像记载着大量的知识。在维基

图 10.1　一个 PRP 项目组的研究计划图

百科、百度百科上可以用关键词找到需要的知识条。当急需回答一个很明确的问题时，这是最能够得到快速响应的途径。不过这里一般都是不涉及知识产权的、公开发表的知识，可以称为浅知识。如果要对一个有较长发展历史和涉及范围广泛的问题有全面和系统的了解，则不能满足于维基百科或者百度百科给出的答案，需要阅读具有权威性的著作，或者叫作经典著作。经典著作虽然对早先的事、物有系统、深刻的介绍和分析，但是一般总会落后于时代的变化。获得一个问题较深入、较全面或者涉及知识产权的答案，最好请求在这个方面的高水平和高质量的知识服务。消费服务当然是有代价的，不过这将是设计竞争不可或缺的途径。获取新知识，通常也需要经由知识服务。

　　从阅读中学习的能力表现在找到合适的阅读对象，读懂其中的内容和发现其中的问题。没有读懂内容的能力当然不行，而真正读懂则表现在不仅接受了其中的内容，还要能够发现或者找出读物观点存在的问题。任何写作都有其局限性，包括时间的局限性和作者知识领域的局限性。科学是一个集体的事业，科学家的合作表现在后来者从前人的工作中找到未能解决的问题并加以解决。如果后来者发现不了前人工作中的问题，科学也就不能前进。读完一本书后感觉什么都是对的，没有发现什么问题，说明还没有真正读懂。当发现有问题时，为确认问题的成立，当然要反复研究作者在书中阐明的观点，只有核对无误，明确自己与书作者论点的差异或者对立之所在，并列举出

图 10.2　该 PRP 项目组在阅读后取得的知识

各自的论据，这样才能够说真正读懂了这本书，也就是真正有了从阅读中学习的能力。图 10.2 是该 PRP 项目组在广泛收集和阅读文献后得到的对项目背景和意义的理解。

　　2. 从观察中学习

　　地球不断地旋转，时间不断地过去，新事、物不断地出现，世界无时无刻不在变化，每个人每天从自己感官中得到最新的信息，当然也包括从无所不在的互联网得到的信息。不过信息并不等于知识，只有通过自己大脑的处理提取其中含有的知识，信息才变成自己的知识。这些知识当然是最新的，在任何其他地方都不可能找到。一个人要知道世界，非常重要的是自己的观察。将从感官得到的信息处理成知识是一种能力。两个人同样看到或者听到某个事、物，一个人可能视而不见，让它过去了；而另一个人则将它放在了心上，经过思考，变成了自己的知识。这是指无意识的，更重要的是有意识的观察，即带着问题去观察。观察本身是一种比较，是将观察得到的信息，处理成知识，与原来知道的比较，发现矛盾，启发灵感和直觉。创意总是在冲突中产生的，无论是阅读，还是观察，或者是下面要讲的讨论和实施，都是为了发现冲突，从冲突中启发灵感与直觉。发现冲突是找到难点和解决难点的钥匙。我们在讲授《创新思维与现代设计》课时，有时让学生到超市中去观

察,看人们对商品的评价,看有什么需求信息。实际上,个人观察就是一种简单的社会调查。仅仅观察到信息还不够,还要能够将信息正确地处理为自己的知识。这很重要,特别是现在所谓的"信息时代",每个人都可以发布信息,信息满天飞。有的是编造出来的欺骗信息,有的是 PS 出来的图像,有的是人云亦云的谣言,如果不能分辨,就会得到错误的知识。过去说:眼见为实。现在眼见的是不是"实"也需要想一想,要有分辨能力。互联网

是一把双刃剑,固然让人很容易得到信息,但是也极大地增加了将信息处理成知识的难度。一个设计师,不仅要有善于观察,对变化敏感的能力,更需要有能够去伪存真、从表面深入到本质地将信息处理成知识并用到自己设计中的能力。第 5 章中说到的设计知识服务提供方提供答案完整性和可信性的第三重保障就是答案消费方自己,也就是设计师本人。图 10.3 是该 PRP 项目组在养老院观察老人的生活状况。

图 10.3　PRP 组在养老院观察老人生活

3. 从讨论中学习

有一位美国南加利福尼亚大学的教授说过,学生很大一部分知识是从同学中学到的,所以他非常重视学生之间的讨论。他用很大的努力组织一种国际间学生的讨论。在不同国家,设立相同的课程,同一时间在不同地方开课,通过视频将各地的课堂连接在一起,通过视频讨论,交流不同国家青年对所讨论事、物的观点,让学生从讨论中相互学习。现在大学的一个研究所里通常有几十位研究生,分别有不同的导师,研究不同的课题。他们往往入学不久,就熟悉了研究所内的所有软件、硬件。这些并不是导师教的,而是他们之间相互学习的结果。《创新思维与现代设计》课中用相当多的时间组织学生小组和大组讨论,而这种讨论,甚至是学生自己组织而不是由教师组织的。前面讲过,一个人的观察,不可避免有局限性,通过讨论,可以汇集多人的信息,更可以通过讨论,交流如何从这些信息中得到正确的知识。同时,讨论可以触发灵感和直觉的产生。知识是不能强加的,讨论起一种启发作用。设计师一般都是在团队中工作,此前说过,团队中每一个成员的知识的总和与团队知识水池中的水量并不一定能够画等号,这要看团队成员间合作的效率。

培养从讨论中学习也是培养团队合作精神的一个组成部分。图 10.4 是该 PRP 项目组在养老院与养老院工作人员一起讨论老人对助老服务机器人的需求。

4. 从实施中学习

从实施中学习,或者说从做中学习。

图 10.4　PRP 组在养老院讨论老人需求

设计和实施是人类为达到目的相连的两个部分。设计是为实施规划方案和路径,不论实施中由于任何原因发生问题,设计总要承担责任,是否能够顺利实施是对一个设计解决方案设想评价认可的组成部分。如果一个设计在实施过程中被证明无法实现,再好的创意或者设想,也就毫无意义。创意不同于设计也在于这一点,创意可以根据个人爱好产生,如果这个创意可以由个人实施,那么他就可以自己去琢磨着实施,成则自娱自乐,败亦无伤大雅,成败与别人无关。这里讨论的设计则是针对与他人特别是与社会有关的产品,一旦付诸实施,就会影响到很多方面,是一个需要严肃、严格、严谨对待的活动。设计师在产生创意、构建设想和评价决策中,都要考虑实施。考虑实施,首先要懂实施。当然,在学校培养的有限时间中,不可能也不需要弄懂所有的实施,而是培养学生具备从实施中学习的观念和能力,认真对待与实施相关的知识。图 10.5 是该 PRP 项目组在现场观察、与养老院工作人员一起讨论和阅读大量文献后形成的将对助老服务机器人的需求分为三类的创意。图 10.6 是他们针对第一类需求即"养老院实时智能监控系统"所做的概念设计。

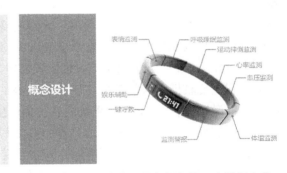

图 10.5　PRP 组关于满足助老服务的创意　　图 10.6　PRP 组关于助老服务的一个设想方案

《创新思维与现代设计》课程要求学生要尽可能将设计付诸实施,哪怕只做一个模型。此前曾经多处讨论过,设计很大一部分进程是规划实施的路径,也就是设计如何去实施,做这一部分设计的设计师必须精通实施的知识,大多数设计都要包括试实施的内容,属于设计进程的一个子进程。其实,从实施中学习,包括边阅读边实施,边观察边实施,边讨论边实施,总之,要培养苦思冥想与身体力行相结合的学习习惯。曾经有一位选修《创新思维与现代设计》课程的女生因为知道白领上班时要穿高跟鞋,很不舒服。离开办公室时最好能够立刻将高跟鞋变成平底鞋,于是产生了一个"变跟鞋"的创意。我们就请她去访问鞋匠,和鞋匠一起商量实施方案,先做一双试试。不同的设计,有不同的从实施中学习的方法,不等于一讲实施,就要准备榔头、锯子、电烙铁。如上述 PRP 组的学生就是在软件上试实施他们的概念设计。

10.4.3　以教书为中心到以育人为中心

在这些学习中,学校的作用是为这些学习提供环境和从宏观上组织这些学习。环境中最重要的因素是优秀的教师。学校教育和 MOOC 最大的不同是学校提供教师和学生面对面互动的条件。互联网虽然提供了前所未有高效率的信息传递手段，但是这些信息都是在屏幕上传递的。不过人是生活在空气、水和阳光之中，而不是生活在屏幕中。人需要吃、喝、拉、撒、睡，需要衣、食、住、行，屏幕给了人们有关的信息，最终还是要到实体世界中去解决这些问题。人生活在社会中，是靠多种感官得到信息建立人与人之间的联系，而不能仅仅靠屏幕上的信息建立人与人之间的联系。人人到处都低头看手机，导致了社会关系的碎片化，导致了信息来源的片面化，甚至可以说是一种"异化"，也就是说在某种程度上屏蔽了人与人其他形式的信息交流，人与人之间的关系都变成人与屏幕之间的关系。这个问题对于社会发展的影响将会越来越大。现在"信息化"的口号喊得非常响，但是什么时候人的社会不是靠信息联系而存在和发展的？现时代的特点不过是由互联网传递信息，由于其极高的效率和普遍性而占据了特殊地位，但是这个特殊地位的信息传递方式能不能代替人类的一切信息传递方式？例如，微信能不能代替握手所传递的信息？微信能不能代替拥抱所传递的信息？看手机能不能得到前面提到的那位患口吃的教授对听众讲授材料力学时得到的感受？屏幕上的图片能不能代替耗资巨大的天安门阅兵所传递的信息？等等。这些难道不值得思考吗？教师的身教、言教，特别是身教，必须做到能够实现任何其他信息技术都不可及的对学生的启发、激励功能。

教育作为一种社会产品，实现的是激励类型功能而不是转变类型功能。并不是教育将文明程度比较低的人加工成文明程度较高的人，而是教育行为——展示人类文明——给学生以激励，由学生的精神系统内在行为产生学生的自我转变。这种观点，反对把教育当成一个压模，学生只要进去，水压机一压，就压出一个合格的毕业生。这样模压出来的学生千人一面，没有创造力，不可能在一个千变万化的社会里具有竞争力。这样教师的任务要比用"拉洋片"的方式讲课重得多，要有很多时间与学生在一起，参加学生的从阅读中学习，从观察中学习，从讨论中学习，从实施中学习的环节，用自身行为示范激励学生，还要通过观察给每个学生的表现做出指导和评价。所以，教师要把主要的精力放在培养学生上，而不是如现在这样放在找项目和做项目上。总的说来，教育的任务要从"教书、育人"中的"教书"为中心转变为以"育人"为中心。这就是我们从设计科学的视角，对于给未来的设计师以猎枪和怎样给猎枪的观点。很有意思的是，在一次论坛上受到一位报告人讲演材料的启示，用"过去的教室"和"以后的教室"两张照片对照来表示以教书为中心和以育人为之间的差别。图 10.7 和图 10.8 就是这样两种不同的教室。图 10.8 也显示了有学校和没有学校，有教师和没有教师，以及在学校里的培养与到维基百科、百度百科或者 MOOC 上去找知识有什么不同。

图 10.7　以教书为中心的教室

最后一个问题需要回答：这样的设计

科学知识传授、设计能力培养,应该怎样组
织呢? 从教育发展的历史和当前实际情
况,可以对不同人员组织不同的设计科学
知识传授和设计能力培养,而不必一刀
切[117]。对于国民教育、专业教育和精英教
育可以设置不同的目标。作为精英教育,
在少数学校里设置设计科学专业,培养设
计科学研究人员,设计课程的教师以及能
够运用设计基本、共同规律结合专业领域
的设计理论、方法参与设计竞争的设计师。
作为专业教育,用设计的基本、共同规律统

图 10.8　以育人为中心的教室

帅各个专业领域设计理论和方法的教学,使得设计科学的基本思想能够渗透到专业领域
的设计能力培养中。毕业以后,可以在该领域中担任设计师或者从事细分和专业化的设
计知识服务工作。作为国民教育,在所有学校里进行设计科学知识的普及教育,结合其他
课程加强设计能力培养。

　　当越来越多的国民离开实施操作而要投入设计大军的行列中时,设计科学知识和设
计能力培养,将成为国民教育的主要任务。因此,国民教育中设计科学知识的普及教育绝
不能理解为可有可无。而在所谓的创客空间里,如果没有设计科学知识教育的内容,那么
在他们眼中,创意或者创新真的就是一种游戏而已。

　　当前,设计科学的争论还在进行之中,如何从人类一切有目的活动的设计中,提取出
设计的基本、共同规律以充实设计科学的内涵,还有大量工作要做。如何用设计科学的基
本、共同规律统率各个专业领域设计理论和方法的发展,从而培养出大量各行各业有竞争
力的设计师,形成一个既感性又理性的设计界,这些都要从研究开始,从教育开始。本章
开始时分析设计界的第二方面成员,即从事设计科学研究和教学的人员,任重而道远。虽
然他们当前并不能直接创造利润,不能创造 GDP,但是这支队伍是否能够成长,关系到未
来一代人的创新能力的不断提高,关系到能不能形成一个有竞争力的设计界,关系到国家
能不能走出一条自己的在竞争中超越的道路。

参 考 文 献

[1] 邹慧君. 设计的哲学思考[J]. 机械设计与研究,2013, 20(1)：1 - 4.

[2] 谢友柏. 设计科学中关于知识的研究[J]. 中国工程科学,2013, 15(4)：14 - 22.

[3] 谢友柏. 设计科学的研究和设计竞争力[J]. 中国工程科学,2014,16(8)：4 - 13.

[4] Xie Y B. Four basic laws in design science[J]. Engineering Sciences，2014，2 (12)：2 - 9.

[5] 夏征农. 辞海[M]. 上海：上海辞书出版社,1989.

[6] Hubka V. Principles of Engineering Design[M]. London：Butterworth Scientific, 1982.

[7] Hubka V, Eder W E. Theory of Technical Systems, a Total Concept Theory for Engineering Design[M]. Berlin：Spring-Verlag, 1984.

[8] 何献忠,等. 设计学：理论、方法、软件[M]. 北京：北京理工大学出版社,1988.

[9] Pahl G,Beitz W,Feldhusen J,et al. Engineering Design：A Systematic Approach [M]. London：Springer-Verlag London Limited，2007.

[10] 王露茵,邱晓岩. 中外设计史[M]. 北京：北京师范大学出版社,2011.

[11] 殷瑞玉,汪应洛,李伯聪,等. 工程哲学.2 版[M]. 北京：高等教育出版社,2013.

[12] 殷瑞玉,汪应洛,李伯聪,等. 工程演化论[M]. 北京：高等教育出版社,2011.

[13] 颜鸿森. 古早中国锁具之美[M]. 台南：财团法人中华古机械文教基金会,2004.

[14] 罗贯中. 三国演义[M]. 北京：人民文学出版社,1998.

[15] 宋应星. 天工开物[M]. 广东：广东人民出版社, 1976.

[16] 王宗凯,蒋旭峰. 人少量大——美国的"效率"农业[N]. 新华网,2013 - 05 - 29.

[17] 驻日本经济商务处. 日本食品公司开设中国最大养鸡场[N]. 中国商务部网站, 2013 - 12 - 23.

[18] Wikipedia. Scientific Management [EB/OL]. http：//en. wikipedia. org/w/index. php? title=Scientific_management&oldid=606553150 [2014 - 04 - 30].

[19] Wikipedia. Fordism[EB/OL]. http：//en. wikipedia. org/w/index. php? title = Fordism&oldid=593605402 [2014 - 02 - 02].

[20] Doesburg T V, Eesteren C V. The manifesto V of group *De Stijl*：Towards a collective on struction[J]. L'Effort Moderne Bulletin, 1924(9)：15 - 16.

[21] Jensen T E, Andreasen M M. Design methods in practice — beyond the "systematic approach" of Pahl & Beitz [C]. International Design Conference — Design 2010 Dubrovnik-Croatia, May 17 - 20, 2010.

[22] Alexander C. Notes on the Synthesis of Form [M]. Cambridge：Harvard University Press, 1964.

[23] Jones J C. How my thoughts about design methods have changed during the years

[J]. Design Methods and Theories, 1977, 1: 11.

[24] Gregory S A. Design Science[M]. London: Butterworth, 1966.

[25] Simon H A. The Sciences of the Artificial[M]. Cambridge: MIT Press, 1969.

[26] Birkhofer H, Lindemann U, Weber C. A view on design: the german perspective [J]. Journal of Mechanical Design, 2012 : 1-3.

[27] Nigel C. Designerly ways of knowing: design discipline versus design science[J]. Design Issues,2001,17(3): 49-55.

[28] Yoram R. Designing science[J]. Research in Engineering Design, 2013, 24(3): 215-218.

[29] Papalambros P Y. Design Science: Why, What and How[J]. Design Science, 2015: 1-38.

[30] 顾梦琳. 2014 年中国汽车产销量世界第一[N]. 京华时报,2015-01-27.

[31] 谢友柏. 现代设计理论和方法的研究[J]. 机械工程学报, 2004, 40(4): 1-9.

[32] 谢友柏. 现代设计理论中若干基本概念研究[J]. 机械工程学报, 2007, 43(11): 7-16.

[33] 陈绍杰. 浅谈空客 A380 的复合材料应用[J]. 高科技纤维与应用,2008,33(4): 1-4.

[34] 汤姆·凯利,乔纳森·利特曼. 创新的艺术[M]. 李煜华,谢荣华,译. 北京:中信出版社,2010.

[35] Nam Pyo Suh. 公理设计——发展与应用[M]. 谢友柏等,译. 北京:机械工业出版社,2004.

[36] 邹慧君,蒋祖华. 趣谈无所不在的设计[M]. 北京:科学出版社:2010.

[37] 朱高峰. 全球化时代的中国制造[M]. 北京:社会科学文献出版社,2003.

[38] 百度百科. 江南制造总局[EB/OL]. http://baike.baidu.com/link? url＝XByD9 RW3DgtofLDiliRetPWOULMAIxz9pbPhivhR0VS_vknxDYEADbf1yXFE70 LsjWDt 5rmS9EmzpQ0x67LDNmk0NB8wr3NjCQYlcyr3DzXCx83onWBg1wcNqNn34M1Cc6t - UFu4tEaWGgcD6Y9duLYx5vKrHk5NFhrO8G51aBYcFC82GTrFLN9Gw5i74B8R 329 - xaQMI3LucXu3qed0tq[2015-09-14].

[39] 储思琮. 李克强会见全球圆桌峰会 CEO 代表吹了什么风[N]. 新京报,2015-06-22.

[40] 蔡剑,胡钰,李东. 从中国价格到中国价值[M]. 北京:机械工业出版社,2008.

[41] Committee on Advanced Engineering Environments. Advanced engineering environments: phase 1, achieving the vision [R]. Washington, D.C.: National Academy Press, 1999.

[42] Committee on Advanced Engineering Environment. Advanced Engineering Environment: Phase 2, Design in the New Millennium [R]. Washington D C:

National Academy Press，2000.

[43] 朱爱斌，毛军红，谢友柏.美国先进工程环境研究[J].机械工程学报，2004，40(8)：1 - 6.

[44] Xie Y B. On the tribology design[J]. Trobology International，32(1999)：351 - 358.

[45] Cherkassky V, Mulier F. Learning from Data[M]. New York：John Wiley & Sons，Inc，1997.

[46] 王小平，曹立明. 遗传算法——理论，应用与软件[M]. 西安：西安交通大学出版社，2002.

[47] 陶行知，伪知识阶级[M]. 北京：新北京出版社，1950.

[48] 毛泽东. 实践论[M]. 北京：人民出版社，1944.

[49] 数学手册编辑组. 数学手册[Z]. 北京：高等教育出版社，1979.

[50] 机械设计手册编委会. 机械设计手册[Z]. 北京：机械工程出版社，2004.

[51] Stephen C Y L, Cai J. A collaborative design process model in the sociotechnical engineering design framework[J]. AI EDAM, 2001, 15：3 - 20.

[52] 史忠植. 知识工程[M]. 北京：清华大学出版社，1988.

[53] Ma X F, Dai X D. Research on the Six-Dimension Knowledge Classification System and Model for Modern Product Design[J]. Advanced Materials Research, 2010, 118 - 120：576 - 580.

[54] Wang Y, Deng J, Wang Z. Research and Application of Complex Engineering System Product Model [C]. Proceedings of International Conference on Comprehensive Product Realization (ICCPR)，2007.

[55] Oliver D W, Kelliher T P, Keegan Jr J G. Engineering Complex Systems, with Models and Objects[M]. New York：McGraw-Hill, 1997.

[56] Miller J G. Living Systems[M]. Colorado：University Press of Colorado, 1999.

[57] Systems Management College. Systems Engineering Fundamentals[M]. Virginia：Defense Acquisition University Press, 2001.

[58] NASA. NASA Systems Engineering Handbook[M]. Washington D. C.：NASA Headquarters, 2007.

[59] Xie Y B. Theory of Tribo-systems, Tribology-Lubricants and Lubrication[M]. C. H. Kuo., Rijeka：InTech, 2011：3 - 32.

[60] Jackson S. Systems Engineering for Commercial Aircraft, A Domain-Specific Adaptation, Second edition[M]. Surrey：Ashgate Publishing, 2015.

[61] 商西. 人类首次"火星之旅"模拟实验成功 [N]. 新京报，2011 - 11 - 05.

[62] 吴敬琏. 中国增长模式的抉择[M]. 上海：上海远东出版社，2013.

[63] 王军. 推荐供给侧结构性改革培育经济发展新动能[J].紫光阁，2016，(01)：11 - 13.

[64] 紫光阁记者. 中国为何需要推进"供给侧改革"？——访问清华大学中国与世界经济研究中心主任李稻葵[J]. 紫光阁,2016,(01)：14-15.

[65] 紫光阁记者. 推进"供给侧改革"须避免六大误区——访问国务院发展研究中心资源与环境政策研究所副所长李佐军[J]. 紫光阁,2016,(01)：16-17.

[66] 赵昌文. 2016年经济工作首要任务：打好"化解过剩产能"攻坚战[J]. 紫光阁,2016,(01)：18-20.

[67] 杨其明,严新平,贺石中. 油液监测分析现场实用技术[M]. 北京：机械工业出版社,2006.

[68] 谢友柏,袁崇军,毛军红,等.在线数字图像型电磁永磁混合励磁铁谱传感器[P]. 中国,发明专利. 专利号：200510041894X,2007

[69] 谢友柏,毛军红,王金涛,等.短沉积距离图像型在线铁谱装置与方法[P]：中国,200610041773X.2007.

[70] 宁李谱. 内燃机活塞-缸套系统低摩擦技术应用及摩擦力测量方法研究[D]. 上海：上海交通大学,2014.

[71] 谢友柏,孟祥慧.缸套运动式内燃发电机系统[P]：中国,201210462133.1.2014.

[72] 孟祥慧,谢友柏.带有导向球的内燃发电机系统[P]：中国,201210461459.2.2014.

[73] 张欣驰."便携氧舱"助外伤早日治愈[N]. 劳动报-电子版,2014：12.

[74] Szykman S, Sriram R D, Regli W C. The role of knowledge in next-generation product development systems[J]. Journal of Computing and Information Science in Engineering, March 2001, 1：3-11.

[75] 王步康.轮轨接触表面短波长波浪形磨损的接力研究[D]. 西安：西安交通大学,2003.

[76] 程钧. 内燃机活塞环组-缸套全生命周期性能预测及摩擦学设计知识服务方法研究[D]. 上海：上海交通大学, 2016.

[77] 张振山. 计入非牛顿、变形及表面形貌效应的动载轴承热流体动力润滑分析[D]. 上海：上海交通大学, 2014.

[78] 吴教义. 汽车发动机磨损在线铁谱监测技术及试验研究[D]. 西安：西安交通大学, 2014.

[79] 曹蔚. 基于在线可视铁谱技术的汽车发动机健康状态评估及趋势预测方法研究[D]. 西安：西安交通大学, 2015.

[80] 安东尼·吉登斯. 社会学[M]. 李康译. 北京：北京大学出版社,2009.

[81] Nissen M, Levitt R. Dynamic models of knowledge-flow dynamics (CIFE Working Paper#76)[R]. Stanford, California：Stanford University, 2002：20.

[82] Zhuge H, Guo W. Virtual knowledge service market——for effective knowledge flow within knowledge grid[J]. The Journal of Systems and Software, 2007, 80：1833-1842.

［83］ Zhuge H，Guo W，Li X. The potential energy of knowledge flow［J］. Concurrency and Computation：Practice and Experience，2007，19（15）：2067 - 2090.

［84］ 张执南. 产品设计中的知识流理论与方法研究［D］. 上海：上海交通大学，2011.

［85］ 张执南. 知识资产管理的理论方法与应用研究［D］. 上海：上海交通大学，2013.

［86］ Wang Q J. Encyclopedia of Tribology［M］. New York：Springer，2013.

［87］ Wikipedia. Fab Lab［EB/OL］. http://en.wikipedia.org/w/index.php? title＝Fab_lab&oldid＝630668124［2014 - 10 - 22］.

［88］ Wikipedia. Living lab［EB/OL］. http://en.wikipedia.org/w/index.php? title＝Living_lab&oldid＝612615701［2014 - 06 - 12］.

［89］ 熊伟. 质量机能展开［M］. 北京：化学工业出版社，2005.

［90］ 冯祥源. 质量管理工程学［M］. 北京：中国标准出版社，1988.

［91］ 闻邦椿，张国忠，柳洪义. 面向产品广义质量的综合设计理论与方法［M］. 北京：科学出版社，2007.

［92］ 约翰·赫斯科特. 设计，无处不在［M］. 丁珏译. 南京：译林出版社，2013.

［93］ Chen Y，Zhang Z，Xie Y，et al. A new model of conceptual design based on scientific ontology and intentionality theory. part I：the conceptual foundation ［J］. Design Studies，2015，37：12 - 36.

［94］ Chen Y，Zhao M，Xie Y，et al. A new model of conceptual design based on scientific ontology and intentionality theory. part II：the process model［J］. Design Studies，2015，38：139 - 160.

［95］ Szykman S，Wood K L，Hirtz J，et al. A functional basis for engineering design：reconciling and evolving previous efforts［J］. Research in Engineering Design，2002，13：65 - 82.

［96］ Stone R B，Wood K L. Development of a functional basis for design［J］. Journal of Mechanical Design，2000，122：359 - 370.

［97］ Hirtz J，Stone R B，McAdams D A，et al. A functional basis for engineering design：reconciling and evolving previous efforts［J］. Research in Engineering Design，2002，13：65 - 82.

［98］ Hirtz J，Stone R B，McAdams D A，et al. A functional basis for engineering design：reconciling and evolving previous efforts — NIST Technical Note 1447 ［R］. U.S. Department of Commerce 2002.

［99］ 鲁迅. 九斤老太［A］. 桂林：漓江出版社，1999.

［100］ 陈屏. 状态变量法及其应用［M］. 北京：电子工业出版社，1982.

［101］ Czichos H. Tribology-a systems approach to the science and technology of friction，lubrication and wear［M］. Amsterdam：Elsevier，1978.

[102] 李响. 面向开放式创新的产品集成设计理论与方法的研究[D]. 上海：上海交通大学，2013.

[103] Chen B, Liu C, Xie Y B. An improved axiomatic design approach in distributed resource environment, part 2：Algorithm for function unit chain set generation [J]. Procedia CIRP, 2016, 53：44-49.

[104] Liu J, Chen B, Xie Y B. An improved axiomatic design approach in distributed resource environment, part 1：toward functional requirements to design parameters transformation[J]. Procedia CIRP, 2016, 53：35-43.

[105] 绪方胜彦. 现代控制工程[M]. 卢伯英等，译. 北京：科学出版社，1976.

[106] 绪方胜彦. 离散时间控制系统[M]. 刘君华，译. 西安：西安交通大学出版社，1990.

[107] Guzzomi A L, Hesterman D C, Stone B J. Variable inertia effects of an Engine Including Piston Friction and Crank/Gudgeon Pin Offset[J]. Proceedings of the Institution of Mechanical Engineers, Part D：Journal of Automobile Engineering, 2008, 222(3)：397-414.

[108] 曹远国. 挖掘机工作装置全生命期性能数字样机研究[D]. 上海：上海交通大学，2016.

[109] 谢友柏. 分布式设计知识资源的建设和运用[J]. 中国机械工程，1998，(2)：16-18.

[110] 谢友柏. 现代设计与知识获取[J]. 中国机械工程，1996，7(6)：36-40.

[111] 谢友柏，胡亚红. 互联网上进行的合作设计[M]. 北京：机械工业出版社，2000：12-89；12-101.

[112] 谢友柏. 在互联网上的合作设计[J]. 航空制造技术，2001(2)：23-27.

[113] 谢友柏. 知识服务——互联网上合作设计的基础[J]. 中国机械工程，2002, 13(4)：290-297.

[114] Zhu A B, Xie Y B. Research on groupware for internet-based collaborative design [C]. International Conference On Manufacturing Automation, 2004：26-29.

[115] 施耐庵. 水浒传[M]. 长春：吉林大学出版社，2011.

[116] 谢友柏，陈泳. 创新思维与现代设计[M]. 上海：上海交通大学出版社，2014.

[117] 谢友柏. 回归教学，责无旁贷——亲历我国高等教育50年[J]. 高等教育研究，2006,4：8-13.

附录1 李响博士论文中的表 3.2[102]

附表 1 原理解的行为功能知识库部分内容

原理解		流 入			流 出		
		流入流类型	特 征	约 束	流出流类型	特 征	约 束
1	太阳能电池	e.o	Null	Null	e.e.dc	Power Voltage Current	[0, 5]W [17.5, 21.2]V [0.29, 0.32]A
2	交流电动机	e.e.ac	Power Voltage	160 W { 220, 110, 380}V	e.m.k.r	RPM Reduction Ratio Torque	[5, 430]r/min [3, 300] [2.2, 40]Nm
3	交流牵引电磁 铁	e.e.ac	Power	220 V	e.m.k.t	Force Disp.	[0, 30]N [0, 20]mm
4	变压器	e.e.ac	Voltage Frequency	[220, 240]V [50, 50]Hz	e.e.ac	Voltage Power	[110, 120]V [30]W
5	硅能蓄电池	Null	Null	Null	e.e.dc	Voltage Capacity	[1.2, 1.8]V [10, 18]C
6	LED 日光灯	e.e.ac	Voltage	220V	e.o	LPW Illumination Power	[90, 100]lm/W [280, 470]Lux [12, 18]W
7	直流电动机	e.e.dc	Voltage	[10, 12]V	e.e.k.r	Power RPM	[19, 20.4]W 15 600 r/min
8	交流发电机	e.m.k.r	Angular vel.	[250, 300] rad/s	e.e.ac	Current Voltage Power	[0, 50]mA [0, 200]V [0, 10]W
9	曲柄滑块机构	e.m.p.g	Altitude	[0, 50]m	e.m.k.r	Angular disp. Angular vel. Torque	[0, 120]° [0, 185]rad/s 2 600 g.cm
10	齿条齿轮机构	e.m.k.r	Angular disp. Angular vel.	[0, 360]° [0, 80]rad/s	e.m.k.t	Displacement Velocity	[0, 5]m [8, 10]m/s
11	曲柄摇杆机构	e.m.k.r	Angular vel.	[0, 100]rad/s	e.m.k.r	Angular disp. Angular vel.	[60, 120]° [0, 50]rad/s

续 表

	原理解	流 入			流 出		
		流入流类型	特 征	约 束	流出流类型	特 征	约 束
12	滑块曲柄飞轮机构	e.m.k.r	Angular disp. Angular vel.	[0，120]° [0，200]rad/s	e.m.k.r	Angular disp. Angular vel. Torque	[0，360]° [0，300]rad/s 3 000 g×cm
13	单片式摆动液压缸	m	Volume	20ml	e.m.k.r	Angular disp.	[0，270]°
14	DC/AC 逆变器	e.e.dc	Current	[12，15.5]V	e.e.ac	Voltage Frequency	[200，220]V [50，60]H

附录2 关于成立"现代设计与产品研究开发网络——虚拟异地合作设计组织"的公告(代纪要)

"现代设计与产品研究开发论坛"第一次会议于 1997 年 11 月 11 日～13 日在西安召开。这次会议是由谢友柏、汪应洛、朱均、虞烈教授发起的,并得到各方面热烈响应。与会有国家自然科学基金委员会黎明副教授、华中理工大学校长周济教授、机械科学研究院副院长屈贤明(教授)高工以及清华大学摩擦学国家重点实验室、西安交通大学材料强度国家重点实验室、结构强度国家重点实验室、润滑理论及轴承转子系统国家教委开放研究实验室、863/CIMS 质量系统自动化工程实验室、先进制造技术研究所、管理学院、华中理工大学 CAD 中心、武汉交通科技大学、东方汽轮机厂、洛阳矿山机械工程设计研究院、沈阳航空发动机研究所、《中国机械工程》编辑部等单位的代表。

中国航空工业总公司 631 研究所皇甫贵真副总工程师应邀为会议做了航空总公司系统中开展异地合作设计的计划与实施情况的报告。

代表们在 3 天的讨论中,一致认为"现代设计"是我国制造业面临的一项紧迫任务。在当前激烈的市场竞争中,特别是"十五大"以后、大中小各类制造业在机制转变中,会对产品研究开发产生更强烈的要求,而企业现代设计能力不足,则是严酷的现实。因此依靠信息技术的发展,组织好分布设计知识资源的建设和利用以支持制造业研究开发产品,对于所有在这个领域工作的人,都是一场巨大的机遇和挑战。代表们认为,虽然这条道路的前景毋庸置疑,但仍需要有一个艰苦的工作过程,这里面包括一系列观念上的问题、管理上的问题、资金上的问题和技术上的问题有待解决。

代表们认为,虽然前进的道路上有诸多困难,但这是历史赋予我们的责任,机不可失,时不再来,形势要求我们行动起来。

会议决定成立"现代设计与产品研究开发网络——虚拟异地合作设计组织"理事会,这一网络由拥有设计知识资源的理事单位组成。会议决定会后立即动手在信息网上建立主页,发布"现代设计与产品研究开发网络——虚拟异地合作设计组织"的成立,以及她的宗旨、组成、活动方式及内容的信息,同时要求各理事单位建立自己作为网络成员的"×××虚拟产品研究开发中心"主页。理事会下设秘书组、管理小组和技术小组协调各中心的活动,以期能尽快实现异地设计知识资源的调用。成立 3 个小组和建立主页的工作在 3 个月内完成。理事会章程在管理小组成立后由管理小组起草交理事会讨论通过。主页由秘书组会同技术小组设计,交理事会讨论通过。

　　会议认为,"网络"主要有两类活动:理事会是长期存在的组织,其任务是协调各中心工作,统一对外发布"网络"的信息;各中心的任务则是各自由自己的渠道获得项目,然后根据项目需要在网上动态组织异地合作。

　　首批理事单位有:机械科学研究院、清华大学摩擦学国家重点实验室、华中理工大学CAD 中心、武汉交通科技大学、洛阳矿山机械工程设计院、沈阳航空发动机研究所、上海交通大学、西安交通大学。

　　会议推举首届理事长单位为西安交通大学,副理事长单位为机械科学研究院、清华大学摩擦学国家重点实验室、华中理工大学 CAD 中心,秘书组设在西安交通大学。人选由各单位推荐。

　　会议欢迎国内外拥有设计知识资源的企业、学校、设计研究院所、实验室、工程研究中心等踊跃参加这一网络。欢迎有研究开发产品需求和希望应用"网络"资源的用户与"网络"和中心密切联系。

　　秘书组通信地址:

　　E-mail:tlbi@sun20.xjtu.edu.cn

　　陕西省西安市咸宁西路 28 号

　　西安交通大学润滑理论及轴承转子系统国家教委开放研究实验室

　　邮编:710049

　　电话:(8629)3269083　(8629)3268552

　　传真:(8629)3237910

　　秘书:刘恒　胡亚红　李健

　　1997 年 11 月 15 日

附录3 理事会给各理事单位有关
人员的一封公开信

　　西安交通大学润滑理论及轴承研究所朱均、机械科学研究院屈贤明、清华大学摩擦学国家重点实验室陈大融、机械工程系柳百成、华中理工大学 CAD 中心周济、机械工程学院李培根、上海交通大学机械工程学院严隽琪和王成焘、重庆大学机械传动国家重点实验室秦大同、武汉交通科技大学严新平和陈定方、沈阳航空发动机研究所林基恕、洛阳矿山机械工程设计院储佳章、东方汽轮机厂张绳铨、西南交通大学摩擦学研究所周仲荣、浙江大学陈子辰、大连理工大学机械工程系郭东明、太原理工大学、山西重型机械研究院诸位同志：

　　"现代设计与产品研究开发网络——虚拟异地合作设计组织"自 1997 年 11 月 12 日成立至今已经一年多了。秘书处的服务器最近已基本上工作正常，欢迎大家访问！上月又开通了 BBS 服务，给大家提供了一个在网上就现代设计问题各抒己见、相互切磋的场所。西安交通大学润滑理论及轴承研究所已在网上提供了若干个专业分析软件供远程调用（试运行）。所有这些，说明我们已经具备了加速这个网络建设和开展活动的条件。

　　现在我们向已报名参加和尚未报名但有意参加的单位提出以下要求：

　　（1）目前已经具有主页并与 www.cmdnet.xjtu.edu.cn 连接的仅有西安交通大学、清华大学摩擦学国家重点实验室及精仪系、上海交通大学三个单位。我们希望其他单位尽快设计好自己的主页，并把相应的 IP 地址用电子邮件告诉秘书处，以便寻求合作设计的用户能从秘书处的主页访问你们的主页。

　　在主页设计中有一个问题。如上海交通大学的主页是一个关于整个学校的主页，而用户很难从中找到支持现代设计的线索。西安交通大学为了解决这个问题把目前已经提供合作设计支持的二级单位另列一张表，这张表现在做得不好，需要修改。当然这张表也可以由秘书处的主页来做，只要你们把各个二级单位主页的 IP 地址都给我们寄来。在未能把整个一级单位的资源组织在一起前，我们欢迎以二级单位的主页加入。

　　进入各有关单位主页以后，各单位不免有许多自己的事要介绍，如历史、机构、人员、成就等。希望在主页上有醒目的菜单栏目"支持设计的资源"可供直接访问。西安交通大学润滑理论及轴承研究所现在在菜单上用的是"服务"字样，不久将要修改。

　　（2）希望各单位尽可能组织好自己的可支持设计的资源。没有资源的网络是没有意义的，在网络组织成立时已经反复强调过。这些资源可以是：各种专业的数据库、知识库、分析软件、可提供的咨询、可提供的材料、可提供的实验设备、可提供的加工设备等。做这些工作,要花时间,要有投入,但这是我们的资源进入市场的有效途径。

希望各国家重点实验室能带一个好头,走在前面!

如果可能,希望尽可能把它们组织到网上,以便远程调用。组织上网的资源,除免费使用的,要考虑好收费的办法和知识产权保护问题。关于这方面,秘书处乐于提供咨询。

对于暂时不能在网上合作的资源,希望能在主页上说明使用办法,包括联系方法、收费办法等。

(3) 现代设计、异地合作、虚拟公司等,对我们国家乃至世界,仍是一件新东西。怎么搞? 希望大家来讨论。我们开通 BBS 就是让大家或三言两语,或长篇大论发表自己的看法。因此我们希望各位同志,特别是年轻人,踊跃地写稿。希望各单位的负责人,做好组织工作。

谢谢大家的支持!

"现代设计与产品研究开发网络——虚拟异地合作设计组织"理事会

谢友柏

1999 年 6 月 21 日

图 2.4　轴承润滑油膜刚度
　　　　阻尼测量试验台

图 2.5　转子轴承系统动力学
　　　　特性试验台

图 3.2　在线可视铁谱仪的机芯

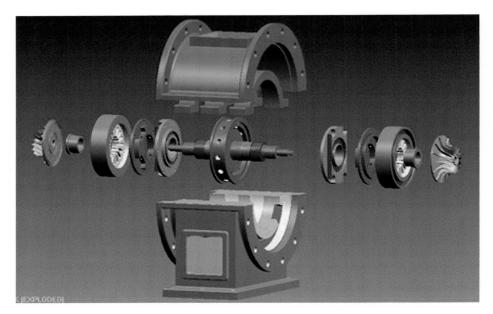

图 4.3　膨胀机的可装配性设计评价

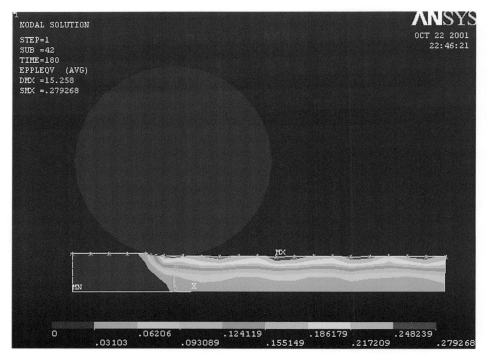

图 4.4　用 ANSYS 分析轮轨接触应力